宁波-舟山港潮汐潮流特征分析及预报

费岳军　卢小鹏　主编

2018年·北京

图书在版编目（CIP）数据

宁波–舟山港潮汐潮流特征分析及预报/费岳军，卢小鹏主编. —北京：海洋出版社，2018.5
ISBN 978-7-5210-0104-4

Ⅰ.①宁⋯　Ⅱ.①费⋯ ②卢⋯　Ⅲ.①潮汐分析–浙江②潮流分析–浙江　Ⅳ.①P731.3

中国版本图书馆 CIP 数据核字（2018）第 103120 号

责任编辑：常青青
责任印制：赵麟苏

海洋出版社　出版发行

http：//www.oceanpress.com.cn
北京市海淀区大慧寺路 8 号　邮编：100081
北京朝阳印刷厂有限责任公司印刷
2018 年 8 月第 1 版　2018 年 8 月北京第 1 次印刷
开本：880 mm×1230 mm　1/16　印张：14.25
字数：404 千字　定价：68.00 元
发行部：62132549　邮购部：68038093
总编室：62114335　编辑室：62100038
海洋版图书印、装错误可随时退换

前　言

宁波-舟山港是我国大陆重要的集装箱远洋干线港，国内最大的矿石中转基地和原油运转基地，国内重要的液体化工储运基地和华东地区重要的煤炭、粮食储运基地，是国家的主要枢纽港之一。2015年，宁波-舟山港货物吞吐量达到8.89亿吨，连续7年位居世界港口第一位；集装箱吞吐量首次突破2 000万标箱，排名跃居世界港口第四位。宁波-舟山港海域北起杭州湾东部的花鸟山岛，南至石浦的牛头山岛，南北长220 km；大陆岸线长1 547 km，岛屿岸线长3 203 km。宁波-舟山港为"一港十九区"的总体布局，其中宁波港域包括甬江、镇海、北仑、穿山、大榭、梅山、象山和石浦8个港区；舟山港域包括定海、老塘山、马岙、金塘、沈家门、六横、高亭、衢山、泗礁、绿华山和洋山11个港区。宁波-舟山港港口航道资源丰富，一方面为大型码头的开发建设创造了有利条件，另一方面由于港区内岛屿星罗棋布，地形复杂，使得航道和码头前沿水域的海况复杂多变，给码头的安全生产带来了难度，据宁波海事局统计，近3年宁波港附近水域锚泊的船舶数量共50 000余艘，曾发生过300余起走锚险情，在复杂的潮汐潮流环境下，不了解码头前沿潮汐潮流特征，易造成船舶靠离泊、稳泊期间发生触碰码头、断缆等事故险情。因此开展港区潮汐潮流性质的研究，用于指导港口码头安全生产、船只通航显得尤为重要。

有关港口潮汐潮流预报，国外起步较早，由美国海洋大气管理局（NOAA）国家海洋服务部开发的PORTS系统，具有数据采集、处理、发布等功能，能够向船长和船舶引航员提供准确实时的港口和航道水深、水流、风、浪、温度及盐度等数据，保障航行安全。从2004年以来发展到现在，宁波海洋环境监测中心站目前每年为宁波-舟山港20余家企业提供码头前沿潮汐潮流精细化预报工作，开展了多次潮汐、潮流、漂流试验性观测，积累丰富的实测资料和经验。本书引用的资料主要以该项工作获取的实测资料为基础，以北仑港区、穿山港区、梅山港区、大榭港区、金塘港区、六横港区、衢山港区和岑港港区8个港区为主要研究对象，广泛收集和整理了2004年以来的潮汐潮流实测资料，通过对这些资料的综合分析以及利用数值方法进行数值模拟而获得的有关成果撰写成书。本书主要内容包括利用准调和分析的方法，分析 8 个主要港区潮汐性质；结合船舶靠离泊码头的实际需要，给出各码头潮汐与各海洋站的潮位关系；利用实测资料，分析各港区潮流特征性质；利用数值方法，模拟了宁波–舟山港水动力特征；同时详细介绍了码头潮汐潮流预报工作中观测资料的获取、资料分析处理、预报方法、预报产品形式等。本书可供宁波–舟山港码头企业、海事部门、引航部门等专业技术人员以及广大海洋科技工作者全面了解宁波–舟山港的水动力要素，为宁波–舟山港重点港区的海洋资料开发、港口发展规划及综合整治、海岸工程、港口建设、航运交通以及海洋环境保护等提供科学依据。

本书是长期潮汐潮流预报工作的积累，凝聚了许多人的心血。全书共分 14 章，前言由龙绍桥撰写，第 1 章概述由吕翠兰等撰写，第 2 章宁波–舟山港自然环境和社会经济概况由朱龙等撰写，第 3~10 章各港区潮汐潮流分析由舒志光、王艳萍、卢小鹏、赵强等撰写，第 11 章潮汐潮流预报方法由侯国峰等撰写，第 12 章结论与建议由卢小鹏撰写。全书由费岳军、卢小鹏统稿。同时在专题研究和编著过程中，得到了宁波引航站胡中敬的悉心指导与大力支持，在此表示由衷的感谢！

由于著者水平有限，研究时间及编写时间仓促，书中难免有不足与错误之处，敬请读者批评指正。

编著者

2017 年 12 月

目　录

第1章 绪 论

1.1 研究背景

2016年1月1日起，宁波–舟山港管理委员会正式挂牌，启用"宁波–舟山港"的名称，宁波、舟山港口资源整合取得实质性进展。宁波和舟山两市地处长江经济带与东部沿海经济带"T"形交汇的长江三角洲地区，是我国经济发展水平最高且最具活力和发展潜力的地区之一。宁波–舟山港向外辐射与世界经济接轨，向内辐射浙江、长江三角洲以及长江沿线地区，在世界经济与我国经济发展中具有重要的战略地位。宁波、舟山基本处于同一片海域，岛屿众多，深水岸线资源丰富，具有建设现代化国际港口的优良条件。目前，宁波–舟山港已是世界第一大港口，2016年，宁波–舟山港成为全球首个"9亿吨"大港，货物吞吐量继续保持全球第一，集装箱吞吐量达到2 330万标准箱，位列全球第四。

宁波–舟山港港口航道资源丰富，大型码头分布密集，但由于该海区岛屿众多，岸线及海底水深地形曲折多变，是金塘水道、册子水道、螺头水道汇交区域，航道海况复杂，尤其是码头前沿微区域流况多变，大型船舶靠离码头时常常出现船头船尾、左舷右舷流况不一致的情况，给引航操作带来极大困难。港口码头安全生产形势较为复杂，加上装运原油、液体化工品等危险品的大型船只较多，一旦在靠离泊时发生意外，其后果难以想象。传统的潮流预报，如国家信息中心提供的潮汐潮流预报表，只给出了某个海域特定点的潮流预报数据，该预报产品的时间尺度较大，一般一天只有4个时次的预报，为转流时刻和极值涨、落潮流时刻。在流况复杂多变的水域，这些预报不能很好地反映海流的分布变化，无法满足安全作业需要。特别是针对宁波–舟山港区的复杂岸线，码头前沿流况往往具有非常细微的局地特征，而且局地的小涡旋、切变线时有发生，这些都会影响到大型船只的靠离泊安全。因此，开展港区潮汐潮流性质研究，开发有针对性的精细化的潮汐潮流预报，用于指导港口码头安全生产、船只通航、科学调度显得尤为重要。

本书内容来源于宁波海洋环境监测中心站十余年来港口码头精细化潮汐潮流观测与预报项目。自2004年以来，宁波中心站已为宁波、舟山的二十余家大型码头企业提供了潮汐、潮流观测与精细化预报服务，成果广泛应用于各大型码头企业的生产调度以及海事、引航部门的实际工作中，得到了用户单位的高度肯定。通过十余年的潮汐潮流观测预报服务工作，宁波中心站积累了大量宁波–舟山港区的实测潮汐潮流资料。另外，随着数值模拟技术的发展和用户单位日益提高的需求，宁波中心站开展了港区精细化潮流数值模拟工作。本书利用大量宝贵的一手实测资料，结合数值模拟技术手段，对宁波–舟山港区的潮汐、潮流特征开展分析、总结，并介绍了码头前沿潮汐潮流精细化预报的方法，可为港区船只引航、大型船舶靠、离泊及码头安全作业提供重要技术依据。

1.2 研究范围及意义

1.2.1 研究范围

宁波-舟山港海域北起杭州湾东部的花鸟山岛，南至石浦的牛头山岛，南北长 220 km；大陆岸线长 1 547 km，岛屿岸线长 3 203 km。宁波-舟山港为"一港十九区"的总体布局，其中宁波港域包括甬江、镇海、北仑、穿山、大榭、梅山、象山港和石浦 8 个港区；舟山港域包括定海、老塘山、马岙、金塘、沈家门、六横、高亭、衢山、泗礁、绿华山和洋山 11 个港区。本书主要就其中 8 个主要港区的潮汐潮流特征开展研究，依次为北仑港区、穿山港区、梅山港区、大榭港区、金塘港区、六横港区、衢山港区和岑港港区，如图 1.2-1 所示。

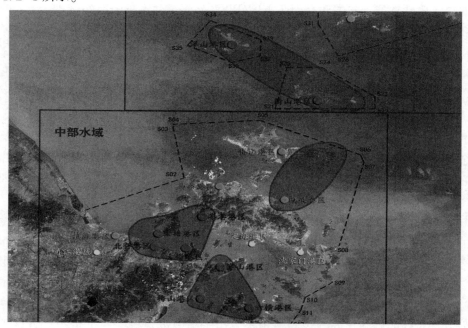

图 1.2-1　宁波-舟山港重要港区

1.2.2 研究意义

本书研究目的旨在利用宁波-舟山港大量潮汐潮流实测资料，对 8 个主要港区的潮汐潮流特征（主要包括潮汐性质、潮流性质、潮位与潮流相关性）和余流特征等开展分析讨论，并结合数值模拟技术手段，分析各个主要港区的整体流场特征。其意义是，对宁波-舟山港区整体的潮汐潮流特征及流况有较为全面的分析掌握，为港区的船只顺利通航、大型船舶安全靠泊以及码头安全生产作业等提供重要的技术支撑，为宁波-舟山港的正常营运提供保障。

1.3　研究内容

1.3.1　资料来源

本书依托于 2004 年以来宁波海洋环境监测中心站开展的宁波–舟山港码头前沿精细化潮汐潮流预报项目以及水文泥沙项目，通过多年的项目积累了大量码头前沿及航道的潮汐潮流实测资料。本书的编制是在整合分析上述资料的基础上完成的。

1.3.2　研究内容

本书以宁波–舟山港的 8 个主要港区为研究对象，广泛收集和整理了 2004 年以来的潮汐潮流实测资料，并结合数值模拟的方法对港区的流场进行模拟。主要内容包括以下几方面：①利用准调和分析的方法分析港区潮汐性质。②给出各码头潮汐与镇海（北仑）海洋站的潮位关系，为引航工作提供参考。③利用实测潮流资料给出各港区的流速统计分析结果；流速、流向频率统计结果；涨、落潮历时统计结果；对港区余流特征进行分析，给出潮流性质结论。④给出各港区码头潮位与潮流相关分析结果。⑤根据数值模拟结果，对港区潮流场进行分析。⑥介绍码头前沿精细化潮汐潮流预报方法，包括观测资料的获取、资料分析处理、预报方法和预报产品形式等。

第2章 宁波-舟山港自然环境和 社会经济概况

2.1 地理环境

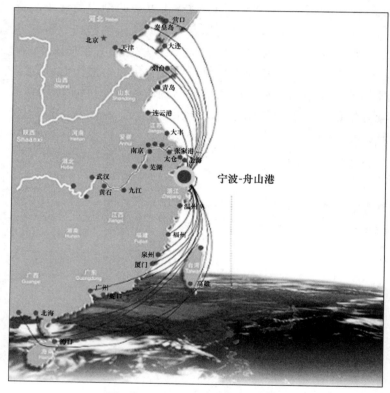

图 2.1-1 地理位置及国内航线示意

宁波-舟山港地处浙江省东北部的宁波、舟山市境内。宁波市是浙江省第二大城市，地理位置为 28°51′—30°33′N，120°55′—122°16′E。舟山市位于浙江省东北部，长江口南侧，是我国唯一以群岛设置的地级市，地理位置为 29°32′—31°04′N，121°30′—123°25′E。

宁波-舟山港位于我国东南沿海，其依托宁波、舟山两市，背靠长江经济带与东部沿海经济带"T"形交汇的长江三角洲地区，是浙江省及长江沿线地区重要的海上门户。宁波-舟山港紧邻亚太国际主航道要冲，航线、航班密集，联系我国和世界主要港口，对内可通过多式联运直接覆盖长江经济带及丝绸之路经济带；对外可直接面向东亚、东盟及整个环太平洋地区，是"一带一路"和长江经济带的重要海上门户。经济腹地延伸至长江沿线的六省二市，港口区位优势显著。东海大桥、杭州湾大桥、舟山金塘大桥、象山港大桥等跨海桥梁的相继建成，加强了甬、舟、沪之间的联系，干线铁路、高速公路及高等级航道纵横交织，集疏运条件便捷。

2.2 水文特征

2.2.1 潮汐

宁波、舟山地区的东部海域受外海潮波控制，潮汐性质多为半日潮，西部海域由于潮波受岛屿和浅海的影响而变形，潮汐性质多为非正规半日潮。此外，宁波、舟山水域经常受风暴潮的侵袭，最大增水可达 1.42 m（定海）。风暴潮主要是由台风造成，多发生在 7—9 月，并经常与天文大潮同时出现，西部浅水水域大于东部水域。

2.2.2　波浪

宁波、舟山海域直接濒临浩瀚的东海，是我国沿海的大浪区，外海最大浪高达 17 m，长周期波浪可传入本海域。但舟山群岛分布着 1 300 多个大小岛屿，形成天然屏障，多数港口岸线有很好的掩护条件，尤其是穿山半岛周围海域是避风的优良锚地。

该海域受季风影响，冬季以偏北向浪为主，波高较大；夏季以偏南向浪居多，波高较冬季小，台风浪是一年中最大的浪。受较强的北风和东北风影响，波高分布为东部大于西部、北部大于南部（表 2.2.-1）。

表 2.2-1　主要地区强浪向波要素一览表

位置	项目		
	强浪向	$H_{1/10}$/m	T/s
嵊泗地区	ESE	11.5	19.8
朱家尖地区	E	4.2	16
滩浒地区	ENE	4.0	6.0
北仑地区	NW	2.4	5.8
象山港北岸	S	1.8	4.8

2.2.3　海流

外海潮波由舟山海域的东南方向经岛屿间的航门水道进入各港区。受地形影响，岛屿之间水域的潮流流速较大；流向大致与水道或等深线一致。海区的潮流性质一般是不规则半日潮流，浅海分潮明显；册子水道、马峙锚地中街山和马鞍列岛附近为不则规半日混合潮流。

宁波、舟山海域的余流主要受径流和风的季节变化影响，其中长江径流入海后的迁移路线和台湾暖流的影响较为明显。该海区的余流普遍较强，最大可达 0.6 m/s；余流方向一般与最大流速的方向吻合。

2.2.4　含沙量

宁波、舟山海域的泥沙主要来自附近海域，河流输沙很少，长江口每年下泄泥沙，其中 20%～30% 在沿岸流的作用下，由北向南扩散，直接影响杭州湾和该海域水体的含沙量。含沙量分布为西部大于东部，南部大于北部，冬季大于夏季，大潮大于小潮，底层大于表层，岛屿周围大于开阔水域。平均含沙量为 0.05～2 kg/m³，最高可达 2.3 kg/m³。

2.3　气候特征

2.3.1　气象要素分布

宁波、舟山市地区广阔，岛屿众多，受海洋和大陆的影响程度不同，气象特征差异较大。平均气温为中部高，南北低。年平均降水量由西南向东北减小。年平均相对湿度为78%~81%。年平均风速自南向北递增。最大风速分布特点为东部大于西部、北部大于南部。各主要站点的气象要素如表2.3-1所示。

表2.3-1 宁波市、舟山市主要气象要素

气象要素	北仑	梅山	石浦	定海	金塘	岱山	嵊泗	洋山
极端最高气温/℃	39.4	38.0	38.8	39.1	37.2	35.7	36.7	34.9
多年平均气温/℃	16.3	16.5	16.2	16.4	16.4	16.8	15.9	17.2
最大降水量	145 mm/d	261 mm/d	281 mm/d	1 977 mm/a	1 977 mm/a	1 295 mm/a	1 613 mm/a	903 mm/a
年平均降水量/mm	1 297	1 239	1 392	1 356	1 247.3	1 042	1 007	1 513
年大雨天数/d	11	12	14	13.1	9.6	9.5	9.1	10.5
平均风速/（m/s）	5.1	3.7	5.5	5.0	5.1	6	7.0	5.8
常风向	NW	N	N	NNW	NW	NNE	NNW	N
常风向频率/（%）	13.4	13	16	11	13	12	12	17
强风向	WNW	NW	NE	NW	WNW	ESE	NNE	NNW
强风向最大风速/（m/s）	29	17	36	28	29	28	46	29.1
年大风日数/d	20	5.5	—	—	20	12	42.2	22.4
年平均雾日/d	28.7	17.2	55	17.4	22	14.5	32	28.8
年平均雷暴日数/d	—	—	—	28.3	18	16	21	20
年平均相对湿度/（%）	—	—	—	79	78	78	81	—

2.3.2 灾害性天气

该地区每年7—9月易受台风影响，1949—1989年间影响本海区的台风平均每年3.9次（强台风占82%），风向以NNW—NNE向和ENE向为多，一次热带风暴影响最长持续时间为2~3 d。

2.4 港口经济

2.4.1 码头泊位及港口生产运营状况

宁波–舟山港是我国大陆重要的集装箱远洋干线港、国内最大的铁矿石中转基地和原油转运基地、国内重要的液体化工储运基地和华东地区重要的煤炭、粮食储运基地，是国家的主枢纽港之一。2016年，宁波–舟山港货物吞吐量达到9.22亿吨，排名继续位居世界港口首位；集装箱吞吐量为2 156.1×10^4 TEU，排名居世界港口第四位；原油接卸量为8 200×10^4 t，占全国进口量的21.5%；铁矿石接卸量为1.3×10^8 t，占国内进口量的13.1%。

概括而言，宁波–舟山港具有如下七大特点。

（1）自然条件优越

宁波–舟山港港域"水深流顺风浪小，不冻不淤陆域大"，规划可建10万吨级以上泊位岸线长200 km，30万吨级以上超大型泊位深水岸线20 km，天然航道平均水深为30~100 m，核心港区主航道水深在22.5 m以上，通航条件优越，全年可作业天数达350 d以上，30万吨级巨轮可自由进出港，40万吨级以

上的巨轮可候潮进出，是中国进出 10 万吨级以上巨轮最多的港口，超大型国际枢纽港建港条件全球少有。现阶段国内 40 万吨级矿石码头布局四大港口的 7 个泊位，宁波–舟山港拥有其中 3 个泊位，截至 2017 年 7 月已成功靠泊作业 20 艘次 40 万吨级矿船，是国内目前唯一可满载吃水靠泊该类船舶的港口。港内拥有亚洲最大的原油码头，2005 年 2 月及 2017 年 2 月和 8 月，先后 4 次迎靠载重吨为 $42×10^4$ t 的全球最大油船"泰欧"轮。宁波–舟山港也是国内接靠大型集装船舶最多的港口，至 2017 年 7 月，已成功靠泊 $1.8×10^4$ TEU 以上大型集装箱船舶 509 艘次。2017 年 5 月 24 日，全球最大集装箱船、载箱量 21 413 TEU 的"东方香港"轮首航宁波–舟山港。

（2）区位优势明显

宁波–舟山港位于我国南北沿海和长江航道"T"形结构的交汇处，区位优势明显，向内不仅可连接沿海各港口，而且通过江海联运、海河联运、海铁联运等直接覆盖华东地区及长江流域；向外直接面向东亚及整个环太平洋地区，是中国沿海向美洲、大洋洲和南美洲等港口远洋运输辐射的理想集散地（图 2.4-1）。

（3）港口功能齐全

宁波–舟山港由镇海、北仑、大榭、穿山、梅山、金塘、衢山、六横、岑港和洋山等 19 个港区组成，是一个集内河港、河口港和海港于一体，大、中、小泊位配套的多功能、综合性的现代化大港。现有生产泊位 624 个，其中万吨级以上大型泊位 157 个，5 万吨级以上的大型、特大型深水泊位 93 个，是中国大陆大型和特大型深水泊位最多的港口。经营范围主要包括集装箱、铁矿、原油、煤炭、液化品、件杂货物等装卸业务，作业货种齐全，并提供拖轮助泊、船货代理、理货及物流等与港口生产相关的全方位、综合性服务。

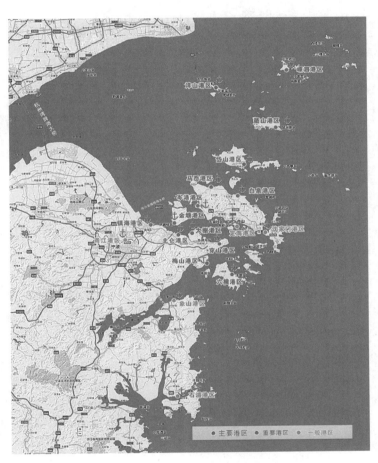

图 2.4-1　宁波–舟山港港区总体布局

（4）航线航班密集

目前，宁波–舟山港已与世界上 100 多个国家和地区的 600 多个港口通航，全球前 20 名的集装箱班轮公司均已登陆宁波–舟山港，是世界上最繁忙的港口之一。截至 2017 年 5 月，集装箱航线达 236 条，其中远洋干线 114 条（图 2.4-2）。

（5）腹地经济发达

宁波–舟山港所在的长三角地区是我国经济最活跃的区域之一，目前长三角经济总量位居我国各区域经济体首位。宁波–舟山港的直接经济腹地为浙江省，主要间接腹地为上海、江苏、安徽、江西、湖南、湖北、重庆和四川等长江沿线地区。随着项目和业务拓展力度的加大，物流网络体系的日益完善，腹地不断向中西部及新疆、西安等西北地区延伸，覆盖我国南北沿海，并辐射我国台湾地区及日本、韩国等国家。根据有关数据，宁波–舟山港承担了浙江沿海港口约 95% 外贸货物、近 100% 国际集装箱、长三角

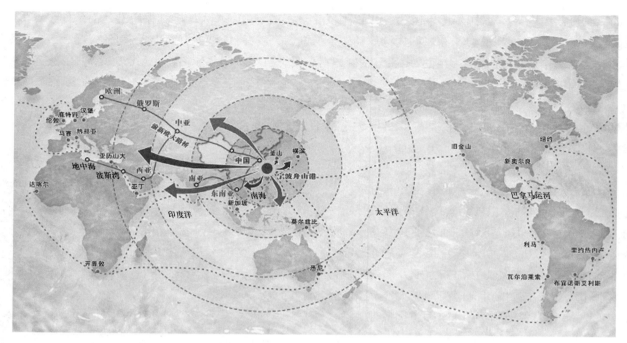

图 2.4-2　国际航线示意

港口近 35% 外贸货物的运输任务，是长三角和长江沿线地区对外贸易的主要口岸。

（6）集疏运网络完善

宁波–舟山港具有水路、公路、铁路和管道等多种运输方式，是国内运输方式最完备的港口。近年来，为拓展港口发展空间，集团提出了"一体两翼三路"的港口发展思路，积极"走出去"，加强码头、"无水港"及物流服务网络的战略布点，基本形成了以宁波–舟山港为枢纽，嘉兴、太仓、南京港和温州、台州港等为南北两翼，"卫星港"、内陆"无水港"、铁路服务网点等为重要节点，水路、铁路、公路齐头并进的"一体两翼三路"集疏运网络体系，港口辐射力、竞争力明显提升。水水中转体系日益完善，2016 年水水中转箱量占全港集装箱总量的 24.8%。海铁联运快速发展，先后开通了台州、绍兴、金华、义乌、兰溪、合肥、鹰潭和上饶等 10 条班列，并将海铁联运业务延伸至赣西、湖北襄阳、陕西西安、四川成都、重庆、新疆等地，在绍兴、金华、义乌、上饶和鹰潭等地建立了 14 个"无水港"，物流业务增势强劲。

（7）品牌优势明显

近年来，在不断加大基建技改投入、推进信息化建设的同时，深入推进服务品牌建设，港口作业效率、服务水平和对外形象明显提升。桥吊最高单机效率达 235.6 自然箱/h，创造了装卸效率世界纪录；铁矿石船时效率名列全国前茅。近年来，宁波–舟山港获得了中国港口行业十大影响力品牌、中国十大最让人满意港口等荣誉，并成功入围 2005 年度世界集装箱"五佳港口"（中国大陆唯一入围港口）。

2.4.2　航道和锚地

宁波–舟山港的深水岸线资源丰富，南北长达 220 km 左右；大陆岸线长 1 547 km，岛屿岸线长 3 203 km，这些深水岸线的开发利用离不开航道和锚地的建设。宁波–舟山海域航路复杂，锚地众多，按分布情况可划分为舟山本岛以北海域、北仑—穿山—舟山本岛附近—六横—象山港海域、石浦港海域 3 个区域，分别称为北部海域、中部海域、南部海域，现有近 40 条不同等级航路、航道及 50 余处锚地。其中，北部海域开阔，航道，锚地基本可以满足现有港口发展需求；中部海域码头基础设施集中，航道、锚地较为紧张；南部海域码头设施较少，航道、锚地建设基本可以满足现有发展需求。

各区域内主要航道现状详见表 2.4-1。

表 2.4-1　各海域主要航道现状

	主要航道	航道性质	通航标准	底宽/m	水深/m	备注
北部海域	洋山进港航道	天然，人工	10 万吨级集装箱	300~550	>16.0	人工段宽度 300 m，深度为 16 m
	马迹山进港航道	天然	25 万吨级集装箱	1 000	>22.1	乘潮
	马迹山中转东航道	天然	3.5 万吨级集装箱	500	10.7	乘潮
中部海域	金塘水道	天然	20 万吨级集装箱乘潮	>2 600	20~91	虾峙门口外人工航槽水深 25.7 m
	册子水道	天然		3 900~8 900	20.5~60	
	螺头水道	天然		2 200	>40	
	虾峙门水道	天然		750~2 800	20~123	
	象山港航道	天然	万吨级集装箱	—	7.9~26	无固定航路
南部海域	石浦航道	天然	5 000 吨级集装箱	300~600	5.7~60	礁石碍航

中部海域现有锚地共 15 个，其中 20 万吨级以上的锚地有 3 个，10 万~20 万吨级的锚地有 3 个，1 万~10 万吨级的锚地有 2 个，0.1 万~1 万吨级的锚地有 4 个，0.1 万吨级以下的锚地 3 个。分布于虾峙门口外、舟山岛南部岛屿间及舟山岛西南、金塘岛附近等地区。北部海域锚地有 16 个。其中 20 万吨级以上的锚地有 2 个，10 万~20 万吨级的锚地有 3 个，1 万~10 万吨级的锚地有 7 个，0.1 万~1 万吨级的锚地有 1 个，0.1 万吨级以下的锚地 3 个。南部海域共有 23 块锚地，大部分供小型船舶锚泊。

第 3 章　大榭港区潮汐潮流分析

3.1　港区基本情况

大榭港区包括大榭岛、穿鼻岛和里神马岛宜港岸线，是以集装箱、石油化工品和散、杂货运输为主的综合性港区，划分为临港工业及液体散货、集装箱、通用、穿鼻岛预留 4 个作业区，如图 3.1-1 所示。

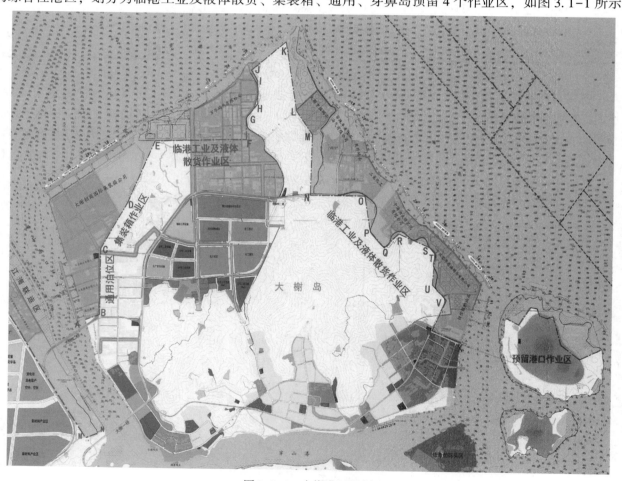

图 3.1-1　大榭港区规划

大榭岛东部和北部为临港工业及液体散货作业区，背山面海、深水近岸、掩护条件较好，目前已建成大榭中油 30 万吨级原油泊位 1 个，百地年 5 万吨级、5 000 吨级液化石油汽（LPG）泊位各 1 个，关外和三菱化学 5 万吨级液体化工泊位各 1 个，中海油大榭石化 3 万吨级液体化工泊位、5 万吨级原油泊位和 3 000 吨级成品油泊位各 1 个，宁波实华 45 万、25 万、7 万和 5 万吨级原油泊位各 1 个，大榭恒信油库

5 000 吨级成品油泊位 3 个，万华化学 5 万吨级液体化工泊位 2 个和 2 万吨级液体化工泊位 1 个。

　　大榭岛西北侧为集装箱作业区，岸线平顺、深水近岸、陆域开阔，掩护良好，已建成大榭招商国际 1 个 7 万吨级和 3 个 10 万吨级集装箱泊位。

　　穿山港西口至外道头为通用作业区，泊稳条件十分理想，但只能满足 3 万吨级以下船舶通航，且水域较窄，目前已建成 2 万吨级泊位 2 个，1 万吨级泊位 2 个，5 000 吨级泊位 1 个。

3.2　数据来源

　　为了更好地了解大榭港区的潮汐特征情况，这里主要选取了港区内 5 个码头不同观测点进行为期一个月左右的实际潮位观测，具体观测时间和站位如表 3.2-1 和图 3.2-1 所示，长期参考站选择镇海海洋站和北仑海洋站。

表 3.2-1　大榭港区临时潮位站位

码头	大榭万华 5 万吨级码头	大榭万华 2 万吨级码头	利万聚酯码头（原三菱化工）	大榭中油码头	大榭实华 45 万吨级码头
潮位站	码头附近礁门站	大榭黄琅油库码头附近	码头引桥消控平台的后沿	码头壁垂直设置	码头现场
经纬度	29°56′35″N 121°56′29″E	29°57′06″N 121°57′20″E	29°56′09.3″N 121°58′44.8″E	29°57′N 121°58′E	29°55′14.5″N 121°59′54.0″E
观测时间	2005 年 4 月 2 日至 5 月 1 日	2010 年 12 月 21 日至 2011 年 1 月 20 日	2006 年 12 月 4 日至 2007 年 1 月 2 日	2009 年 7 月 1 日至 7 月 31 日	2011 年 3 月 14 日至 4 月 13 日
长期参考站	镇海海洋站（29°59′N，121°45′E） 北仑海洋站（29°54′N，122°07′E）				

图 3.2-1　大榭港区站点示意

港区潮流特征分析主要选择 7 个参考站点，分别为大榭岛北侧大榭招商国际码头前沿的大榭招商 4#、万华 5 万吨级码头前沿的万华 5 万吨级 1#、万华 2 万吨级液体化工码头前沿的万华 2 万吨级 3#、大榭岛东侧的中油码头附近水域中油 2# 和中油 5#、利万聚酯 2#（原三菱码头）、实华 45 万吨级码头前沿的实华 45 万吨级 4#，具体观测时间和站位如表 3.2-2 和图 3.2-1 所示。

表 3.2-2　大榭港区临时潮流站位

站名	潮流站点	平均水深/m	调查时间
大榭招商 4#	29°56′04.9″N，121°55′23.9″E	21.7	小潮（2005 年 1 月 19 日至 20 日） 中潮（2005 年 1 月 23 日至 24 日） 大潮（2005 年 1 月 26 日至 27 日）
万华 5 万吨级 1#	29°56′54.3″N，121°56′54.7″E	31.9	小潮（2005 年 4 月 2 日至 3 日） 中潮（2005 年 4 月 6 日至 7 日） 大潮（2005 年 4 月 10 日至 11 日）
万华 2 万吨级 3#	29°57′14.3″N，121°57′24.2″E	40.0	（2010 年 12 月 20 日至 29 日）
中油 2#	29°56′56.1″N，121°58′20.5″E	54.9	（2009 年 7 月 8 日至 19 日）
中油 5#	29°57′22.8″N，121°57′59.4″E	47.6	大潮（2009 年 7 月 8 日至 9 日） 中潮（2009 年 7 月 12 日至 13 日） 小潮（2009 年 7 月 16 日至 17 日）
利万聚酯 2# （原三菱化学 2#）	29°56′13.7″N，121°58′48.5″E	47	大潮（2006 年 12 月 6 日至 8 日） 中、小潮（2006 年 12 月 10 日至 13 日）
实华 45 万吨 4#	29°55′49.3″N，121°59′32.8″E	66	小潮（2011 年 3 月 13 日至 14 日） 中潮（2011 年 3 月 17 日至 18 日） 大潮（2011 年 3 月 19 日至 20 日）

3.3　研究方法

3.3.1　潮汐（潮流）调和分析

潮汐是一种常见的海洋物理现象，是指海水在天体（主要是月球和太阳）引潮力作用下所产生的周期性运动，通常把海面在铅直方向上的升降称为潮汐，把海水在水平方向上的涨落称为潮流。

实际海水的涨落可以看作是不同振幅和频率的振动及非潮汐因素的扰动之和，即：

$$\zeta(t) = a_0 + \sum_{j=1}^{m} f_j H_j \cos[\omega_j t + G(v_{0j} + u_j) - g_j] + \gamma(t) \tag{3.3-1}$$

式中，ζ 为潮位；a_0 为长期平均水位高度；f_j 为分潮 j 的交点因子；H_j 为分潮 j 的平均振幅；ω_j 为分潮 j 的角速率；v_{0j} 为分潮 j 的格林威治零时天文初相角；u_j 为分潮 j 点订正角；g_j 为分潮 j 的区时专用迟角；γ 为非潮汐因素的扰动项；t 为时间；m 为分潮数量。

一般来说，对于自然条件相对稳定的海区，H_j 和 g_j 应该是基本不变的，称为分潮 j 的调和常数。获得了各个分潮的调和常数，即能掌握海区的潮汐运动规律。

潮汐分析将目标海区的潮位变化看作是许多分潮余弦振动的叠加，根据实测数据计算出各个分潮的调和常数，也称潮汐调和分析。

根据式（3.3-1），某一时期的潮高可表达式为

$$\zeta(t) = a_0 + \sum_{j=1}^{m} R_j \cos(\omega_j t - \theta_j) + \gamma(t) \tag{3.3-2}$$

式中，$R_j = f_j H_j$，为分潮 j 的振幅；$\theta_j = g_j - G(v_{0j} + u_j)$，为分潮 j 的初相位

令 $a_j = R_j \cos\theta_j$，$b_j = R_j \sin\theta_j$，则式（3.3-2）可表示为

$$\zeta(t) = a_0 + \sum_{j=1}^{m} (a_j \cos\omega_j t + b_j \sin\omega_j t) + \gamma(t) \tag{3.3-3}$$

利用一定分析长度的潮汐观测资料求得 a_j、b_j 后，利用式（3.3-4）进而求得 R_j、θ_j，最后求得各分潮的调和常数 H_j、g_j。

$$R_j = \sqrt{a_j^2 + b_j^2}，\theta_j = \tan^{-1}\frac{b_j}{a_j}，H_j = \frac{R_j}{f_j}，g_j = G(v_{0\,j} + u_j) + \theta_j \tag{3.3-4}$$

经典的潮汐调和分析有 Darwin 分析法和 Doodson 分析法，现代潮汐调和分析则多采用最小二乘分析法。最小二乘法是一种常用的数学拟合方法，它的主要思想就是选择未知参数，使得理论值与观测值之差的平方和达到最小。

将计算得到的潮位表示为 $\zeta'(t)$，即：

$$\zeta'(t) = a_0 + \sum_{j=1}^{m} (a_j \cos\omega_j t + b_j \sin\omega_j t) \tag{3.3-5}$$

设观测时段为 $[0, T]$，取观测时段的中间时刻为时间原点。最小二乘法即是通过确定 a_j、b_j，使 $\zeta'(t)$ 逼近实测潮位 $\zeta(t)$，即：

$$D = \int_{-\frac{T}{2}}^{\frac{T}{2}} [\zeta(t) - \zeta'(t)]^2 \mathrm{d}t = \int_{-\frac{T}{2}}^{\frac{T}{2}} \left[\zeta(t) - a_0 - \sum_{j=1}^{m} (a_j \cos\omega_j t + b_j \sin\omega_j t)\right]^2 \mathrm{d}t \tag{3.3-6}$$

实际的潮位观测都是离散的，以观测间隔为 1 h 为例，观测时段内进行的观测总数为 $2N+1$，$t = k\Delta t = k$，则 $k = -N$，$-N+1$，$\cdots$，0，$N-1$，N。

为方便起见，将 a_0 表示为角速度为 0 的一个特殊分潮，即 $\omega_0 = 0$。当头尾两项各取一半时，式（3.3-6）可写成：

$$D = \sum_{k=-N}^{N} \left[\zeta(t) - \sum_{j=0}^{m} (a_j \cos\omega_j k + b_j \sin\omega_j k)\right]^2 \tag{3.3-7}$$

根据最小二乘法原理，使 D 最小的条件为

$$\frac{\partial D}{\partial a_i} = 0，\frac{\partial D}{\partial b_i} = 0，i = 0，1，2，\cdots，m$$

由此得

$$\begin{cases} \sum \sum_{j=0}^{m} (a_j \cos\omega_j k + b_j \sin\omega_j k) \cos\omega_i k = \sum \zeta(k) \cos\omega_i k \\ \sum \sum_{j=0}^{m} (a_j \cos\omega_j k + b_j \sin\omega_j k) \sin\omega_i k = \sum \zeta(k) \sin\omega_i k \end{cases} \tag{3.3-8}$$

式中，$\sum$ 代表求和时头尾两项各取一半。

由于

$$\sum \sin\omega_j k \cos\omega_i k = \sum \cos\omega_j k \sin\omega_i k = 0$$

并令

$$F_{ij} = \sum \cos\omega_i k \sin\omega_j k$$
$$G_{ij} = \sum \sin\omega_i k \cos\omega_j k \qquad (i, j = 0, 1, 2, \cdots, m)$$

式（3.3-8）可改写成：

$$\begin{cases} \sum_{j=0}^{m} a_j F_{ij} = \sum \zeta(k)\cos\omega_i k & (i = 0, 1, 2, \cdots, m) \\ \sum_{j=0}^{m} a_j G_{ij} = \sum \zeta(k)\sin\omega_i k & (i = 1, 2, \cdots, m) \end{cases} \qquad (3.3\text{-}9)$$

通过三角函数简化，F_{ij} 和 G_{ij} 可以表示为如下形式：

$$\begin{cases} F_{ij} = \sum \cos\omega_i k \cos\omega_j k = \dfrac{1}{2}\left[\dfrac{\sin N(\omega_i - \omega_j)}{\tan\frac{1}{2}(\omega_i - \omega_j)} + \dfrac{\sin N(\omega_i + \omega_j)}{\tan\frac{1}{2}(\omega_i + \omega_j)} \right], \ (i \neq j) \\[4mm] G_{ij} = \sum \sin\omega_i k \sin\omega_j k = \dfrac{1}{2}\left[\dfrac{\sin N(\omega_i - \omega_j)}{\tan\frac{1}{2}(\omega_i - \omega_j)} - \dfrac{\sin N(\omega_i + \omega_j)}{\tan\frac{1}{2}(\omega_i + \omega_j)} \right], \ (i \neq j) \\[4mm] F_{ii} = N + \dfrac{\sin N\omega_i \cos N\omega_i}{\tan\omega_i}, \ (i \neq 0) \\[4mm] G_{ii} = N - \dfrac{\sin N\omega_i \cos N\omega_i}{\tan\omega_i}, \ (i \neq 0) \\[4mm] F_{00} = 2N \\[2mm] G_{00} = 0 \end{cases} \qquad (3.3\text{-}10)$$

在得到这些系数后，将式（3.3-10）代入式（3.3-9），得到两个方程组，这两个方程组的系数行列式仍然是对称的。前一个方程组有 $m+1$ 个方程，可解出 a_0，a_1，$\cdots$，a_m，后一个方程组有 m 个方程，可解出 b_1，b_2，$\cdots$，b_m。再根据式（3.3-4）求得各分潮的调和常数 H_j、g_j。

与潮汐一样，潮流也可表示为许多分潮流之和的形式。只不过为了分析和预报方便，一般把流速 w 分解为向北和向东的分量，记为北分量 u 和东分量 v；流向记为 θ。则表示为

$$\begin{cases} u = w\cos\theta \\ v = w\sin\theta \end{cases} \text{或} \begin{cases} u = U_0 + \sum_{j=1}^{m} U_j\cos(\omega_j t + v_{0j} - \xi_j) \\ v = V_0 + \sum_{j=1}^{m} V_j\cos(\omega_j t + v_{0j} - \eta_j) \end{cases} \qquad (3.3\text{-}11)$$

式中，U_0、V_0 为除去潮流成分后的剩余部分，称为余流；U_j、ξ_j 为潮流北分量的调和常数，V_j、η_j 为潮流东分量的调和常数。潮流调和常数与潮汐调和常数的意义近似，调和分析的过程也近似，将流速按照向北和向东方向分解后，参照潮汐调和分析过程，采用最小二乘法对潮流分量进行调和分析。

3.3.2　数值模型介绍

平面二维潮流数学模型采用由丹麦水力研究所（DHI）开发的非结构网格模型 MIKE 21 FM 构建。MIKE 21 FM 作为一款可以解决带自由表面的二维流动问题的通用模型，可以用于湖泊、河口和海岸等可简化为平面二维问题的模型研究工作。该模型包括水动力、波浪、泥沙和环境等模块。MIKE 21 FM 模型采用基于非结构网格的有限体积法求解。其优点是可以很好地拟合复杂地形，并保证物质通量

守恒，且计算速度较快。其中水动力模块（MIKE 21 HD）可以通过求解连续性方程和动量方程来计算各网格点不同时刻的水位及流速值，可以很好地预测分析工程海域的潮位变化及不同时刻的潮流流态。

3.3.2.1　二维水动力模型理论简介

（1）基本控制方程

FM 模块是软件核心的基础模块，其水流运动控制方程是笛卡儿坐标系下的二维浅水方程：

$$\frac{\partial h}{\partial t} + \frac{\partial h\bar{u}}{\partial x} + \frac{\partial h\bar{v}}{\partial y} = hS$$

$$\frac{\partial h\bar{u}}{\partial t} + \frac{\partial h\bar{u}^2}{\partial x} + \frac{\partial h\bar{v}\bar{u}}{\partial y} = f\bar{v}h - gh\frac{\partial \eta}{\partial x} - \frac{gh^2}{2\rho_0}\frac{\partial \rho}{\partial x} + \frac{\tau_{sx}}{\rho_0} - \frac{\tau_{bx}}{\rho_0} + \frac{\partial}{\partial x}(hT_{xx}) + \frac{\partial}{\partial y}(hT_{xy}) + hu_sS$$

$$\frac{\partial h\bar{v}}{\partial t} + \frac{\partial h\bar{v}\bar{u}}{\partial x} + \frac{\partial h\bar{v}^2}{\partial y} = -f\bar{u}h - gh\frac{\partial \eta}{\partial y} - \frac{gh^2}{2\rho_0}\frac{\partial \rho}{\partial y} + \frac{\tau_{sy}}{\rho_0} - \frac{\tau_{by}}{\rho_0} + \frac{\partial}{\partial x}(hT_{xy}) + \frac{\partial}{\partial y}(hT_{yy}) + hv_sS$$

$$(3.3-12)$$

该二维浅水方程基于 Boussinesq 涡黏假定和静压假定。方程中：$h = \eta + d$；η 和 d 分别表示水面高度和静水深；x 和 y 分别表示右手 Cartesian 坐标系下的横轴和纵轴坐标；t 为时间；g 为重力加速度；$\bar{u}$ 和 $\bar{v}$ 分别为沿 x 和 y 方向的深度平均流速；f 为柯氏力系数；ρ 为流体密度；ρ_0 为参考密度；S 为点源流量；u_s 与 v_s 为点源流速；T_{ij} 为应力项，包括黏性应力、紊流应力和对流等，根据水深平均的流速梯度计算。

（2）初始与边界条件

初始条件：$\begin{cases} \zeta(x, y, t)\mid_{t=0} = \zeta(x, y) = \zeta_0 \\ u(x, y, t)\mid_{t=0} = v(x, y, t)\mid_{t=0} = 0 \end{cases}$

开边界：

采用水位控制，即用潮位预报的方法得到开边界条件。

$$\zeta = A_0 + \sum_{i=1}^{11} H_iF_i\cos[\sigma_{it}t - (v_0 + u)_i + g_i] \qquad (3.3-13)$$

式中，A_0 为平均海面，F_i、$(v_0 + u)_i$ 为天文要素，H_i、g_i 为调和常数。调和常数选用 9 个分潮，其中日分潮 4 个（Q_1，O_1，P_1，K_1），半日分潮 4 个（N_2，M_2，S_2，K_2），月分潮 1 个（M_m）。

闭边界：

在潮滩区采用干湿动边界处理方法，当某一单元的水深小于湿水深时，在此单元上的水流计算会被相应调整。即当水深小于干水深时，该网格单元将被冻结不再参与计算，直至重新被淹没为止，模型中基于淹没深度参数来判定某一网格单元是否处于淹没状态；当某一网格单元处于淹没状态但水深小于湿水深时，模型中将在该网格点处不再进行动量方程的计算，仅计算连续方程。

（3）底部应力

底部应力 $\vec{\tau}_b = (\tau_{bx}, \tau_{by})$ 遵循二次摩擦定律：

$$\frac{\vec{\tau}_b}{\rho_0} = c_f\vec{u}_b\mid\vec{u}_b\mid \qquad (3.3-14)$$

式中，c_f 是阻力系数；$\vec{u}_b = (u_{bx}, u_{by})$ 为底部水流滑移速度。

对于两维计算而言，$\vec{u}_b$ 为关于水深的平均速度，阻力系数可以由 Manning 系数 M 得

$$c_f = \frac{g}{(Mh^{1/6})^2} \qquad (3.3-15)$$

Manning 系数与底床的粗糙高度有以下关系（一般情况下，Manning 值通过模型率定来给出）：

$$M = \frac{25.4}{k_s^{1/6}} \tag{3.3-16}$$

（4）湍流模型

湍流建模采用大涡模拟方法中的 Smagorinsky 亚网格尺度模型。该模型用一个与特征长度尺度相关的有效涡度黏性值来描述亚网格尺度输移。亚网格尺度涡度黏性值公式如下：

$$A = c_s^2 l^2 \sqrt{2S_{ij}S_{ij}} \tag{3.3-17}$$

式中，c_s 为定值；l 为特征长度；形变率公式如下：

$$S_{ij} = \frac{1}{2}\left(\frac{\partial u_i}{\partial x_j} + \frac{\partial u_j}{\partial x_i}\right) \quad (i, j = 1, 2) \tag{3.3-18}$$

3.3.2.2 二维潮流模型的建立

MIKE 21 FM 水动力部分的输入数据可以分成以下几个部分：①计算域和相关时间参数，包括网格地形及时间设置；②校准要素，包括底床阻力、涡黏系数和风摩擦阻力系数；③初始条件，如水面高程；④边界条件，包括开边界条件和闭边界条件；⑤其他驱动力，包括风和源汇项等。

模型实际数据需求量的多寡取决于工程精度要求及所需描述的物理现象本身。大榭中油二期码头二维潮流模型主要用于计算不同水文条件下港区的潮流分布，为工程项目的实施对潮流与冲淤条件的影响提供分析依据。

本模型研究为了避免开边界对工程附近潮流计算的影响，以及确保工程对港区及周边水域潮流和冲淤条件的影响均在模型计算范围内，尽可能地使模型计算域取值最大（表 3.3-1）。计算域采用非结构网格进行划分，与一般的矩形网格相比，非结构网格不仅可以很好地贴近水陆边界，较好地模拟边界处的流态，减弱由于边界线与计算网格的错位所造成的误差，而且还可以方便地实现从外海到近岸工程水域的网格逐层加密，在不降低工程附近水域潮流计算精度的前提下有效提升模型计算速度。潮流模型计算域及水下地形参如图 3.3-1 所示。相应的计算网格参如图 3.3-2 所示，网格尺度取 50~2 500 m，近岸区域网格较小，开边界处网格较大，共计 61 301 个三角网格。外海潮位边界提取自 TPXO8 数据集。

表 3.3-1 二维潮流模型设置

置设内容	值
网格数量	61 301 个
网格尺度	40~2 500 m，工程区域网格较小，开边界处网格较大
涡黏函数	Smagorinsky 亚网格尺度模型
Smagorinsky 系数	0.26
Manning 值	率定后的 Manning 值为 20~90 m$^{1/3}$/s
初始水位/m	0
初始流速/（m/s）	0
边界条件	潮位边界条件，提取自 TPXO8 数据集

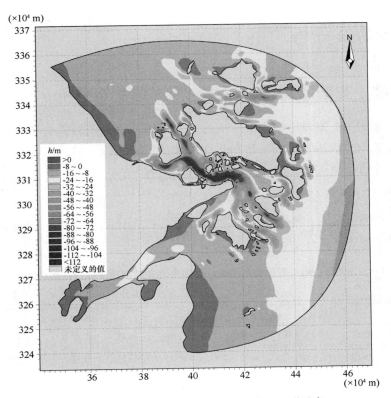

图 3.3-1 二维潮流模型计算区域及水下地形示意

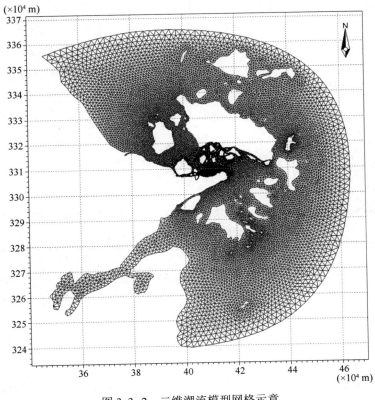

图 3.3-2 二维潮流模型网格示意

3.4 港区潮汐特征分析

3.4.1 各码头潮汐与镇海海洋站和北仑海洋站关系分析

由于各码头所收集的潮位资料均为为期一个月左右的短期验潮资料，为了更好地分析大榭港区实际潮汐特征，引入附近长期验潮站镇海海洋站和北仑海洋站同期潮位资料做参考，现将短期验潮站和同期长期验潮站的实际潮位特征值进行统计分析。

3.4.1.1 大榭万华5万吨级码头实测潮汐特征分析

大榭万华5万吨级码头短期验潮资料时间为2005年4月2日至5月1日，根据同期镇海海洋站资料，实测潮汐特征分析结果如表3.4-1所示。

表3.4-1 码头附近临时潮位站和镇海海洋站实测潮汐特征值的统计

（2005年4月2日至5月1日） 潮高基准：1985 国家高程基准

测站	特征潮位/cm					特征潮差/cm			历时	
	最高	最低	平均高潮	平均低潮	平均海面	最大	最小	平均	平均涨潮	平均落潮
码头实测	160	-170	98	-91	10	312	24	189	5 h42 min	6 h42 min
镇海海洋站	176	-181	104	-100	9	343	30	204	6 h18 min	6 h06 min

由表3.4-1可知，码头临时潮位站的最高潮位和平均高潮较镇海海洋站略偏低，最低潮位和平均低潮较镇海海洋站略偏高，月平均海平面基本一致，相差仅1 cm，观测期间，临时潮位站最高、最低潮位出现时间分别为4月25日和4月27日，同期镇海海洋站最高、最低潮位出现时间分别为4月10日和4月27日。潮差方面，码头临时潮位站的平均潮差、最大潮差、最小潮差均较同期镇海海洋站略偏小；涨落潮历时上，码头临时潮位站是落潮历时长于涨潮历时，涨落潮历时相差约1 h，而镇海海洋站为涨潮历时略长于落潮历时，涨落潮历时相差约10 min。

3.4.1.2 大榭万华2万吨级码头实测潮汐特征分析

大榭万华2万吨级码头位于万华5万吨级码头东北，紧挨着万华5万吨级码头，短期验潮资料时间为2010年12月21日至2011年1月20日，根据同期镇海海洋站和北仑海洋站资料，实测潮汐特征分析结果如表3.4-2所示。

表3.4-2 码头附近临时潮位站、镇海海洋站和北仑海洋站实测潮汐特征值的统计

（2010年12月21日至2011年1月20日） 潮高基准：1985 国家高程基准

测站	特征潮位/cm					特征潮差/cm			历时	
	最高	最低	平均高潮	平均低潮	平均海面	最大	最小	平均	平均涨潮	平均落潮
码头实测	216	-168	117	-88	21	363	56	205	5 h58 min	6 h25 min
镇海海洋站	232	-184	120	-103	16	373	61	222	6 h21 min	6 h03 min
北仑海洋站	225	-196	118	-112	5	384	61	230	5 h57 min	6 h27 min

由表3.4-2可知，码头临时潮位站的最高潮位较镇海海洋站和北仑海洋站偏低，但平均高潮基本持平，更接近北仑海洋站；最低潮位和平均低潮较镇海海洋站和北仑海洋站偏高，月平均海平面与镇海海

洋站较接近，观测期间，临时潮位站最高、最低潮位出现时间分别为 2010 年 12 月 24 日和 2011 年 1 月 20 日，同期镇海海洋站最高、最低潮位出现时间为 2010 年 12 月 24 日与 12 月 26 日，北仑海洋站最高、最低潮位出现时间为 2010 年 12 月 24 日与 2011 年 1 月 20 日，与码头临时潮位站出现时间相同。潮差方面，码头临时潮位站的平均潮差、最大潮差、最小潮差均较同期镇海海洋站和北仑海洋站偏小；涨落潮历时上，码头临时潮位站与北仑海洋站非常一致，均为落潮历时长于涨潮历时，且涨落潮历时仅相差 1～2 min，而镇海海洋站为涨潮历时长于落潮历时，与码头临时潮位站正好相反。

3.4.1.3　大榭中油码头实测潮汐特征分析

大榭中油码头位于大榭岛的北部，万华 2 万吨级码头东侧，短期验潮资料时间为 2009 年 7 月 1—31 日，根据同期镇海海洋站和北仑海洋站资料，实测潮汐特征分析结果如表 3.4-3 所示。

表 3.4-3　码头附近临时潮位站、镇海海洋站和北仑海洋站实测潮汐特征值的统计

（2009 年 7 月 1 日至 7 月 31 日）　　　　潮高基准：1985 国家高程基准

测站	特征潮位/cm					特征潮差/cm			历时	
	最高	最低	平均高潮	平均低潮	平均海面	最大	最小	平均	平均涨潮	平均落潮
码头实测	219	−176	122	−82	26	389	58	203	5 h51 min	6 h37 min
镇海海洋站	225	−172	124	−81	29	387	60	205	6 h20 min	6 h07 min
北仑海洋站	221	−206	123	−94	16	423	65	217	5 h51 min	6 h36 min

由表 3.4-3 可知，码头临时潮位站的最高潮位、平均高潮较镇海海洋站和北仑海洋站略偏低；最低潮位和平均低潮较镇海海洋站略偏低，较北仑海洋站偏高，月平均海平面与镇海海洋站较接近，观测期间，临时潮位站最高、最低潮位出现时间分别为 2009 年 7 月 25 日和 7 月 23 日，同期镇海海洋站最高、最低潮位出现时间为 2009 年 7 月 21 日和 7 月 23 日，北仑海洋站最高、最低潮位出现时间为 2009 年 7 月 24 日和 7 月 23 日，与北仑海洋站比较接近。潮差方面，码头临时潮位站的平均潮差、最小潮差较同期镇海海洋站和北仑海洋站偏小，更接近镇海海洋站，最大潮差较镇海海洋站略大，较北仑海洋站偏小，与镇海海洋站更接近；涨落潮历时上，码头临时潮位站与北仑海洋站非常一致，均为落潮历时长于涨潮历时，仅落潮历时相差 1 min，而镇海海洋站为涨潮历时长于落潮历时，与码头临时潮位站正好相反。

3.4.1.4　利万聚酯码头实测潮汐特征分析

利万聚酯码头（原三菱化学码头）位于大榭岛东北部，介于中油码头和实华 45 万吨级码头之间，短期验潮资料时间为 2006 年 12 月 4 日至 2007 年 1 月 2 日，由于本次测验中的短期潮位观测系采用假定水尺零点，未进行水准引测，观测期间零点保持固定不变，在实测潮汐特征值的统计比较中，各项特征潮位如观测期间的最高（低）潮位，平均高（低）潮位等均相对于平均海面为零起算。根据同期镇海海洋站资料，实测潮汐特征分析结果如表 3.4-4 所示。

表 3.4-4　码头附近临时潮位站和镇海海洋站实测潮汐特征值的统计

（2006 年 12 月 4 日至 2007 年 1 月 2 日）　　　　潮高基准：平均海平面

测站	特征潮位/cm					特征潮差/cm			历时	
	最高	最低	平均高潮	平均低潮	平均海面	最大	最小	平均	平均涨潮	平均落潮
码头实测	164	−197	96	−103	0	356	79	199	5 h29 min	6 h39 min
镇海海洋站	175	−204	98	−106	0	369	76	201	6 h23 min	6 h14 min

由表 3.4-4 可知，码头临时潮位站的最高潮位较镇海海洋站略偏低，平均高潮基本持平，最低潮位和平均低潮较镇海海洋站略偏高；观测期间，临时潮位站和镇海海洋站的最高、最低潮位出现时间相同，分别为 12 月 8 日和 12 月 5 日。潮差方面，码头临时潮位站的平均潮差、最大潮差均较同期镇海海洋站略偏小，最小潮差码头临时潮位站较镇海海洋站略偏高；涨落潮历时上，码头临时潮位站是落潮历时长于涨潮历时，而镇海海洋站为涨潮历时略长于落潮历时，两站在涨落潮历时上不一致。

3.4.1.5 大榭实华 45 万吨级码头实测潮汐特征分析

大榭实华 45 万吨级码头位于大榭岛东侧，短期验潮资料时间为 2011 年 3 月 14 日至 4 月 13 日，根据同期镇海海洋站和北仑海洋站资料，实测潮汐特征分析结果如表 3.4-5 所示。

表 3.4-5 码头附近临时潮位站、镇海海洋站和北仑海洋站实测潮汐特征值的统计

（2011 年 3 月 14 日至 4 月 13 月） 　　　　　　　　　　　　潮高基准：1985 国家高程基准

测站	特征潮位/cm					特征潮差/cm			历时	
	最高	最低	平均高潮	平均低潮	平均海面	最大	最小	平均	平均涨潮	平均落潮
码头实测	186	−173	112	−91	16	339	46	203	5 h45 min	6 h37 min
镇海海洋站	180	−184	109	−112	6	350	52	221	6 h21 min	6 h00 min
北仑海洋站	198	−219	107	−94	−1	417	43	235	5 h52 min	6 h35 min

由表 3.4-5 可知，码头临时潮位站的最高潮位介于镇海海洋站和北仑海洋站之间，较镇海海洋站略偏高，较北仑海洋站偏低，但平均高潮较镇海海洋站和北仑海洋站均偏高，最低潮位和平均低潮也较镇海海洋站和北仑海洋站偏高，月平均海平面相对来说，与镇海海洋站较接近。观测期间，临时潮位站最高、最低潮位出现时间分别为 2011 年 3 月 21 日和 3 月 19 日，同期镇海海洋站最高、最低潮位出现时间分别为 2011 年 3 月 22 日与 3 月 19 日，同期北仑海洋站最高、最低潮位出现在同一天，时间为 2011 年 3 月 21 日，三站出现时间相差不大。潮差方面，码头临时潮位站的平均潮差、最大潮差均较同期镇海海洋站和北仑海洋站偏小，最小潮差介于镇海海洋站和北仑海洋站之间，较镇海海洋站略偏小，较北仑海洋站略偏大；涨落潮历时上，码头临时潮位站与北仑海洋站非常一致，均为落潮历时长于涨潮历时，且涨落潮历时仅相差 2~7 min，而镇海海洋站为涨潮历时长于落潮历时，与码头临时潮位站正好相反。

通过上述对大榭港区不同码头、不同观测时间的实际潮汐特征分析发现：各潮位特征值总体上跟镇海海洋站和北仑海洋站均比较相似，数值上更接近镇海海洋站；涨落潮历时上，各码头比较结果相当一致，大榭港区跟北仑海洋站非常一致，均为落潮历时长于涨潮历时，且两站的涨落潮历时时间相差很小，而镇海海洋站却正好相反，为涨潮历时略长于落潮历时。从表 3.4-1 至表 3.4-5 大致可以得出：大榭港区平均潮差约 200 cm，涨潮历时约 5.5 h，落潮历时约 6.5 h，落潮历时长于涨潮历时。

3.4.2 潮汐性质

由于临时潮位站观测时间序列短，上述各码头临时潮位站观测时间也不一致，为了更全面地了解大榭港区的潮汐特征，按照潮汐调和分析方法，对大榭各码头临时验潮站潮位资料及附近镇海海洋站、北仑海洋站等长期验潮站资料进行调和分析。通过短期验潮站资料获取了 Mm、Msf、Q_1、O_1、P_1、K_1、N_2、M_2、S_2、K_2、M_4、MS_4、M_6 等 66 个分潮的调和常数，通过附近长期站资料获取了包括上述数十个分潮在内的 100 多个分潮的调和常数。现将各临时验潮站及镇海海洋站、北仑海洋站调和分析结果中主要显著分潮的调和常数进行摘录与对比（表 3.4-6）。

表 3.4-6　各码头短期站及镇海海洋站、北仑海洋站主要分潮调和常数

分潮		万华5万吨级码头		万华2万吨码头		大榭中油码头		利万聚酯码头		实华45万吨码头		镇海海洋站		北仑海洋站	
名称	角速度	H/cm	G/(°)	H/cm	G/(°)	H/cm	G/(°)	H/cm	G/(°)	H/cm	G/(°)	H/cm	G/(°)	H/cm	G/(°)
$2Q_1$	12.854 286	0.5	136.7	0.5	139.6	0.57	112.22	0.5	133.1	0.49	124.18	0.5	117.4	0.5	112.3
Q_1	13.398 661	3.0	149.7	3.0	152.9	3.89	154.89	4.2	157.2	3.28	145.10	3.6	156.0	3.5	151.6
O_1	13.943 063	21.0	170.5	19.8	180.5	22.82	166.66	19.9	174.0	19.47	165.09	20.2	171.8	19.7	166.7
P_1	14.958 931	8.5	220.2	7.6	219.5	8.84	207.96	8.4	216.7	7.96	215.56	8.4	219.6	8.3	209.2
K_1	15.041 069	30.7	214.3	27.4	218.3	32.22	208.74	30.4	215.5	28.85	214.36	30.9	215.2	30.1	208.0
J_1	15.585 443	1.1	229.9	0.2	164.8	1.97	204.41	2.3	302.0	1.06	264.99	1.7	264.4	1.7	249.9
$2N_2$	27.895 355	1.8	267.5	2.0	266.0	2.39-	252.94	2.0	249.0	2.26	251.16	2.6	272.0	2.6	232.8
MU_2	27.968 208	3.9	318.3	2.3	324.1	1.62	341.50	1.4	296.6	0.99	29.54	0.5	71.7	2.5	292.8
N_2	28.439 730	13.8	291.6	14.9	288.6	18.06	273.27	15.3	271.6	17.15	273.74	17.3	299.2	19.4	260.0
NU_2	28.512 583	2.6	294.8	2.8	291.6	3.44	276.02	2.9	274.6	3.26	276.76	4.2	301.7	4.3	260.7
M_2	28.984 104	88.0	304.0	92.2	300.6	95.07	297.26	95.8	291.5	92.12	294.64	95.3	321.0	104.1	280.1
L_2	29.528 479	2.6	343.7	6.1	305.2	4.02	347.23	3.8	349.3	6.12	310.83	5.9	9.3	4.5	320.0
T_2	29.958 933	2.1	341.9	2.2	337.6	2.26	333.66	2.4	330.0	2.46	335.57	3.0	347.3	3.6	327.8
S_2	30.000 000	36.1	343.7	36.9	339.3	38.24	335.25	40.8	331.7	38.23	337.27	36.4	0.6	44.1	322.2
K_2	30.082 137	9.3	336.1	10.3	335.0	10.79	331.24	11.3	327.4	10.62	332.94	10.0	357.0	12.3	317.9
M_3	43.476 156	1.2	281.6	1.3	7.7	1.45	349.01	1.1	18.5	0.94	341.88	1.2	7.6	1.6	348.9
MK_3	44.025 173	3.4	181.8	1.1	348.2	1.01	19.35	1.0	346.6	0.93	24.67	0.9	333.6	0.7	25.8
MN_4	57.423 834	2.3	110.8	2.9	90.3	2.60	82.43	1.6	72.7	1.74	90.33	2.4	83.7	1.6	70.6
M_4	57.968 208	8.7	120.8	6.4	102.5	6.64	104.62	5.4	109.2	5.53	115.74	7.0	106.9	4.2	87.2
MS_4	58.984 104	6.3	162.7	6.2	165.2	4.37	157.69	3.4	161.8	3.89	167.55	5.5	160.2	3.5	138.0
$2MN_6$	86.407 938	1.1	274.3	1.9	230.9	2.28	242.03	2.3	251.4	1.43	231.31	1.9	235.7	1.5	204.3
M_6	86.952 313	2.5	300.8	2.3	248.0	4.08	271.95	4.3	269.4	2.44	263.85	3.6	261.0	2.8	231.3
$2MS_6$	87.968 209	3.1	328.8	4.2	300.8	4.02	314.00	5.5	324.8	3.46	272.18	4.6	303.4	3.5	272.2

　　表 3.4-6 摘出的 23 个天文分潮中，属于全日分潮的有 $2Q_1$、Q_1、O_1、P_1、K_1、J_1，属于半日分潮的有 $2N_2$、MU_2、N_2、NU_2、M_2、L_2、T_2、S_2、K_2，属于三分之一日分潮的有 M_3、MK_3，属于四分之一日分潮的有 MN_4、M_4、MS_4，属于六分之一日分潮的有 $2MN_6$、M_6、$2MS_6$，故具有一定的代表性。从中不难看出，各站主要显著分潮振幅的量值相当接近，互差很小；各站分潮的迟角总体上也较接近，互差不大。而互差存在的原因显然与测站位置及分析资料序列的长、短不同有关。

　　鉴于调和常数相对稳定的性质，为进一步分析大榭港区的潮汐特征，满足本港区应用（港口运作和靠、离泊）需要，利用这些调和常数计算了大榭各码头临时潮位站和镇海海洋站、北仑海洋站的潮汐性质和航海潮信，其结果如表 3.4-7 所示。

表 3.4-7　各码头临时潮位站及镇海海洋站、北仑海洋站潮汐性质和航海潮信

项目	测站						
	万华 5 万吨级码头	万华 2 万吨级码头	中油码头	利万聚酯码头	实华 45 万吨级码头	镇海海洋站	北仑海洋站
潮汐性质（$H_{K1}+H_{O1}$）/H_{M2}	0.59	0.51	0.58	0.53	0.52	0.54	0.48
主要半日分潮振幅比（H_{S2}/H_{M2}）	0.41	0.40	0.40	0.43	0.42	0.38	0.42
主要日分潮振幅比（H_{O1}/H_{K1}）	0.68	0.72	0.71	0.65	0.67	0.65	0.66
主要浅水分潮与主要半日分潮振幅比（H_{M4}/H_{M2}）	0.10	0.07	0.07	0.06	0.06	0.07	0.04
主要半日、全日分潮迟角差 G（M2）$-$[G（K1）$+G$（O1）]/（°）	279	262	282	262	275	294	265
主要半日和浅海分潮迟角差 $2G$（M2）$-G$（M4）/（°）	127	139	130	114	114	175	113
主要浅海分潮振幅和（$H_{M4}+H_{MS4}+H_{M6}$）/cm	18	15	15	13	12	16	10
平均潮差（M_m）/cm	187	199	202	202	196	205	221
平均高潮位（Z0）*/cm	88	95	97	99	96	95	109
平均低潮位（Z1）*/cm	−99	−104	−105	−103	−100	−109	−112
大潮平均高潮位（SZ0）*/cm	114	124	126	130	127	126	145
大潮平均低潮位（SZ1）*/cm	−134	−141	−141	138	−135	−149	−151
平均大潮差（Sg）/cm	248	260	274	268	262	267	299
平均小潮差（Np）/cm	115	120	125	121	118	123	131
小潮平均高潮位（Nz0）*/cm	56	59	61	60	58	59	65
小潮平均低潮位（Nz1）*/cm	−59	−61	−64	−61	−59	−64	−66
平均高潮间隙（HWI）	10 h20 min	10 h20 min	10 h18 min	10 h05 min	10 h06 min	11 h05 min	9 h40 min
平均低潮间隙（LWI）	17 h10 min	16 h54 min	16 h54 min	16 h42 min	16 h44 min	17 h26 min	16 h10 min
平均高潮不等（MHWQ）/cm	54	42	58	46	49	59	47
平均低潮不等（MLWQ）/cm	46	49	47	53	45	40	51
平均高高潮位（MHHW）*/cm	115	116	126	122	121	125	132
平均低高潮位（MLHW）*/cm	61	74	67	76	71	66	85
平均低低潮位（MLLW）*/cm	−122	−128	−129	−129	−123	−129	−138
平均高低潮位（MHLW）*/cm	−76	−80	−82	−77	−78	−89	−87
涨潮历时（ZCLS）	5 h35 min	5 h55 min	5 h50 min	5 h47 min	5 h47 min	6 h09 min	5 h55 min
落潮历时（LCLS）	6 h49 min	6 h30 min	6 h35 min	6 h37 min	6 h38 min	6 h16 min	6 h31 min

注：＊表示本表中的特征潮位均相对于平均海面为零起算。

　　在表 3.4-7 中，前 7 行的内容主要是表征各站由调和常数所反映的潮汐性质，由表可见，各站的潮汐性质非常相似。

　　（1）各站潮汐性质的判据（$H_{K1}+H_{O1}$）/H_{M2} 为 0.48～0.59，属正规半日潮与非正规半日潮之间的"过渡量值"，故各站的潮位变化均具有明显的半日潮特征与规律；

　　（2）各站的 H_{M4}/H_{M2} 比值介于 0.04～0.10，大多为 0.06～0.07，表明各站的浅海分潮具有较大的比重，各站潮位变化中涨、落潮的历时大多相差 1 h 前后，故各站的潮汐性质可归属为"非正规半日浅海潮"的类型。

　　（3）由迟角差 G（M_2）$-$[G（K_1）$+G$（O_1）]等于和接近 270°，以及 $2G$（M_2）$-G$（M_4）等于和接近 90°可知，各站的潮汐变化均有"日不等"现象，即在一个太阴日（约 24 h 50 min）内潮位的两涨、两落中，既有两个高潮的高度不等，也有两个低潮的高度不等。

　　表中第 8~26 行的内容，则为由调和常数所计算的理论潮汐特征（又称航海潮信），这些信息在港航运作中具有较大的实用意义，同时对于实测潮汐特征的统计，也有理论上检验与印证意义。表 3.4-8 列出了各码头实测平均潮差和涨落潮历时与表 3.4-7 中理论计算值的对比，从中不难看出，各码头平均潮差实测跟理论计算值互差为 1~10 cm，互差很小，平均涨落潮历时互差也仅 3~8 min。因此，可认为由调和常数所计算的"理论潮汐特征"具有常规性的代表意义，可供引航、调度、码头管理部门日常使用，也可作为港区对外发布的潮信依据。

表 3.4-8　各码头平均潮差和平均涨落潮历时实测与理论计算值对比

码头名称		平均潮差/cm	涨潮历时	落潮历时
大榭万华 5 万吨级码头	实测	189	5 h42 min	6 h42 min
	理论计算	187	5 h35 min	6 h49 min
大榭万华 2 万吨级码头	实测	205	5 h58 min	6 h25 min
	理论计算	199	5 h55 min	6 h30 min
大榭中油码头	实测	203	5 h51 min	6 h37 min
	理论计算	202	5 h50 min	6 h35 min
利万聚酯码头	实测	199	5 h29 min	6 h39 min
	理论计算	202	5 h47 min	6 h37 min
大榭实华 45 万吨码头	实测	203	5 h45 min	6 h37 min
	理论计算	196	5 h47 min	6 h38 min

3.5　港区潮流特征分析

3.5.1　最大流速统计分析

　　为研究大榭港区的流况变化，下面对潮流分析的 7 个参考站点分别就大、中、小潮汛期间的最大涨、落潮流的流速、流向进行统计，各站最大涨、落潮流的流速、流向结果如表 3.5-1 和表 3.5-2 所示，并以此作为港区流况的基本特征之一予以分析。

表 3.5-1　各站实测最大涨潮流流速、流向的统计

潮汛	测站	表层		5 m 层		10 m 层		15 m 层		垂直平均	
		流速 /(cm/s)	流向 /(°)	流速 /(cm/s)	流向 /(°)	流速 /(cm/s)	流向 /(°)	流速 /(cm/s)	流向 /(°)	流速 /(cm/s)	流向 /(°)
大潮	大榭招商 4#	43	243	37	251	42	250	52	239	44	246
	万华 5 万吨级 1#	41	254	36	260	36	303	45	342	35	238
	万华 2 万吨级 3#	—	—	—	—	18	352	25	358	—	—
	中油 2#	82	270	100	271	109	270	108	250	91	254
	中油 5#	116	281	98	347	94	346	102	345	86	345
	利万聚酯 2#	93	335	93	334	101	341	113	339	97	342
	实华 45 万吨级 4#	90	318	103	319	104	318	100	325	105	319

潮汛	测站	表层		5 m 层		10 m 层		15 m 层		垂直平均	
		流速 /(cm/s)	流向 /(°)	流速 /(cm/s)	流向 /(°)	流速 /(cm/s)	流向 /(°)	流速 /(cm/s)	流向 /(°)	流速 /(cm/s)	流向 /(°)
中潮	大榭招商 4#	45	233	38	228	40	232	45	231	42	231
	万华 5 万吨级 1#	53	223	52	220	40	353	47	193	44	220
	万华 2 万吨级 3#	8	286	14	355	7	209	18	262	12	256
	中油 2#	100	319	93	320	86	321	86	310	78	317
	中油 5#	84	355	68	310	86	354	96	334	75	341
	利万聚酯 2#	43	284	41	285	37	312	38	310	36	329
	实华 45 万吨级 4#	88	306	105	313	98	310	115	315	107	309
小潮	大榭招商 4#	32	233	30	223	30	239	30	256	23	243
	万华 5 万吨级 1#	25	216	31	244	28	226	34	236	24	240
	万华 2 万吨级 3#	36	254	40	251	40	245	43	245	35	248
	中油 2#	77	315	80	310	85	309	87	308	70	308
	中油 5#	64	333	62	352	58	351	32	357	53	352
	利万聚酯 2#	53	312	53	312	51	311	44	309	50	311
	实华 45 万吨级 4#	62	251	71	246	64	311	93	301	72	301

注："—"为无涨潮流。

表 3.5-2　各站实测最大落潮流流速、流向的统计

潮汛	测站	表层		5 m 层		10 m 层		15 m 层		垂直平均	
		流速 /(cm/s)	流向 /(°)	流速 /(cm/s)	流向 /(°)	流速 /(cm/s)	流向 /(°)	流速 /(cm/s)	流向 /(°)	流速 /(cm/s)	流向 /(°)
大潮	大榭招商 4#	79	75	74	64	72	62	68	62	72	64
	万华 5 万吨级 1#	155	62	139	50	148	54	136	49	141	52
	万华 2 万吨级 3#	122	58	128	59	146	55	146	59	108	62
	中油 2#	41	164	39	150	37	161	38	159	37	153
	中油 5#	50	170	30	176	34	175	30	167	29	169
	利万聚酯 2#	91	122	89	122	83	122	77	123	85	122
	实华 45 万吨级 4#	102	136	109	130	106	142	109	140	100	140
中潮	大榭招商 4#	73	66	72	66	72	56	60	62	69	62
	万华 5 万吨级 1#	144	48	147	46	156	52	120	51	140	48
	万华 2 万吨级 3#	177	61	174	60	169	54	162	49	150	52
	中油 2#	49	143	51	73	53	68	60	77	46	140
	中油 5#	26	133	30	178	24	176	28	179	27	183
	利万聚酯 2#	55	123	52	122	47	119	44	118	50	121
	实华 45 万吨级 4#	94	134	93	133	90	136	86	142	83	142

潮汛	测站	表层		5 m 层		10 m 层		15 m 层		垂直平均	
		流速 /(cm/s)	流向 /(°)	流速 /(cm/s)	流向 /(°)	流速 /(cm/s)	流向 /(°)	流速 /(cm/s)	流向 /(°)	流速 /(cm/s)	流向 /(°)
小潮	大榭招商 4#	48	77	46	63	42	51	42	46	40	61
	万华 5 万吨级 1#	102	70	85	40	84	46	67	49	80	46
	万华 2 万吨级 3#	140	48	143	45	147	51	146	54	128	55
	中油 2#	44	130	44	126	45	124	46	123	45	126
	中油 5#	44	158	36	170	34	171	30	174	31	174
	利万聚酯 2#	43	141	38	140	31	104	29	104	33	108
	实华 45 万吨级 4#	76	195	66	119	65	126	60	130	62	130

3.5.1.1　实测最大流速的极值

由表 3.5-1 中大榭港区水域各站点的最大涨潮流流速的排列比较可知，测区分层中的最大涨潮流极值出现于中油 5#站大潮时的表层，涨潮流流速为 116 cm/s，约 2.3 kn，对应的流向为 281°；表层外，出现于实华 45 万吨级 4#站中潮时的 15 m 层，涨潮流流速为 115 cm/s，约 2.2 kn，对应的流向为 315°。由表 3.5-2 可知，大榭港区最大落潮流极值为 177 cm/s，约 3.4 kn，对应流向为 61°，出现于万华 2 万吨级 3#站中潮时的表层，表层外，最大落潮流出现于万华 2 万吨级 3#站中潮时的 5 m 层，落潮流流速为 174 cm/s，约 3.4 kn，对应的流向为 60°。

各测站中，垂直平均层的最大流速极值：涨潮流为 107 cm/s（309°），出现于实华 45 万吨级 4#测站中潮时。落潮流为 150 cm/s（52°），出现于万华 2 万吨级 3#测站中潮时。

3.5.1.2　实测最大流速的分布

根据表 3.5-1 所列的大榭港区各站点的实测最大涨潮流的特征流速，并结合大榭港区的潮流矢量图分析：在大、中、小潮汛期间，位于大榭岛东侧水域各站点的最大涨潮流流速明显大于大榭岛北侧水域的各站点的最大涨潮流流速。如大潮期间垂向平均层，位于大榭岛东侧水域的中油码头 2#、5#的最大涨潮流流速分别为 91 cm/s、86 cm/s，利万聚酯（原三菱化工）2#最大涨潮流流速为 97 cm/s，实华 45 万吨级原油码头 4#的最大涨潮流流速为 105 cm/s，而位于大榭岛北侧水域的招商 4#的最大涨潮流流速为 44 cm/s，万华 5 万吨级 1#的最大涨潮流流速为 35 cm/s，万华 2 万吨级 3#则无明显涨潮流；中潮期间垂向平均层，位于大榭岛东侧水域的中油码头 2#、5#的最大涨潮流流速分别为 78 cm/s、75 cm/s，利万聚酯（原三菱化工）2#最大涨潮流流速为 36 cm/s，实华 45 万吨级原油码头 4#的最大涨潮流流速为 107 cm/s，而位于大榭岛北侧水域的招商 4#的最大涨潮流流速为 42 cm/s，万华 5 万吨级 1#的最大涨潮流流速为 44 cm/s，万华 2 万吨级 3#最大涨潮流流速为 12 cm/s；小潮期间垂向平均层，位于大榭岛东侧水域的中油码头 2#、5#的最大涨潮流流速分别为 70 cm/s、53 cm/s，利万聚酯（原三菱化工）2#最大涨潮流流速为 50 cm/s，实华 45 万吨级原油码头 4#的最大涨潮流流速为 72 cm/s，而位于大榭岛北侧水域的招商 4#的最大涨潮流流速为 23 cm/s，万华 2 万吨级 3#的最大涨潮流流速为 35 cm/s。大、中、小潮汛多数遵行该特点，仅中潮时利万聚酯 2#的实测值较小。

根据表 3.5-2 所列的大榭港区各站点的实测最大落潮流的特征流速，并结合大榭港区的潮流矢量图分析：在大、中、小潮汛期间，位于大榭岛东北侧水域的各站点的最大落潮流流速明显大于大榭港区其他区域的最大落潮流流速，另位于南侧水域的测点最大落潮流流速也较大。如大潮期间垂向平均层，位于大榭岛东北侧水域的万华 5 万吨级 1#的最大落潮流流速为 141 cm/s，万华 2 万吨级 3#的最大落潮流流速为 108 cm/s，位于南侧水域的实华 45 万吨级原油码头 4#的最大落潮流流速为 100 cm/s，其余招商 4#的最大落潮流流速为 72 cm/s，中油码头 2#、5#的最大落潮流流速分别为 37 cm/s、29 cm/s，利万聚酯（原三菱化工）2#站的最大落潮流流速为 85 cm/s；中潮期间垂向平均层，位于大榭岛东北侧水域的万华 5 万吨级 1#站的最大落潮流流速为 140 cm/s，万华 2 万吨级 3#站的最大落潮流流速为 150 cm/s，位于南侧水域的实华 45 万吨级原油码头 4#的最大落潮流流速为 83 cm/s，其余招商 4#的最大落潮流流速为 69 cm/s，中油码头 2#、5#的最大落潮流流速分别为 46 cm/s、27 cm/s，利万聚酯（原三菱化工）2#最大落潮流流速为 50 cm/s；小潮期间垂向平均层，位于大榭岛东北侧水域的万华 5 万吨级 1#的最大落潮流流速为 80 cm/s，万华 2 万吨级 3#的最大落潮流流速为 128 cm/s，位于南侧水域的实华 45 万吨级原油码头 4#的最大落潮流流速为 62 cm/s，其余招商 4#的最大落潮流流速为 40 cm/s，中油码头 2#、5#的最大落潮流流速分别为 45 cm/s、31 cm/s，利万聚酯（原三菱化工）2#最大落潮流流速为 33 cm/s。

从表 3.5-1 和表 3.5-2 分析大榭港区最大流速的垂直分布：最大涨潮流有时出现于表层，有时出现于 15 m 层，各站各潮汛情况并不一致；最大落潮流多数表现为上、表层流速稍大，下层或近底层流速略小为特征。但总体上看：最大涨潮流以中油码头站点和实华 45 万吨级原油码头站点的差异较大，最大落潮流以万华 5 万吨级站点的差异较大，其他各站点的差异在表层至 15 m 层间上下差异较小。

3.5.1.3 实测最大流速涨、落潮流的比较

将上述表 3.5-1 和表 3.5-2 中涨、落潮流的最大流速进行对比，不难看出：在本测区中，无论是大潮、中潮、小潮，还是分层及垂向平均，大榭港区北侧水域多数为最大落潮流流速大于最大涨潮流流速为明显特征，东侧水域多数为最大涨潮流流速大于最大落潮流流速为明显特征。

如将各站各潮汛垂向平均的实测最大落潮流流速与对应的最大涨潮流流速对比可知：招商 4#站在大、中、小潮期间的最大落潮流流速与最大涨潮流流速差值分别为 28 cm/s、27 cm/s、17 cm/s，万华 5 万吨级 1#站在大、中、小潮期间的最大落潮流流速与最大涨潮流流速差值分别为 106 cm/s、96 cm/s、56 cm/s，万华 2 万吨级 3#站在大、中、小潮期间的最大落潮流流速与最大涨潮流流速差值分别为 108 cm/s、138 cm/s、93 cm/s，中油码头 2#站在大、中、小潮期间的最大落潮流流速与最大涨潮流流速差值分别为 -54 cm/s、-32 cm/s、-25 cm/s，中油码头 5#站在大、中、小潮期间的最大落潮流流速与最大涨潮流流速差值分别为 -57 cm/s、-48 cm/s、-22 cm/s，利万聚酯 2#站在大、中、小潮期间的最大落潮流流速与最大涨潮流流速差值分别为 -12 cm/s、14 cm/s、-17 cm/s，实华 45 万吨级原油码头 4#站在大、中、小潮期间的最大落潮流流速与最大涨潮流流速差值分别为 -5 cm/s、-24 cm/s、-10 cm/s。可见大榭周边水域各站相比而言，万华码头水域有较强的落潮流，中油码头水域则有较强的涨潮流。

就实测最大涨、落潮流所对应的流向而言，以各站垂向平均最大流速所对应的流向予以说明：

其一，在大、中、小潮期间，招商 4#站的最大涨潮流流向分别为 246°、231°、243°，万华 5 万吨级 1#站的最大涨潮流流向分别为 238°、220°、240°，万华 2 万吨级 3#站的最大涨潮流流向分别为—、256°、248°，中油码头 2#站的最大涨潮流流向分别为 254°、317°、308°，中油码头 5#站的最大涨潮流流向分别为 345°、341°、352°，利万聚酯 2#站的最大涨潮流流向分别为 342°、329°、311°，实华 45 万吨级原油码头 4#站的最大涨潮流流向分别为 319°、309°、301°。

其二，在上述 3 个潮汛中，招商 4#站的最大落潮流流向分别为 64°、62°、61°，万华 5 万吨级 1#站的最大落潮流流向分别为 52°、48°、46°，万华 2 万吨级 3#站的最大落潮流流向分别为 62°、52°、55°，中油码头 2#站的最大落潮流流向分别为 153°、140°、126°，中油码头 5#站的最大落潮流流向分别为 169°、183°、174°，利万聚酯 2#站的最大落潮流流向分别为 122°、121°、108°，实华 45 万吨级原油码头 4#站的最大落潮流流向分别为 140°、142°、130°。

由此可见，最大涨、落潮流之间的流向互差，招商 4#站介于 169°~182°，万华 5 万吨级 1#站介于 172°~194°，万华 2 万吨级 3#站介于 177°~182°，中油码头 2#站介于 101°~182°，中油码头 5#站介于 158°~178°，利万聚酯 2#站介于 203°~220°，实华 45 万吨级原油码头 4#站介于 167°~179°，总体上多数接近于 180°，较好地反映出最大涨、落潮流之间的往复流特征。

3.5.1.4　实测最大流速随潮汛的变化

对表 3.5-1 和表 3.5-2 的数据，按潮汛进行比较后可知：

（1）就最大涨潮流而言，多数站点表现为大、中潮汛之间的流速量值较大，且相差不大，而小潮汛时流速量值较小，其中万华 5 万吨级 1#站和万华 2 万吨级 3#站的最大涨潮流流速变化复杂，可能该水域存在的复杂潮流现象，利万聚酯 2#站最大涨潮流流速表现为大潮汛较大，中潮汛较小的特点。

（2）就最大落潮流而言，多数站点基本遵循潮汛的变化，其中万华 2 万吨级 3#站和中油码头 2#、5#站随潮汛变化复杂。

可见，本测区各站最大流速多数依月相的演变规律还是较为显著，部分站点受局地微地形的影响，使得潮流的变化异于其他各站，如万华码头水域的潮流情况，具体可结合大榭港区的潮流模拟场具体了解。

3.5.2　流速、流向频率统计

前面主要讨论了大榭港区各码头水域一些站点具有特征意义的实测最大流速（流向）的分布与变化的基本情况，并以此为测区流场的主要特征予以阐述。但为了对整个港区出现的所有流况在总体上有一个定量了解，故对各站层所获取潮流的垂向平均流速、流向按不同级别与方位进行了出现频次和频率的统计（表 3.5-3 和表 3.5-4）。

表 3.5-3　各站垂向平均流速各级出现频次、频率的统计

测站	项目	流速范围			
		≤51 cm/s ≤1 kn	52~102 cm/s 1~2 kn	103~153 cm/s 2~3 kn	≥154 cm/s ≥3 kn
大榭招商 4#	出现频次/次	107	11	—	—
	出现频率/（%）	90.7	9.3	—	—
万华 5 万吨级 1#	出现频次/次	122	55	23	1
	出现频率/（%）	60.7	27.4	11.4	0.5
万华 2 万吨级 3#	出现频次/次	516	584	177	2
	出现频率/（%）	40.3	45.7	13.8	0.2
中油 2#	出现频次/次	479	41	—	—
	出现频率/（%）	92.1	7.9	—	—
中油 5#	出现频次/次	97	17	—	—
	出现频率/（%）	85.1	14.9	—	—
利万聚酯 2#	出现频次/次	615	106	—	—
	出现频率/（%）	85.3	14.7	—	—
实华 45 万吨级 4#	出现频次/次	335	139	5	—
	出现频率/（%）	69.9	29.0	1.1	—

表 3.5-4　各站实测垂向平均流向在各方向上出现频次、频率的统计

测站	项目	方位															
		N	NNE	NE	ENE	E	ESE	SE	SSE	S	SSW	SW	WSW	W	WNW	NW	NNW
大榭招商 4#	频次/次	6	5	22	43	6	2	0	0	0	2	5	11	10	0	6	0
	频率/(%)	5.1	4.2	18.6	36.4	5.1	1.7	0	0	0	1.7	4.2	9.3	8.5	0	5.1	0
万华 5 万吨级 1#	频次/次	8	6	82	41	12	1	3	2	2	7	16	14	3	2	1	1
	频率/(%)	4.0	3.0	40.8	20.4	6.0	0.5	1.5	1.0	1.0	3.5	8.0	7.0	1.5	1.0	0.5	0.5
万华 2 万吨级 3#	频次/次	10	87	765	346	8	1	1	1	1	0	6	19	13	6	8	7
	频率/(%)	0.8	6.8	59.8	27.1	0.6	0.1	0.1	0.1	0.1	0	0.5	1.5	1.0	0.5	0.6	0.5
中油 2#	频次/次	29	10	16	12	14	25	57	33	13	12	8	10	19	50	163	49
	频率/(%)	5.6	1.9	3.1	2.3	2.7	4.8	11.0	6.3	2.5	2.3	1.5	1.9	3.7	9.6	31.3	9.4
中油 5#	频次/次	27	9	3	0	0	4	1	2	14	3	2	2	3	3	11	30
	频率/(%)	23.7	7.9	2.6	0	0	3.5	0.9	1.8	12.3	2.6	1.8	1.8	2.6	2.6	9.6	26.3
利万聚酯 2#	频次/次	6	6	8	12	14	88	68	22	15	13	25	45	43	116	138	102
	频率/(%)	0.8	0.5	1.1	1.7	1.9	12.2	9.4	3.1	2.1	1.9	3.5	6.2	6.0	16.1	19.1	14.1
实华 45 万吨级 4#	频次/次	13	7	3	2	1	11	47	36	21	7	14	14	23	61	176	43
	频率/(%)	2.7	1.5	0.6	0.4	0.2	2.3	9.8	7.5	4.4	1.5	2.9	2.9	4.8	12.7	36.7	9.0

由表 3.5-3 可知：

（1）港区各站不高于 1 kn 流速的场合达 40.3%~92.1% 的比率；流速为 1~2 kn 的出现场合有 7.9%~45.7% 的比率，流速为 2~3 kn 的出现场合有 0~13.8% 的比率，大于 3 kn 的流速的出现场合有 0~0.5% 的比率。

（2）从各站点具体分析，以大榭招商 4# 和中油 2# 所测流速最小，万华 5 万吨级 1# 和万华 2 万吨级 3# 所测流速最大，实华 45 万吨级 4# 流速也较大。大榭招商码头 4# 所测流速多数小于 1 kn，其小于 1 kn 出现频率为 90.7%，大于 2 kn 流速测量期间未出现。万华 5 万吨级 1# 和万华 2 万吨级 3# 流速多数小于 2 kn，出现频率为达 86.0%~88.1%，其中小于 1 kn 出现频率为 40.3%~60.7%，流速为 1~2 kn 的出现频率为 27.4%~45.7%；大于 2 kn 出现频率为 11.9%~14.0%，其中流速为 2~3 kn 的出现频率为 11.4%~13.8%，从调查期间来看，万华码头水域大于 3 kn 的流速偶有出现，万华 5 万吨级 1# 出现频率为 0.5%，万华 2 万吨级 3# 出现频率为 0.2%。实华 45 万吨级 4# 多数小于 2 kn，出现频率为达 98.9%，其中小于 1 kn 出现频率为 69.9%，流速为 1~2 kn 的出现频率为 29.9%；大于 3 kn 的流速调查未出现，流速为 2~3 kn 的出现频率为 1.1%，也不多。

分析可知，位于大榭岛北侧水域东侧的万华码头水域测站为流速较大区域，实测最大有 3 kn 以上流速出现，其次为大榭岛东侧实华 45 万吨级码头测站水域，实测最大有 2 kn 以上流速出现，未达到 3 kn，其他测站多小于 2 kn。

表 3.5-4 给出了港区各站垂直平均流向在 16 个不同方位上出现频次、频率的统计。

由表 3.5-4 可知：大榭招商 4# 站的涨潮流在 WSW 方位上出现的比率较大，占 9.3%，其次为 W，占 8.5%；万华 5 万吨级 1# 站的涨潮流在 SW 方位上出现的比率较大，占 8.0%，其次为 WSW，占 7.0%；万

华 2 万吨级 3#站的涨潮流在 WSW 方位上出现的比率较大，占 1.5%，其次为 W，占 1.0%；中油 2#站的涨潮流在 NW 方位上出现的比率较大，占 31.3%，其次为 WNW，占 9.6%；中油 5#站的涨潮流在 NNW 方位上出现的比率较大，占 26.3%，其次为 N，占 23.7%；利万聚酯 2#站的涨潮流在 NW 方位上出现的比率较大，占 19.1%，其次为 WNW，占 16.1%；实华 45 万吨级 4#站的涨潮流在 NW 方位上出现的比率较大，占 36.7%，其次为 WNW，占 12.7%；其他各向比率均较小。

各站的主要落潮流方向分别为：大榭招商 4#站的落潮流在 ENE 方位上出现的比率较大，占 36.4%，其次为 NE，占 18.6%；万华 5 万吨级 1#站的落潮流在 NE 方位上出现的比率较大，占 40.8%，其次为 ENE，占 20.4%；万华 2 万吨级 3#站的落潮流在 NE 方位上出现的比率较大，占 59.8%，其次为 ENE，占 27.1%；中油 2#站的落潮流在 SE 方位上出现的比率较大，占 11.0%，其次为 SSE，占 6.3%；中油 5#站的落潮流在 S 方位上出现的比率较大，占 12.3%，其次为 ESE，占 3.5%；利万聚酯 2#站的落潮流在 ESE 方位上出现的比率较大，占 12.2%，其次为 SE，占 9.4%；实华 45 万吨级 4#站的落潮流在 SE 方位上出现的比率较大，占 9.8%，其次为 SSE，占 7.5%；其他各向比率均较小。

再分析各站点的各向频率分布：中油 2#、中油 5#、利万聚酯 2#、实华 45 万吨级 4#站的涨潮流的流矢数均大于落潮流的流矢数；大榭招商 4#、万华 5 万吨级 1#、万华 2 万吨级 3#站的落潮流的流矢数均大于涨潮流的流矢数。

总体来看，测区流况具有较为显著的往复流特征，大榭岛北侧测站以落潮流占优势，大榭岛东侧测站以涨潮流占优势。

3.5.3　涨、落潮流历时统计

涨、落潮流的历时不等，是潮流"日不等"现象中的主要特征之一。为了较为准确地判别大榭港区各测站垂向平均层的涨、落潮流历时，主要结合各站点的"流速、流向、潮位过程线图"进行综合分析。表 3.5-5 为港区各站大、中、小潮垂向平均涨、落潮流历时的统计。有些站点因潮流现象复杂，无明显涨落分界，或未满足一个完整潮周期，或常涨水、常落水，统计时用"—"表示。

表 3.5-5　港区各站涨、落潮流历时的统计

潮汛	测站	一潮		二潮		两潮平均	
		涨潮历时	落潮历时	涨潮历时	落潮历时	涨潮历时	落潮历时
大潮	大榭招商 4#	3 h00 min	9 h00 min	4 h00 min	8 h00 min	3 h30 min	8 h30 min
	万华 5 万吨级 1#	3 h00 min	10 h00 min	2 h30 min	8 h30 min	2 h45 min	9 h15 min
	万华 2 万吨级 3#	—	—	—	—	—	—
	中油 2#	10 h00 hmin	3 h00 min	9 h00 min	3 h00 min	9 h30 min	3 h00 min
	中油 5#	11 h00 min	2 h00 min	10 h00 min	—	10 h30 min	2 h00 min
	利万聚酯 2#	9 h00 min	3 h00 min	10 h00 min	3 h00 min	9 h30 min	3 h00 min
	实华 45 万吨 4#	9 h00 min	3 h00 min	10 h30 min	3 h00 min	9 h45 min	3 h00 min

续表

潮汛	测站	一潮		二潮		两潮平均	
		涨潮历时	落潮历时	涨潮历时	落潮历时	涨潮历时	落潮历时
中潮	大榭招商 4#	6 h00 min	6 h00 min	4 h00 min	9 h00 min	5 h00 min	7 h30 min
	万华 5 万吨级 1#	3 h00 min	9 h00 min	3 h00 min	9 h00 min	3 h00 min	9 h00 min
	万华 2 万吨级 3#	—	—	1 h00 min	12 h00 min	1 h00 min	12 h00 min
	中油 2#	10 h30 min	4 h00 min	8 h00 min	4 h00 min	9 h15 min	4 h00 min
	中油 5#	—	1 h00 min	—	—	—	—
	利万聚酯 2#	—	—	—	—	—	—
	实华 45 万吨 4#	9 h30 min	3 h00 min	—	4 h00 min	9 h30 min	3 h30 min
小潮	大榭招商 4#	3 h30 min	7 h30 min	4 h30 min	7 h30 min	4 h00 min	7 h30 min
	万华 5 万吨级 1#	3 h30 min	8 h00 min	5 h00 min	6 h30 min	4 h15 min	7 h15 min
	万华 2 万吨级 3#	2 h00 min	13 h30 min	1 h30 min	8 h00 min	1 h45 min	10 h45 min
	中油 2#	—	—	—	—	—	—
	中油 5#	10 h00 min	3 h00 min	—	2 h00 min	10 h00 min	2 h30 min
	利万聚酯 2#	5 h00 min	5 h00 min	—	6 h00 min	5 h00 min	5 h30 min
	实华 45 万吨 4#	9 h00 min	3 h00 min	—	4 h00 min	9 h00 min	3 h30 min

由表 3.3-5 可知，大榭港区各站的涨落潮流特征并不一致，大榭岛北侧水域以平均落潮流历时明显长于平均涨潮流历时为主要特征，而东侧水域以平均涨潮流历时明显长于平均落潮流历时为主要特征。

大榭招商 4#站大、中、小潮期间的平均落潮流历时明显长于平均涨潮流历时。大潮期间，大榭招商 4# 站平均涨潮流历时为 3 h30 min，平均落潮流历时为 8 h30 min 分，涨落潮流历时差为 5 h；中潮期间，大榭招商 4#站平均涨潮流历时为 5 h，平均落潮流历时为 7 h30 min，涨落潮流历时差为 2 h30 min；小潮期间，大榭招商 4#站平均涨潮流历时为 4 h，平均落潮流历时为 7 h30 min，涨落潮流历时差为 3 h30 min。

万华 5 万吨级 1#站在大、中、小潮期间平均落潮流历时也是明显长于平均涨潮流历时。大潮期间，万华 5 万吨级 1#站平均涨潮流历时为 2 h45 min，平均落潮流历时为 9 h15 min，涨落潮流历时差为 6 h30 min；中潮期间，万华 5 万吨级 1#站平均涨潮流历时为 3 h，平均落潮流历时为 9 h，涨落潮流历时差为 6 h；小潮期间，万华 5 万吨级 1#站平均涨潮流历时为 4 h15 min，平均落潮流历时为 7 h15 min，涨落潮流历时差为 3 h。

结合图 3.5-1 可知，万华 2 万吨级 3#站大、中、小潮期间平均落潮流历时明显长于平均涨潮流历时。大潮期间，万华 2 万吨级 3#站均为落潮流，无明显的涨潮流；中潮期间，后期出现大约 1 h 的涨潮流时段；小潮期间，万华 2 万吨级 3#站平均涨潮流历时为 1 h45 min，平均落潮流历时为 10 h45 min，涨落潮流历时差为 9 h。

从图 3.5-2 及表 3.5-5 可知，大榭中油 2#站大、中、小潮期间平均涨潮流历时明显长于平均落潮

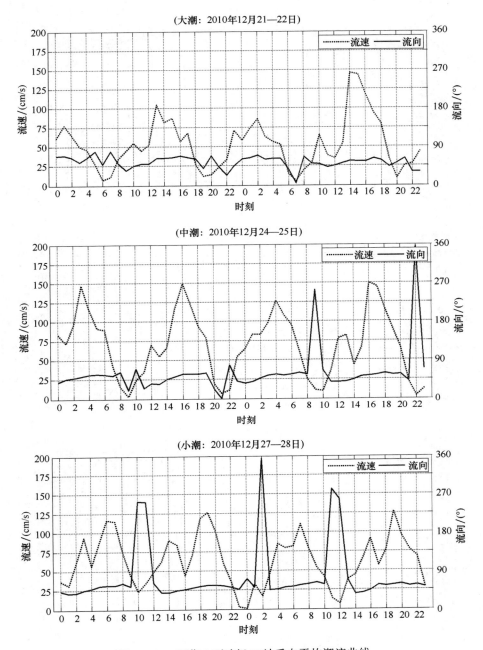

图 3.5-1　万华 2 万吨级 3#站垂向平均潮流曲线

流历时。大潮期间，中油 2#站平均涨潮流历时为 9 h 30 min，平均落潮流历时为 3 h，涨落潮流历时差为 6 h 30 min；中潮期间，中油 2#站平均涨潮流历时为 9 h 15 min，平均落潮流历时为 4 h，涨落潮流历时差为 5 h 15 min；小潮期间，中油 2#站潮流流向变化比大中潮汛明显杂乱。整体来看，中油 2#站的潮流变化与前述几站相比，表现较为复杂。

从图 3.5-3 可知，大榭中油 5#站大、中、小潮期间平均涨潮流历时明显长于平均落潮流历时。大潮期间，中油 5#站平均涨潮流历时为 10 h 30 min，平均落潮流历时为 2 h，涨落历时差为 8 h 30 min；中潮期间，中油 5#站落潮流历时短暂，有时一个半日周期内表现均为涨潮流；小潮期间，中油 5#站平均涨潮流历时为 10 h，平均落潮流历时为 2 h 30 min，涨落潮流历时差为 7 h 30 min。中油 5#站的潮流变化中，整体

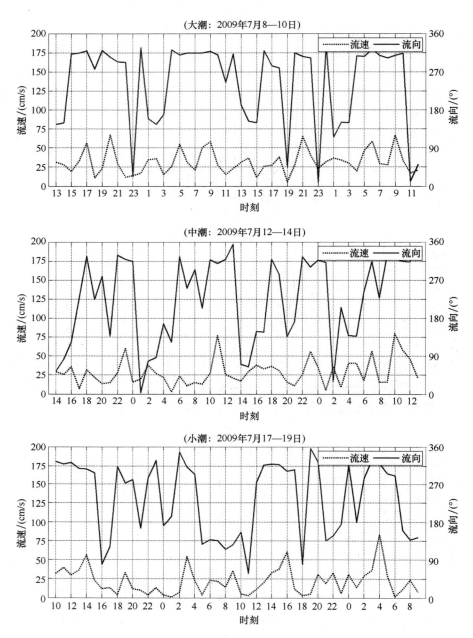

图 3.5-2　大樹中油 2#站垂向平均潮流曲线

表现为落潮流历时均较短。

从图 3.5-4 可知,利万聚酯 2#站(原三菱化学 2#)大潮期间平均涨潮流历时长于平均落潮流历时,平均涨潮流历时为 9 h30 min,平均落潮流历时为 3 h,涨落潮流历时差为 6 h30 min;中潮期间,虽然也有该特征,但是潮流变化比大潮复杂,涨落潮流历时分界较难分辨;小潮期间,利万聚酯 2#站的平均涨潮流历时和平均落潮流历时时间差异不大。

实华 45 万吨级 4#站大、中、小潮期间平均涨潮流历时均明显长于平均落潮流历时。大潮期间,实华45 万吨级 4#站平均涨潮流历时为 9 h45 min,平均落潮流历时为 3 h,涨落历时差为 6 h45 min;中潮期间,实华 45 万吨级 4#站平均涨潮流历时为 9 h30 min,平均落潮流历时为 3 h30 min,涨落历时差为 6 h;小潮

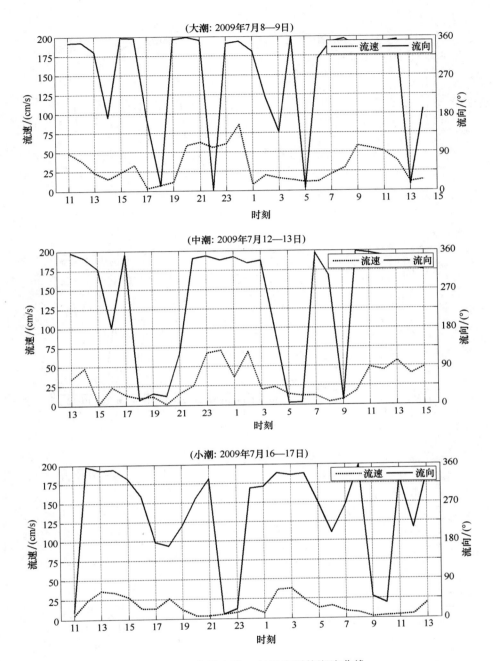

图 3.5-3　大榭中油 5#站垂向平均潮流曲线

期间，实华 45 万吨级 4#站平均涨潮流历时为 9 h，平均落潮流历时为 3 h30 min，涨落潮流历时差为 5 h30 min。

从这几个站点的涨落历时分析，大榭港区北侧水域的大榭招商 4#、万华 5 万吨级 1#、万华 2 万吨级 3# 站中多数表现出落潮流历时长于涨潮流历时的特征，大榭港区东侧水域的中油 2#、中油 5#、利万聚酯 2#、实华 45 万吨级 4#站的潮流多数表现出涨潮流历时长于落潮流历时的特征，这与前述流矢数的分析也基本一致。此外，万华码头水域和中油码头水域的潮流受地形影响，在涨落过程中表现较为复杂，流向变化转折较多。

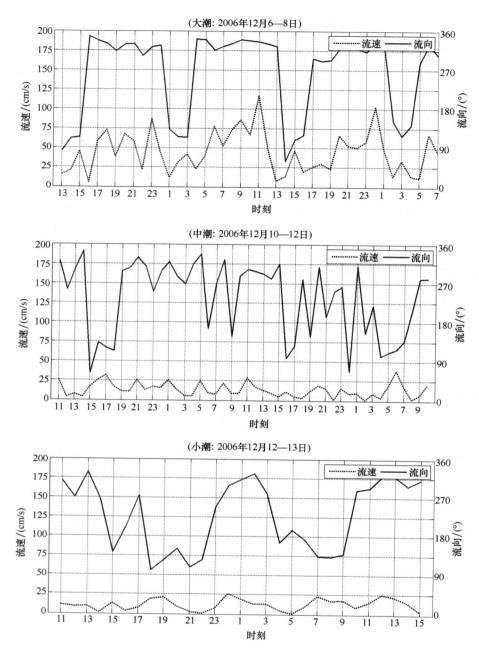

图 3.5-4　利万聚酯 2#站垂向平均潮流曲线

3.5.4　潮位与潮流相关分析

为了更好地把握港区各码头潮流特征，这里将港区各站点的潮流情况与附近长期站的潮位联合起来进行分析，长期潮位站主要选择宁波-舟山港区附近的镇海海洋站和北仑海洋站，镇海海洋站的建站时间较久，北仑海洋站始建于 2009 年，具体分析时将考虑长期站点的观测资料序列长度。

从图 3.5-5 分析，大潮期间，招商 4#站涨潮流转落潮流处于镇海海洋站高潮前 40~60 min，落急处于镇海海洋站高潮后 2 h~2 h20 min，落潮流转涨潮流处于镇海海洋站低潮后约 1 h，涨急处于镇海海洋站低

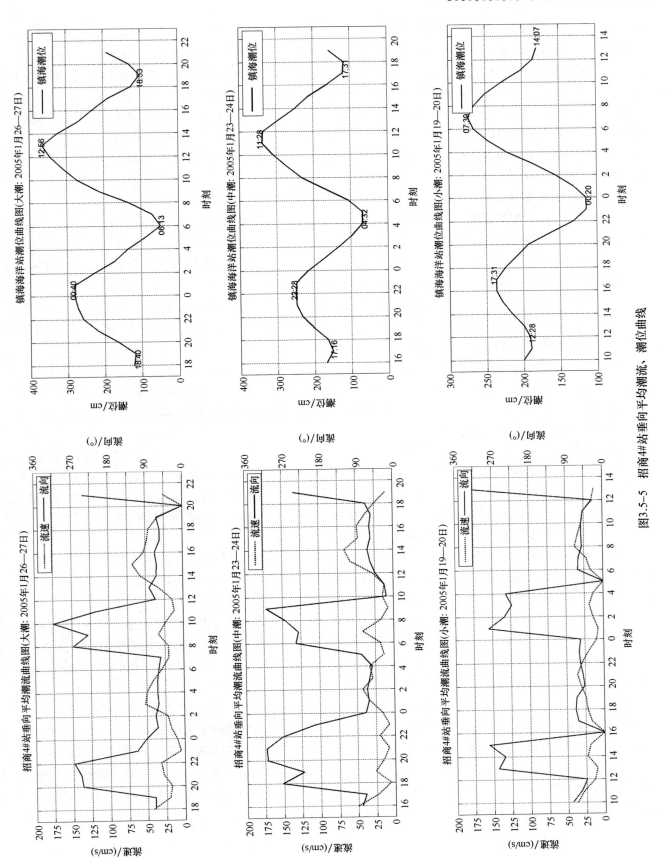

图3.5-5　招商4#站垂向平均潮流、潮位曲线

潮后 2 h45 min～3 h20 min；中潮期间，招商 4#站涨潮流转落潮流处于镇海海洋站高潮前 2 h 至高潮后 1 h，落急处于镇海海洋站高潮后 2 h30 min～3 h30 min，落潮流转涨潮流处于镇海海洋站低潮后 15 min～1 h，涨急处于镇海海洋站低潮后 1 h45 min～2 h30 min；小潮期间，招商 4#站涨潮流转落潮流处于镇海海洋站高潮前 2 h40 min～1 h30 min，落急处于镇海海洋站高潮后 20 min～3 h30 min，落潮流转涨潮流处于镇海海洋站低潮后 10 min～1 h，涨急处于镇海海洋站低潮后 1 h30 min～2 h30 min。在大、中潮汛期间，落潮流时段中落急前后一段时间出现超过 1 kn 的流速，历时约 2 h，小潮汛期间流速均小于 1 kn。

从图 3.5-6 来看，该站点的落潮流流速较大，特别是大、中潮汛期间最大流速超过 2 kn，而涨潮流流速则较小，大、中潮汛均小于 1 kn，小潮汛期间潮流变化则相比大、中潮汛复杂一些，下面仅就大、中潮汛的落潮流情况进行分析。

大潮期间，万华 5 万吨级 1#站涨潮流转落潮流处于镇海海洋站高潮前 3 h30 min，落急处于镇海海洋站高潮后 2～3 h，落潮流转涨潮流处于镇海海洋站低潮后 10～50 min；中潮期间，万华 5 万吨级 1#涨潮流转落潮流处于镇海海洋站高潮前 2 h15 min～3 h45 min，落急处于镇海海洋站高潮后 2 h15 min～2 h45 min，落潮流转涨潮流处于镇海海洋站低潮前 10 min 至低潮后 1 h。

从图 3.5-7 来看，大中潮期间潮流流向主要表现为落潮流，小潮汛期间在每个半日周期开始出现 1～2 h 的短暂涨潮流，但流速均较小；从流速来看，各潮汛均存在多个极值，较大极值均出现于落潮流期间，这里主要就其中较大的一个落潮流极值进行分析。

大潮期间，万华 2 万吨级 3#站落急处于镇海海洋站高潮后约 2 h30 min，处于北仑海洋站高潮后 3 h～4 h20 min；中潮期间，万华 2 万吨级 3#站落急处于镇海海洋站高潮后 2 h30 min～2 h50 min，处于北仑海洋站高潮后 4 h～4 h30 min；小潮期间，万华 2 万吨级 3#站落急处于镇海海洋站高潮后 3 h～3 h30 min，处于北仑海洋站高潮后 4 h30 min～4 h50 min。

从图 3.5-8 来看，大、中、小潮期间的潮流流向多数表现为涨潮流，但中、小潮汛的流向变化更多，潮流现象复杂，可能是受局部微地形影响，这里主要就大潮期间的潮流现象进行分析。从流速来看，该站的流速各潮汛均不大，多数小于 1 kn。大潮期间，中油 2#站落潮流转涨潮流发生于镇海海洋站低潮前 3 h10 min～3 h25 min，涨急发生于镇海海洋站低潮后 2 h～2 h20 min，涨潮流转落潮流发生于镇海海洋站高潮时刻附近，落急发生于镇海海洋站高潮后约 1 h。

与北仑海洋站对比，大潮期间，中油 2#站落潮流转涨潮流发生于北仑海洋站低潮前 2～2 h，涨急发生于北仑海洋站低潮后 3 h10 min～3 h30 min，涨潮流转落潮流发生于北仑海洋站高潮后 1 h20 min～1 h50 min，落急发生于北仑海洋站高潮后 2 h50 min～3 h20 min。

从图 3.5-9 来看，大、中、小潮期间涨潮流历时明显大于落潮流历时，流速大小多数小于 1.5 kn，小潮流速小于 1 kn，流速较大主要出现于涨潮流时段。从大中潮汛来看，涨潮流时段的涨急前后持续一段时间流速均较大，大约持续有 4～5 h，主要发生于镇海海洋站高潮前约 4 h 至高潮后约 0.5 h，与北仑海洋站高潮时刻而言，为北仑海洋站高潮前约 3 h 至高潮后约 2 h。

从图 3.5-10 来看，大中潮汛的涨潮流历时明显大于落潮流历时，从流速来看，中小潮流流速较小，多数小于 0.5 kn，且中小潮汛流向变化复杂，故主要就大潮期间的潮流现象进行分析。从大潮汛来看，涨潮流阶段存在多个极值，最大极值大约出现于镇海海洋站高潮时刻，在多极值前后一段时间流速均较大，大约持续 6～7 h，为镇海海洋站高潮前一段时间。具体来看，利万聚酯 2#站的落潮流转涨潮流发生于镇海海洋站低潮前 2 h40 min～2 h50 min，涨急发生于镇海海洋站低潮后 4 h40 min～4 h50 min，涨潮流转落潮流发生于镇海海洋站高潮后约 40 min～1 h，而落急流速较小。

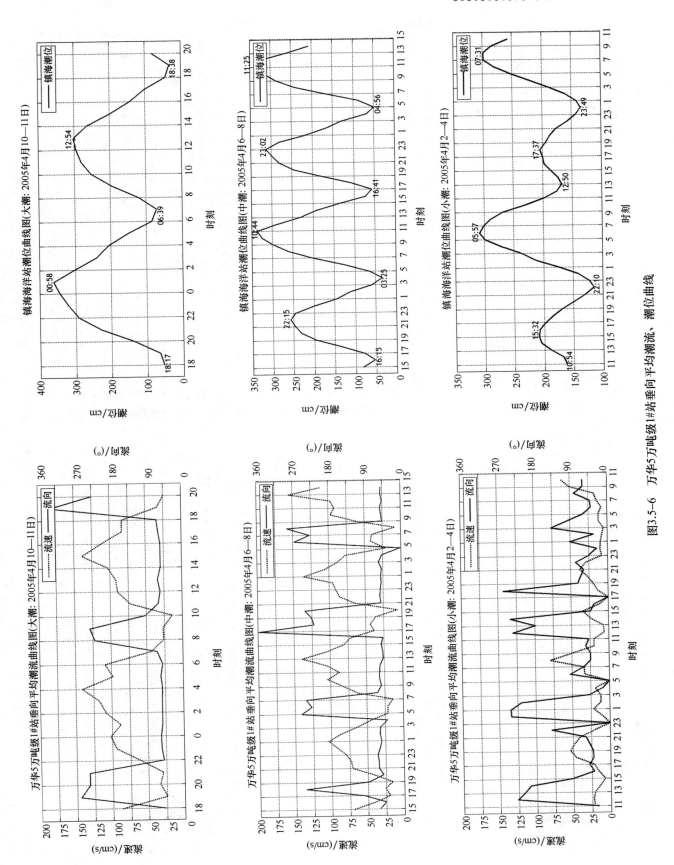

图3.5-6　万华5万吨级1#站垂向平均潮流、潮位曲线

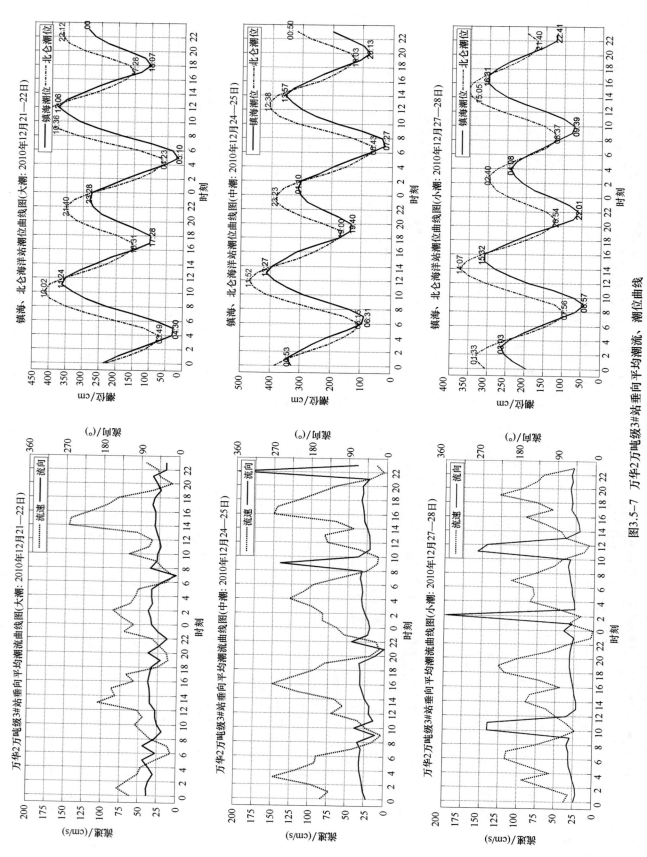

图3.5-7 万华2万吨级3#站垂向平均潮流、潮位曲线

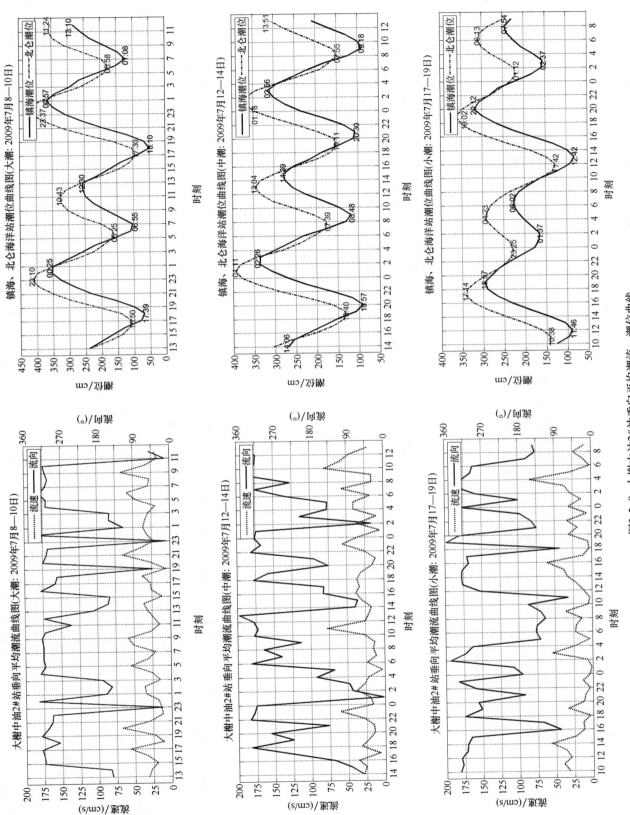

图3.5-8　大榭中油2#站垂向平均潮流、潮位曲线

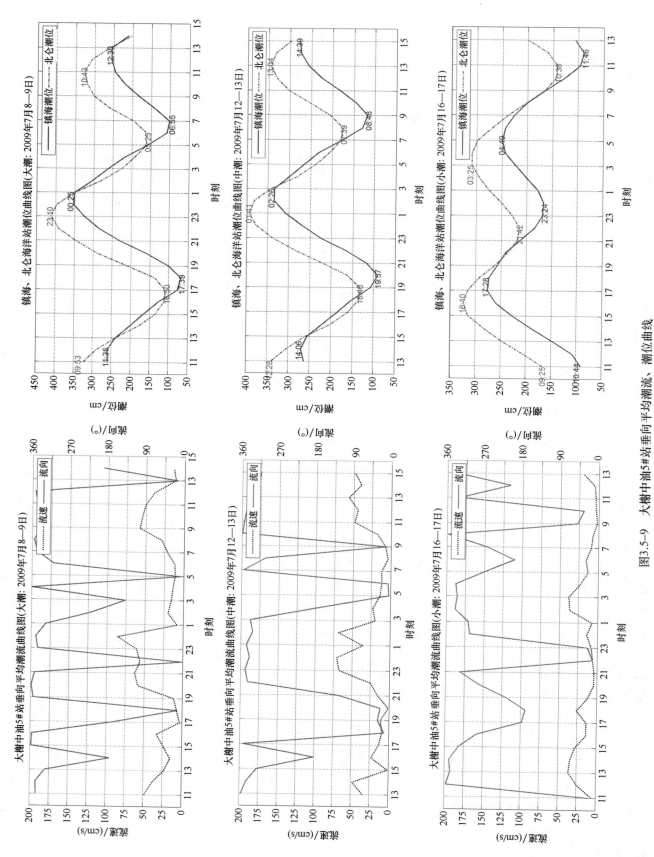

图3.5-9 大榭中油5#站垂向平均潮流、潮位曲线

40

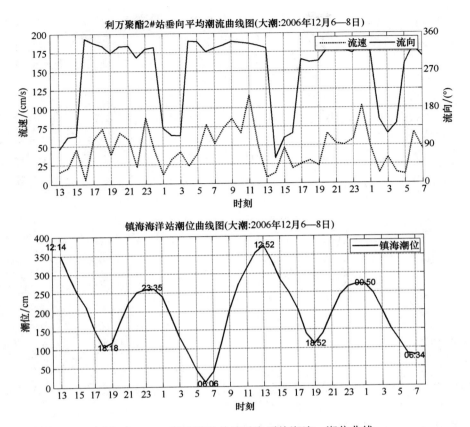

图 3.5-10　利万聚酯 2#站垂向平均潮流、潮位曲线

　　从图 3.5-11 来看，大、中、小潮期间均为涨潮流历时长于落潮流历时，流速极值主要出现于涨潮流时段，涨潮流时段也存在多个峰值，落潮流极值相比略小；从潮汛来看，小潮汛流速相比大中潮汛较小，故主要对大中潮汛的潮流作出分析。

　　大潮期间，实华 45 万吨级 4#站落潮流转涨潮流发生于镇海海洋站低潮前 1 h45 min ~ 2 h，涨急发生于镇海海洋站低潮后 1 h30 min ~ 3 h45 min，涨潮流转落潮流发生于镇海海洋站高潮后 1 h ~ 1 h20 min，落急发生于镇海海洋站高潮后 2 h30 min ~ 2 h50 min；与北仑海洋站相比，实华 45 万吨级 4# 站落潮流转涨潮流发生于北仑海洋站低潮前 1 h ~ 1 h15 min，涨急发生于北仑海洋站低潮后 2 h15 min ~ 4 h25 min，涨潮流转落潮流发生于北仑海洋站高潮后 2 h30 min ~ 3 h20 min，落急发生于北仑海洋站高潮后 4 h ~ 4 h50 min。

　　中潮期间，实华 45 万吨级 4#站涨潮流转落潮流发生于镇海海洋站高潮后 50 min ~ 1 h10 min，落急发生于镇海海洋站高潮后 2 h40 min ~ 2 h50 min，落潮流转涨潮流发生于镇海海洋站低潮前 1 h10 min ~ 1 h50 min，涨急发生于镇海海洋站低潮后约 4 h10 min；与北仑海洋站相比，实华 45 万吨级 4#站涨潮流转落潮流发生于北仑海洋站高潮后 2 h30 min ~ 2 h40 min，落急发生于北仑海洋站高潮后 4 h10 min ~ 4 h30 min，落潮流转涨潮流发生于北仑海洋站低潮前 20 min ~ 1 h，涨急发生于北仑海洋站低潮后约 5 h。

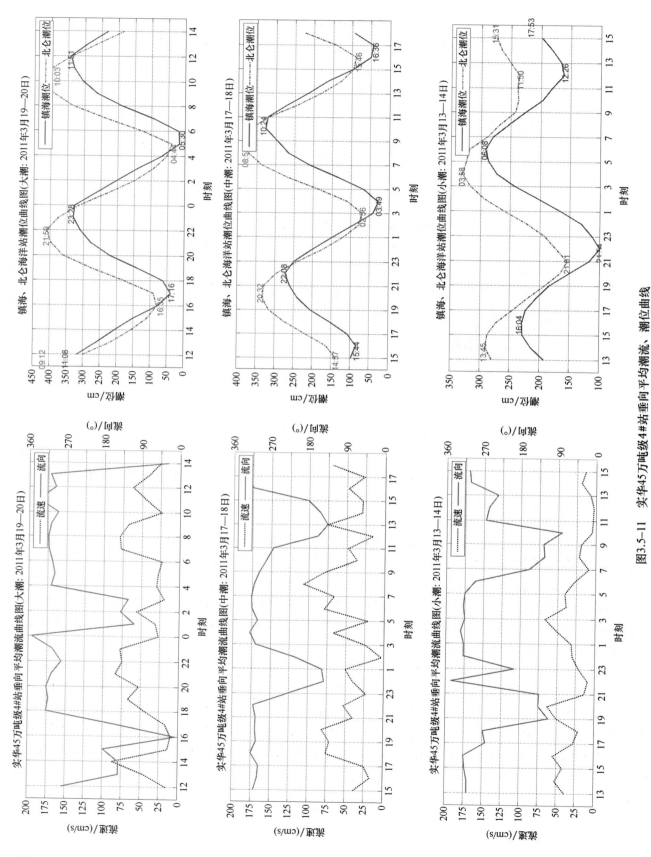

图3.5-11 实华45万吨级4#站垂向平均潮流、潮位曲线

3.5.5　余流分析

根据潮流的准调和分析，获得大榭港区各站、层及垂向平均余流的大小和方向。现将各站大、中、小潮汛各站层及垂向平均余流的流速、流向一并列入表 3.5-6 中，以供分析比较。

表 3.5-6　测区大、中、小潮各站、层余流的统计

测　站	潮汛	表层		5 m 层		10 m 层		15 m 层		垂向平均	
		余流流速 /(cm/s)	余流流向 /(°)	余流流速 /(cm/s)	余流流向 /(°)	余流流速 /(cm/s)	余流流向 /(°)	余流流速 /(cm/s)	余流流向 /(°)	余流流速 /(cm/s)	余流流向 /(°)
大榭招商 4#	大潮	25	73	22	62	19	58	18	55	20	61
	中潮	19	61	17	61	17	54	12	50	16	57
	小潮	12	85	12	56	12	37	12	43	12	51
万华 5 万吨级 1#	大潮	73	54	68	52	67	56	63	56	67	54
	中潮	63	52	61	51	60	53	54	53	59	59
	小潮	25	62	23	53	18	56	15	60	19	57
万华 2 万吨级 3#	大潮	52	53	56	54	62	56	64	58	51	58
	中潮	71	47	72	46	74	48	76	50	69	51
	小潮	66	46	66	46	66	48	67	50	61	51
中油 2#	大潮	13	301	15	298	16	301	17	303	17	302
	中潮	7	326	8	336	9	346	10	346	9	340
	小潮	9	301	9	308	9	313	8	314	6	311
中油 5#	大潮	21	317	24	345	31	351	32	354	27	348
	中潮	21	358	18	342	22	356	25	344	22	345
	小潮	10	341	8	331	9	331	9	321	9	326
实华 45 万吨级 4#	大潮	13	295	14	297	17	294	20	314	18	310
	中潮	17	296	14	295	18	292	26	291	24	290
	小潮	6	264	5	261	6	302	10	309	10	303

由表 3.5-6 可知，本测区余流分布、变化特征，总体上存在着较好的规律。

（1）从余流量值来看，大榭港区北侧水域量值较大，各层间最大余流为 72~76 cm/s，各站间最大余流为 17~76 cm/s，其中万华码头水域测站的余流偏大，如万华 5 万吨级 1#站垂向平均余流大、中、小潮汛分别为 67 cm/s、59 cm/s、19 cm/s，万华 2 万吨级 3#站垂向平均余流大、中、小潮汛分别为 51 cm/s、69 cm/s、61 cm/s，其他各站均较小。

（2）从余流流向分析，该港区存在显著的涨、落潮流不对称性，大榭港区北侧水域余流的方向大都趋向于强势的落潮流方向，而东侧水域都趋向于强势的涨潮流方向。

（3）在余流的垂直分布上，港区各站上、下层的余流差别较小。

（4）从大、中、小潮来比较，多数站点以大、中潮余流最大，小潮余流最小为基本特征。

3.5.6　潮流性质

3.5.6.1　测区潮流中主要半日分潮流的椭圆要素

为了更好地分析大榭港区各测站的潮流组成及其变化特征，这里运用潮流准调和分析方法，主要参

照有关国家标准及行业规范等，获得 O_1、K_1、M_2、S_2、M_4 和 MS_4 这 6 个分潮流准调和常数，并在此基础上进行潮流椭圆要素、潮流性质计算。

将各测站进行潮流椭圆要素的计算，通过各个分潮流的椭圆长半轴（最大分潮流）、短半轴（最小分潮流）、椭圆率、椭圆长轴方向（最大分潮流方向）等要素的计算，可进一步分析与比较港区潮流组成中各个分潮流运动的基本规律。计算结果表明，由于主要半日分潮流 M_2 和 S_2 在上述 6 个准调和分潮流中占据主导成分，表 3.5-7 给出了各站垂向平均的两个分潮流主要椭圆要素的统计。

表 3.5-7　测区各站垂向平均的主要半日分潮流椭圆要素统计

测站	分潮							
	M_2				S_2			
	最大分潮流（长半轴）/(cm/s)	最小分潮流（短半轴）/(cm/s)	椭圆率（K）	最大分潮流方向/(°)	最大分潮流（长半轴）/(cm/s)	最小分潮流（短半轴）/(cm/s)	椭圆率（K）	最大分潮流方向/(°)
招商 4#	38.7	1.3	0.03	62~242	14.7	0.9	0.06	72~252
万华 5 万吨级 1#	47.1	1.9	0.04	53~233	18.7	2.0	0.11	54~234
万华 2 万吨级 3#	37.2	6.4	-0.17	60~240	16.0	2.7	-0.17	60~240
中油 2#	25.5	2.6	-0.10	133~313	7.0	2.1	-0.31	117~297
中油 5#	21.0	2.3	0.11	159~339	16.5	2.0	0.12	171~351
利万聚酯 2#	30.2	6.0	-0.20	131~311	12.9	2.6	-0.20	131~311
实华 45 万吨级 4#	42.0	1.45	-0.03	140~320	7.8	0.27	0.03	125~305

潮流椭圆旋转率（K）为潮流椭圆的短轴与长轴的比值，可用来描述潮流的运动形式。当 |K| 大于 0.25 时，潮流表现出较强的旋转特性；当 |K| 小于 0.25 时，潮流表现出往复流特性，即潮流主要集中在涨潮和落潮两个方向流动。

由表 3.5-7 中这两个主要分潮流的椭圆率（椭圆长、短轴之比）来看，M_2 分潮流的椭圆率介于 0.03~0.20，小于 0.25，显现出典型的往复流特征，S_2 分潮流的椭圆率绝对值介于 0.06~0.31，仅中油 2# 站 S_2 分潮流的椭圆率绝对值大于 0.25，其余均小于 0.25，仍呈现为良好的往复流特征，因此，主导各站的潮流以往复流为主要特征。

由表 3.5-7 中最大分潮流对应的方向来看，大榭岛的北侧和东侧有明显差别，主要可能是受地形影响，北侧测站的 M_2 最大分潮流方向介于 53°~62° 和 233°~240°，S_2 最大分潮流方向介于 54°~72° 和 234°~252°，东侧测站的 M_2 最大分潮流方向介于 131°~159° 和 311°~339°，S_2 最大分潮流方向介于 117°~171° 和 297°~351°，各岸线的两个分潮涨、落方向基本一致，故对各测站涨、落潮的主流向具有关键的控制作用。

从椭圆率的"+""-"符号来看，大榭招商 4#、万华 5 万吨级 1# 和中油 5# 的 M_2、S_2 潮流的旋转方向主要为逆时针左旋方向，万华 2 万吨级 3#、中油 2#、利万聚酯 2# 和实华 45 万吨级 4# 的 M_2、S_2 潮流的旋转方向主要为顺时针右旋。

3.5.6.2　测区潮流类型

通常，潮流性质（或类型）多以主要全日分潮流 K_1 与 O_1 的椭圆长半轴之和与主要半日分潮流 M_2 的椭圆长半轴之比、即 $(W_{O1}+W_{K1})/W_{M2}$ 作为判据进行分类。为了考察港区浅海分潮流的大小与作用，往往又将四分之一日主要浅海分潮流 M_4 与半日分潮流 M_2 的椭圆长半轴之比，即 W_{M4}/W_{M2} 作为判据进行分析。为此，在前述潮流椭圆要素计算的基础上，表 3.5-8 中列出了港区各站潮流性质（判据）计算结果统计。

表 3.5-8　测区各站潮流性质（判据）计算结果统计

测站	表层		5 m 层		10 m 层		15 m 层		垂向平均	
	F'	G	F'	G	F'	G	F'	G	F'	G
大榭招商 4#	0.25	0.21	0.27	0.16	0.29	0.16	0.22	0.20	0.26	0.17
万华 5 万吨级 1#	0.31	0.23	0.24	0.23	0.25	0.23	0.31	0.23	0.26	0.23
万华 2 万吨级 3#	0.19	0.22	0.17	0.23	0.15	0.22	0.16	0.24	0.19	0.25
中油 2#	0.37	0.27	0.33	0.22	0.29	0.20	0.22	0.21	0.21	0.24
中油 5#	0.75	0.70	0.39	0.59	0.34	0.49	0.29	0.39	0.32	0.42
实华 45 万吨级 4#	0.67	0.36	0.63	0.28	0.62	0.27	0.47	0.25	0.46	0.24

注：$F' = (W_{O1} + W_{K1}) / W_{M2}$，$G = W_{M4} / W_{M2}$。

由表 3.5-8 得出如下结论：

（1）各站、层的判据 $(W_{O1} + W_{K1}) / W_{M2}$，介于 0.15～0.75，多数小于 0.50，故港区的潮流性质总体上属于正规半日潮流类型；

（2）各站、层的比值 W_{M4} / W_{M2} 明显较大，介于 0.16～0.70，均大于 0.04，表明测区中的浅海分潮流具有很大比重，故本港区的潮流性质应归属为非正规半日浅海潮类型；

（3）从各站垂向平均的 $(W_{O1} + W_{K1}) / W_{M2}$ 来看，其值介于 0.19～0.46，而 W_{M4} / W_{M2} 也介于 0.17～0.42，表明一个 1/4 日的 M_4 浅海分潮流所占有的比重，与 2 个全日分潮流之和的比重相当，因而本港区半日潮流变形极大，涨、落潮潮流之间存在着明显的不对称性。

3.6　港区潮流模拟结果分析

大榭港区主要由大榭岛及其周围小岛组成。大榭岛位于宁波市东部，南邻穿山半岛，舟山本岛和金塘岛分别位于其东南向和西南向。大榭港区航运条件优越，其东侧为螺头水道，西侧为金塘水道，北侧为横水洋和册子水道（图 3.6-1）。

图 3.6-1　大榭港区地理位置

涨潮时，涨潮流自东向西进入螺头水道，在大榭岛以东侧沿地形转向西北，在横水洋海域被金塘岛一分为二，其中一支沿金塘岛东岸经册子水道北上，另一支沿金塘岛南岸经金塘水道向西进入宁波港（图3.6-2a）。落潮时，落潮流路径与涨潮流基本相反，海水自金塘岛西北经金塘水道和册子水道汇于横水洋，并沿大榭岛东南岸经螺头水道向东流出（图3.6-2b）。

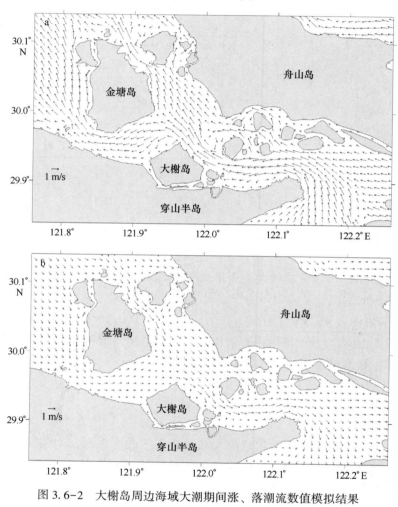

图3.6-2　大榭岛周边海域大潮期间涨、落潮流数值模拟结果
a. 涨潮；b. 落潮

根据规划，大榭港区主要划分为临港工业及液体散货作业区、集装箱作业区、通用泊位区、江海联运区等，各码头、泊位主要位于大榭岛的东北和西北岸线。

3.6.1　大榭岛东北岸线海域

大榭岛东北岸线东临螺头水道西段，向北为横水洋和册子水道，沿岸线自北向南依次分布着大榭中油码头、百地年液化石油气有限公司、关外码头、三菱化工、中海油大榭石化有限公司、宁波实华原油码头有限公司等企业的十余个泊位。螺头水道内潮流往复特征明显，涨潮流为西北向，落潮流为东南向。水道内潮流较强，大潮期间流速最大可超过4 kn（图3.6-3）。此段水道西部靠近大榭岛一侧的涨潮流强于落潮流，涨潮流时长也长于落潮流时长，涨潮流一般为6~6.5 h，落潮流一般为5.5~6 h；涨、落潮流的最大流速一般分别出现在高、低平潮前1 h，最小流速一般出现在高、低平潮后的2~2.5 h。而此段水道越往东，即越靠近舟山的一侧，落潮流就越强，涨潮流时长逐渐变短至 4 h，落潮流时长逐渐变长至 8 h。

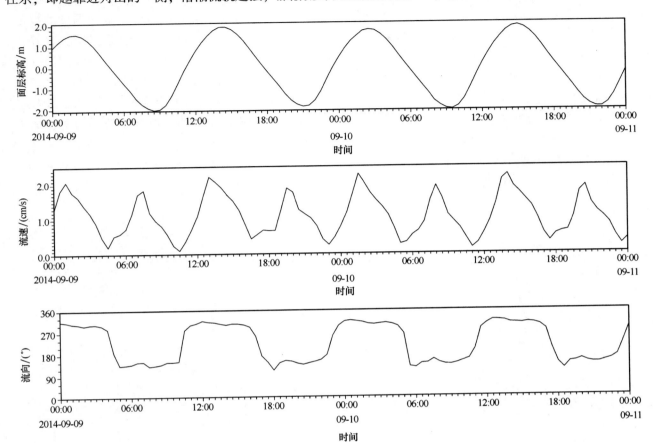

图 3.6-3　大榭岛东侧螺头水道西段大潮期间潮流数值模拟结果

大榭岛东北岸线近岸的潮流特征与螺头水道内显著不同。

涨潮时（图 3.6-4），涨潮流在向西北方向前进过程中受地形和岸线影响，流速明显减小，并产生出两个近似椭圆形的呈逆时针旋转的涡旋。涡旋一位于岸线北部、大榭中油 30 万吨级燃料油码头海域，其伴随着水道内潮流始涨而出现，随潮流始落而消失。该涡旋椭圆长轴为东南—西北方向，大体与岸线平行，长轴直径 600~800 m，短轴直径 300~400 m。涡旋二位于岸线南部、宁波实华原油码头海域，其出现时间为水道潮流始涨后约 3 h，随潮流始落而消失。该涡旋呈蛋形，长轴为东东南—西西北方向，东东南一端较窄，西西北一端较宽。在涡旋强盛时，长轴直径可达 1.8 km，短轴直径最宽接近 1 km。

大榭岛东北岸线近岸的落潮流特征则更为

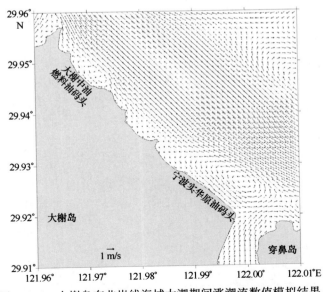

图 3.6-4　大榭岛东北岸线海域大潮期间涨潮流数值模拟结果

复杂（图3.6-5）。落潮时，海水经册子水道和金塘水道分别从北和西南两个方向流向金塘岛以东的螺头水道，在东北岸线近岸形成多个涡旋。与涨潮时的两个位置相对固定的涡旋不同，落潮涡旋的数量、尺寸和位置在落潮过程中是不断变化的。落潮伊始，第一个顺时针旋转的涡旋在大榭岛最北端的涂泥咀东侧形成。该涡旋大体呈圆形，直径约为 1.2 km。随着落潮的进行，该涡旋沿岸线向东南方向移动，尺寸逐步扩大并变成椭圆形，长轴平行于岸线，最大可达 2.4 km，短轴最大可达 1.4 km。在第一个顺时针涡旋前进到宁波实华原油码头附近时，第二个顺时针涡旋又在涂泥咀东侧形成，同样沿岸线向东南方向移动，其尺度与第一个涡旋大体相当，但其在行进到岸线中段附近时随着落潮结束而消失。两个顺时针涡旋在行进过程中与岸线作用，在其尾部，即西北侧近岸会形成一个或多个小的逆时针涡旋，其中相对较为明显和稳定的一个与涨潮时逆时针涡旋一的位置相同，尺度略大，长轴走向为SSE—NNW；其他小涡旋则迅速产生和消亡。

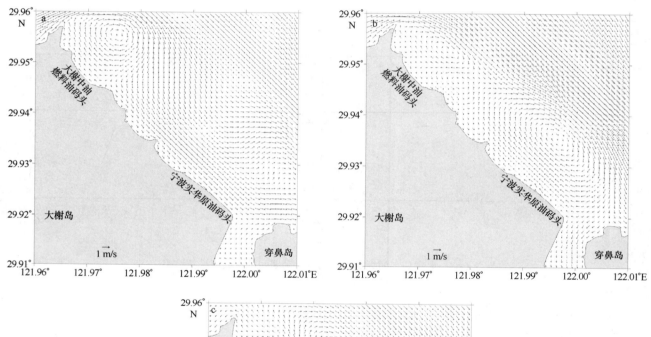

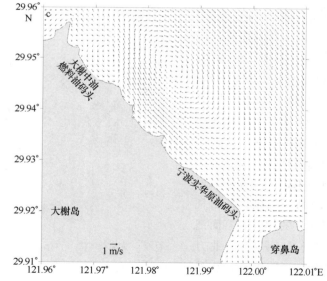

图 3.6-5　大榭岛东北岸线海域大潮期间落潮流数值模拟结果

a. 落潮伊始；b. 落潮开始后 2.5 h；c. 落潮开始后 5 h

3.6.2　大榭岛西北岸线海域

大榭岛西北岸线紧邻金塘水道，主要分布着万华码头有限公司和大榭招商国际集装箱公司的 10 余个泊位。涨潮时，来自螺头水道的海水部分转入金塘水道，在涂泥咀的西侧形成一个由小到大发展的逆时针涡旋（图 3.6-6）。该涡旋初期形状近似为一长轴直径约 800 m 且平行于岸线、短轴直径约 600 m 的椭圆，随后在涨潮过程中范围不断扩展至可填充整个金塘水道东段，此时涡旋形态更接近于一个直径约 6 km 的圆，并维持到落潮开始后的 1 h，在落潮流加强后消失。落潮时，金塘水道及大榭岛西北岸线近海的海水几乎都平行于岸线由西南向东北方向流淌（图 3.6-7）。

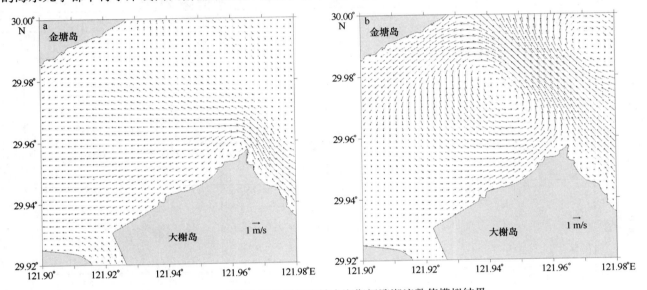

图 3.6-6　大榭岛西北岸线海域大潮期间涨潮流数值模拟结果

a. 涨潮伊始；b. 涨潮结束

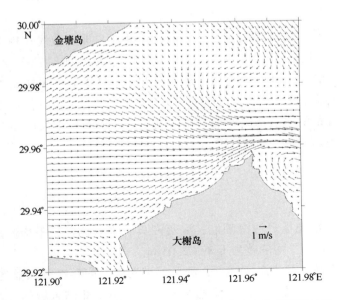

图 3.6-7　大榭岛西北岸线海域大潮期间落潮流数值模拟结果

受涡旋影响，大榭岛西北岸线外金塘水道的潮流具有明显的旋转流特征（图 3.6-8）。潮流相对较弱，大潮期间，涨潮流流速一般不超过 3 kn，落潮流流速一般不超过 2 kn，涨潮流强于落潮流。涨潮流时长大约为 6 h，落潮流时长大约为 6.5 h。潮流最大流速一般出现在高平潮前 1.5~2 h，最小流速一般出现在低平潮后 1~1.5 h。

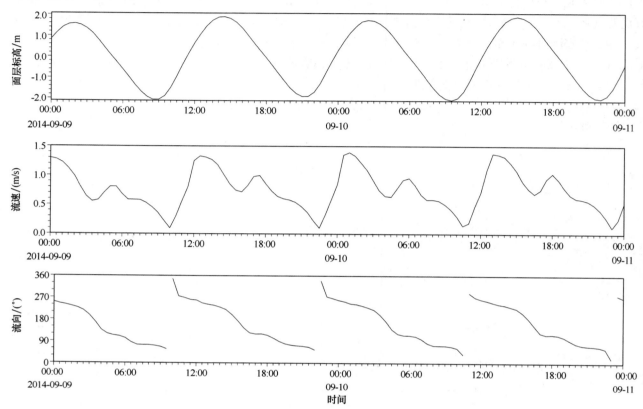

图 3.6-8　大榭岛西侧金塘水道东段大潮期间潮流数值模拟结果

总的来说，大榭岛东北岸线海域的潮流形态以涨、落潮流与地形岸线作用下的涡旋为主要特征。涨潮时存在两个逆时针涡旋，其位置和形态相对稳定；落潮时，两个顺时针涡旋在涂泥咀东侧依次形成、扩展并沿岸线向东南方向行进，并在其尾部催生出较小的逆时针涡旋。大榭岛西北岸线海域的潮流形态以涨潮时不断扩展的逆时针涡旋和落潮时平行于岸线的东北向流为主要特征。由于涡旋的存在，位于大榭岛东北岸的泊位前沿潮流的涨潮流历时明显长于落潮流历时，而位于大榭岛西北岸的泊位前沿潮流的落潮流历时明显长于涨潮流历时。

3.7　小结

大榭港区潮汐类型为非正规半日浅海潮港，涨落潮具有不对称性，平均落潮历时均长于涨潮历时，各站涨落历时差为 27~70 min，平均潮差为 1.89~2.05 m。

大榭港区的潮流为非正规半日浅海潮类型，涨、落潮潮流之间存在着明显的不对称性，往复流特征明显。大榭岛东侧水域各站点的最大涨潮流流速明显大于大榭岛北侧水域的各站点的最大涨潮流流速，大榭岛东北侧水域的各站点的最大落潮流流速明显大于大榭港区其他区域的最大落潮流流速，位于南侧水域的测点最大落潮流流速也较大。北侧水域最大落潮流速大于最大涨潮流速，东侧水域多数为最大涨潮流速大于最大落潮流速为明显特征。垂向分布最大涨潮流以中油码头站点和实华 45 万吨级原油码头站点的差异较大，最大落潮流以万华 5 万吨级站点的差异较大。万华码头水域有较强的落潮流，中油码头水域则有较强的涨潮流。

大榭岛北侧水域东侧的万华码头水域测站为流速较大区域，实测最大有 3 kn 以上流速出现，其次为大榭岛东侧实华 45 万吨级码头测站水域，实测最大有 2 kn 以上流速出现，未达到 3 kn，其他测站多小于 2 kn。

大榭港区北侧水域余流量值较大，特别是万华码头水域测站的余流偏大。从余流流向分析，大榭港区北侧水域余流的方向大都趋向于强势的落潮流方向，而东侧水域都趋向于强势的涨潮流方向。

从大榭港区的数值模拟结果来看，大榭岛东北岸线海域的潮流形态以涨、落潮流与地形岸线作用下的涡旋为主要特征。涨潮时存在两个逆时针涡旋，其位置和形态相对稳定；落潮时，两个顺时针涡旋在涂泥咀东侧依次形成、扩展并沿岸线向东南方向行进，并在其尾部催生出较小的逆时针涡旋。大榭岛西北岸线海域的潮流形态以涨潮时不断扩展的逆时针涡旋和落潮时平行于岸线的东北向流为主要特征。由于涡旋的存在，位于大榭岛东北岸的泊位前沿潮流的涨潮流历时明显长于落潮流历时，而位于大榭岛西北岸的泊位前沿潮流的落潮流历时明显长于涨潮流历时，与代表站点的情况基本一致。

第4章　穿山港区潮汐潮流分析

4.1　港区基本情况

　　穿山港区范围西起大榭一桥西侧的白峰镇、沿穿山半岛岸线南至梅山水道东端，涵盖了从外峙岛东至新碶头的穿山半岛宜港岸线，划分为西部、北部、东部和南部4个作业区。

　　西部作业区位于北仑区白峰镇、外峙岛东侧以及里神马岛，包括临港工业及配套码头区、河海联运码头区和江海联运码头区。临港工业及配套码头区布置千吨级小型临港工业配套运输服务泊位，以件杂、矿建和非金属矿石运输为主，兼顾发展已形成一定规模的船舶修造产业。河海联运区布置千吨级通用泊位，发展与甬江联动的河海联运服务。江海联运码头区布置中小型进长江集装箱泊位。

　　穿山北作业区（图4.1-1）从牛扼江至长柄咀，分为集装箱码头区、大宗干散货及LNG码头区、通

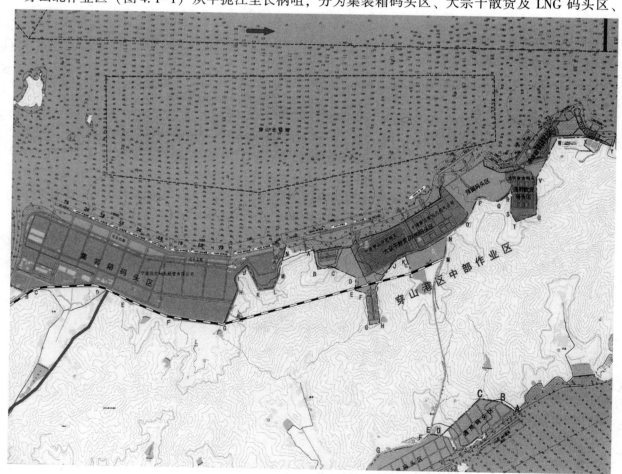

图4.1-1　穿山港区北作业区

用散货码头区和液体散货码头，已建北仑四期（港吉码头）、远东码头 10 万吨级集装箱泊位 10 个和 5 万吨级多用途泊位 1 个，中宅 15 万吨级、5 万吨级和 3.5 万吨级散货泊位各 1 个，中海浙江 LNG 接收站配套 15 万总吨 LNG 泊位和 3 000 吨级泊位各 1 个，港鑫东方 5 万吨级和 1 000 吨级成品油泊位各 1 个；臻德环保 5 000 吨级溢油应急抢先泊位和 1 000 吨级船舶废弃接收泊位。

穿山南作业区以海洋装备制造业等临港工业为优先发展方向，兼顾散杂货等公共运输功能。

4.2　数据来源

为了解穿山港区潮汐特征分析，分别于中宅煤炭码头附近及光明通用码头选取了 2 个观测点约一个月的实际潮位资料，该具体观测时间和站位如表 4.2-1 和图 4.2-1 所示，长期参考站选择镇海海洋站和北仑海洋站。

表 4.2-1　穿山港区临时潮位站位

码头	中宅煤炭码头	宁波光明通用码头
潮位站	码头附近	码头附近
潮位站经纬度	29°53′44″N，122°05′12″E	29°54′09.2″N，122°06′16.5″E
观测时间	2011 年 11 月 11 日至 12 月 11 日	2011 年 2 月 1 日至 2 月 28 日
长期参考站	镇海海洋站（29°59′N，121°45′E） 北仑海洋站（29°54′N，122°07′E）	

图 4.2-1　穿山港区站点示意

穿山港区潮流特征分析主要选择穿上半岛北岸水域分布 6 个参考站点，分别位于北仑四期集装箱码头前沿的穿山港 1#，远东码头前沿的穿山港 2#，中宅码头前沿的穿山港 3#，LNG 码头前沿的穿山港 4#，光明码头前沿的穿山港 5#，以及臻德环保码头前沿的 2#，其中穿山 1#、穿山港 2#、穿山港 3#、穿山港 4#、穿山港 5#站分别位于各码头前沿约 500 m，具体观测时间和站位如表 4.2-2 和图 4.2-1 所示。

表 4.2-2 穿山港区临时潮流站位

测站	潮流站点	平均水深/m	调查时间
穿山港 1#	29°53′47″N，122°2′28″E	31.3	2014 年 1 月 10 日至 19 日
穿山港 2#	29°53′40″N，122°3′35″E	49.1	
穿山港 3#	29°53′50″N，122°4′36″E	46.2	2013 年 12 月 25 日至 2014 年 1 月 5 日
穿山港 4#	29°54′03″N，122°5′15″E	56.4	
穿山港 5#	29°54′23″N，122°6′12″E	60.3	
臻德环保码头 2#	29°54′37″N，122°7′15″E	41.0	2015 年 10 月 28 日至 11 月 7 日

4.3 港区潮汐特征分析

4.3.1 各码头潮汐与北仑海洋站关系分析

由于码头临时潮位站为一个月左右的短期验潮资料，为更好地分析穿山港区实际的潮汐特征，引入附近长期验潮站潮位资料作参考，鉴于北仑海洋站位于穿山港区，本港区选择北仑海洋站作为长期参考站，现将其实际潮位特征值进行统计分析。

4.3.1.1 中宅煤炭码头实测潮汐特征分析

中宅煤炭码头位于穿山半岛北侧，短期验潮资料时间为 2011 年 11 月 11 日至 12 月 11 日，由于本次测验中的短期潮位观测系采用假定水尺零点，未进行水准引测，观测期间零点保持固定不变，在实测潮汐特征值的统计比较中，各项特征潮位如观测期间的最高（低）潮位，平均高（低）潮位等均相对于平均海面为零起算。根据同期北仑海洋站资料，实测潮汐特征分析结果如表 4.3-1 所示。

表 4.3-1 码头附近临时潮位站和北仑海洋站实测潮汐特征值统计

（2011 年 11 月 11 日至 12 月 11 日） 潮高基准：平均海平面

测站	特征潮位/cm					特征潮差/cm			历时	
	最高	最低	平均高潮	平均低潮	平均海面	最大	最小	平均	平均涨潮	平均落潮
码头实测	168	-217	101	-104	0	373	89	203	5 h40 min	6 h44 min
北仑海洋站	177	-239	110	-115	0	407	102	223	5 h52 min	6 h32 min

由表 4.3-1 可知，表中码头临时潮位站最高潮位、平均高潮较北仑海洋站偏低，最低潮位、平均低

潮较北仑海洋站偏高，同期两站的最高最低潮出现时间较一致，码头临时潮位站最高潮位出现时间为 2011 年 11 月 26 日，最低潮位出现时间为 2011 年 11 月 25 日，北仑海洋站最高潮出现时间为 2011 年 11 月 27 日，最低潮位出现时间为 2011 年 11 月 25 日；潮差上，最大潮差、最小潮差、平均潮差均为码头临时潮位站较北仑海洋站偏低；涨落潮历时上，均为落潮历时长于涨潮历时，且涨落潮历时时间仅相差 12 min。由此可见，中宅煤炭码头临时潮位站跟北仑海洋站的潮汐特征非常相似。

4.3.1.2　光明通用码头实测潮汐特征分析

光明通用码头临时潮位站位于穿山半岛北侧，中宅煤炭码头东北，短期验潮资料时间为 2011 年 2 月 1 日至 28 日，为了跟中宅煤炭码头保持一致，基面也统一采用平均海平面。根据同期北仑海洋站资料，实测潮汐特征分析结果见表 4.3-2。

表 4.3-2　码头附近临时潮位站和北仑海洋站实测潮汐特征值统计

（2011 年 2 月 1 日至 28 日）　　　　　　　　　　　潮高基准：平均海平面

测站	特征潮位/cm					特征潮差/cm			历时	
	最高	最低	平均高潮	平均低潮	平均海面	最大	最小	平均	平均涨潮	平均落潮
码头实测	152	−250	76	−159	0	400	53	236	5 h47 min	6 h37 min
北仑海洋站	177	−241	102	−138	0	414	56	240	5 h48 min	6 h37 min

由表 4.3-2 可知，码头临时潮位站的最高、最低潮位和平均高潮、平均低潮均较北仑海洋站偏低，但两站同期的最高、最低潮位出现时间相同，均为 2 月 20 日与 2 月 19 日；最大、最小潮差、平均潮差较北仑海洋站略偏小，但相差不大，为 3～14 cm；涨落潮历时上，两站非常一致，均为落潮历时长于涨潮历时，时间上仅平均涨潮历时相差 1 min。由此可见，光明通用码头临时潮位站的潮汐性质跟北仑海洋站非常相似。

通过上述对穿山港区不同码头、不同观测时间的实际潮汐特征分析发现，各码头潮汐特征值跟北仑海洋站非常相似，最大、最小、平均潮差较北仑海洋站略偏小，涨落潮历时上，均为落潮历时长于涨潮历时，且时间差小于 12 min。从表 4.3-1 和表 4.3-2 可以看出，穿山港区平均潮差略大于 200 cm，涨潮历时约 5 h 40 min，落潮历时约 6 h 40 min。

4.3.2　潮汐性质

由于临时潮位站观测时间序列短，上述两个码头临时潮位站观测时间也不一致，为了更全面地了解穿山港区的潮汐特征，按照潮汐调和分析方法，对穿山港区各码头临时验潮站潮位资料及附近长期验潮站北仑海洋站资料进行调和分析。对光明临时潮位站短期资料进行调和分析计算，可得 M_m、M_{sf}、Q_1、O_1、P_1、K_1、N_2、M_2、S_2、K_2、M_4、MS_4、M_6 等数十个分潮的调和常数，对北仑海洋站长期资料进行调和分析，获得包括上述数十个分潮在内 100 多个分潮的调和常数。现将各临时验潮站及北仑海洋站调和分析结果中主要显著分潮的调和常数进行摘录与对比（表 4.3-3）。

表 4.3-3　各码头短期潮位站及北仑海洋站主要分潮调和常数

分潮		中宅潮位站		光明潮位站		北仑海洋站	
名称	角速度/（°/h）	H/cm	G/（°）	H/cm	G/（°）	H/cm	G/（°）
$2Q_1$	12.854 286	0.46	130.03	0.55	129.69	0.49	112.28
Q_1	13.398 661	3.98	132.95	5.01	135.63	3.52	151.59
O_1	13.943 063	18.59	170.94	21.91	170.60	19.74	166.72
P_1	14.958 931	8.36	212.12	8.18	215.20	8.30	209.18
K_1	15.041 069	30.28	210.92	29.64	214.00	30.07	207.98
J_1	15.585 443	0.99	245.92	0.93	184.46	1.66	249.94
MU_2	27.968 208	1.34	314.14	3.75	307.05	2.56	232.80
N_2	28.439 730	17.10	267.82	19.55	263.28	19.41	260.02
M_2	28.984 104	95.46	284.87	105.97	283.96	104.13	280.09
L_2	29.528 479	4.07	305.46	5.82	279.96	4.51	319.97
T_2	29.958 933	2.44	322.90	2.67	326.45	3.59	327.76
S_2	30.000 000	41.41	324.60	45.19	328.16	44.14	322.22
K_2	30.082 137	11.50	320.27	12.55	323.83	12.26	317.89
M_3	43.476 156	1.29	333.26	1.30	346.77	1.60	348.89
MN_4	57.423 834	2.22	101.94	1.81	83.90	1.59	70.62
M_4	57.968 208	6.01	123.11	5.10	102.00	4.21	87.19
MS_4	58.984 104	3.90	169.07	2.64	292.89	3.45	138.01
S_4	60.000 000	1.03	230.56	4.47	151.69	1.20	192.65
$2MN_6$	86.407 938	0.73	263.20	0.92	236.15	1.50	204.25
M_6	86.952 313	1.93	270.67	1.48	252.36	2.78	231.31
$2MS_6$	87.968 209	2.79	312.83	2.64	292.89	3.46	272.18

表 4.3-3 摘出的 21 个天文分潮中，属于全日分潮的有 $2Q_1$、Q_1、O_1、P_1、K_1、J_1，属于半日分潮的有 MU_2、N_2、M_2、L_2、T_2、S_2、K_2，属于三分之一日分潮的有 M_3，属于四分之一日分潮的有 MN_4、M_4、S_4、MS_4，属于六分之一日分潮的有 $2MN_6$、M_6、$2MS_6$，故具有一定的代表性。从中不难看出，各站主要显著分潮振幅的量值相当接近，互差很小；各站分潮的迟角总体上也较接近，互差不大。

鉴于调和常数相对稳定的性质，为进一步分析穿山港区的潮汐特征，满足本港区应用（港口运作和靠、离泊）需要，利用这些调和常数计算了穿山港区各码头临时潮位站和北仑海洋站的潮汐性质和航海潮信，其结果如表 4.3-4 所示。

表 4.3-4　各码头短期验潮站及北仑海洋站潮汐性质和航海潮信计算

项目	测站		
	中宅潮位站	光明潮位站	北仑海洋站
潮汐性质 $(H_{K1}+H_{O1})/H_{M2}$	0.51	0.49	0.48
主要半日分潮振幅比 (H_{S2}/H_{M2})	0.43	0.43	0.42
主要日分潮振幅比 (H_{O1}/H_{K1})	0.61	0.74	0.66
主要浅水分潮与主要半日分潮振幅比 (H_{M4}/H_{M2})	0.06	0.05	0.04
主要半日、全日分潮迟角差 $G(M2)-(G(K1)+G(O1))/(°)$	263	259	265
主要半日和浅海分潮迟角 $2G(M2)-G(M4)/(°)$	87	106	113
主要浅海分潮振幅和 $(H_{M4}+H_{MS4}+H_{M6})$	12.84	11	10
平均潮差 (M_m) /cm	202	226	221
平均高潮位 $(Z0)^*$ /cm	102	112	109
平均低潮位 $(Z1)^*$ /cm	−101	−114	−112
大潮平均高潮位 $(SZ0)^*$ /cm	136	149	145
大潮平均低潮位 $(SZ1)^*$ /cm	−135	−154	−151
平均大潮差 (Sg) /cm	276	304	299
平均小潮差 (Np) /cm	119	133	131
小潮平均高潮位 $(Nz0)^*$ /cm	60	66	65
小潮平均低潮位 $(Nz1)^*$ /cm	−59	−66	−66
平均高潮间隙 (HWI)	9 h40 min	9 h41 min	9 h40 min
平均低潮间隙 (LWI)	16 h22 min	16 h16 min	16 h10 min
平均高潮不等 $(MHWQ)$ /cm	45	45	47
平均低潮不等 $(MLWQ)$ /cm	51	54	51
平均高高潮位 $(MHHW)^*$ /cm	124	134	132
平均低高潮位 $(MLHW)^*$ /cm	79	89	85
平均低低潮位 $(MLLW)^*$ /cm	−126	−141	−138
平均高低潮位 $(MHLW)^*$ /cm	−75	−87	−87
涨潮历时 $(ZCLS)$	5 h38 min	5 h50 min	5 h55 min
落潮历时 $(LCLS)$	6 h47 min	6 h36 min	6 h31 min

注：* 表示本表中的特征潮位均相对于平均海面为零起算。

表 4.3-4 中，前 7 行内容主要是表征各站由调和常数所反映的潮汐性质，由此可见，各站的潮汐性质非常相似。

（1）各站潮汐性质的判据 $(H_{K1}+H_{O1})/H_{M2}$ 为 0.48~0.51，属正规半日潮与非正规半日潮之间的"过渡量值"，故各站的潮位变化均具有明显的半日潮特征与规律。

（2）各站的 H_{M4}/H_{M2} 比值为 0.04~0.06，表明各站的浅海分潮具有较大比重，各站潮位变化中涨、落潮的历时相差 30~45 min，故各站的潮汐性质可归属为非正规半日浅海潮类型。

（3）由迟角差 $G(M2)-[G(K1)+G(O1)]$ 接近 270° 和 $2G(M2)-G(M4)$ 接近 90° 可知，各站的潮汐变化均有"日不等"现象，即在一个太阴日（约 24 h50 min）内潮位的两涨、两落中，既有两个高潮的高度不等，也有两个低潮的高度不等。

表中第 8~26 行内容，是由调和常数所计算的理论潮汐特征（又称航海潮信），这些信息在港航运作中具有较大的实用意义，同时对于实测潮汐特征的统计，也有理论上检验与印证意义。表4.3-5列出了各码头实测平均潮差和涨落潮历时与表4.3-4中理论计算值的对比，从中不难看出，各码头平均潮差实测跟理论计算值互差很小，为1~10 cm，平均涨落潮历时互差也仅1~3 min。因此，可认为由调和常数所计算的"理论潮汐特征"具有常规性的代表意义，可供引航、调度、码头管理部门日常使用，也可作为港区对外发布的潮信依据。

表4.3-5　各码头平均潮差和平均涨落潮历时实测与理论计算值对比

码头名称		平均潮差/cm	涨潮历时	落潮历时
中宅煤炭码头	实测	203	5 h40 min	6 h44 min
	理论计算	202	5 h38 min	6 h47 min
宁波光明码头	实测	236	5 h47 min	6 h37 min
	理论计算	226	5 h50 min	6 h36 min

4.4　港区潮流特征分析

4.4.1　最大流速统计分析

为研究穿山港区的流况变化，下面对6个参考站点分别就大、中、小潮汛期间的最大涨、落潮流的流速、流向分别进行统计，各站最大涨、落潮流的流速、流向结果见表4.4-1和表4.4-2，并以此作为港区流况的基本特征之一予以分析。

表4.4-1　各站实测最大涨潮流流速、流向的统计

潮汛	测站	表层		5 m层		10 m层		15 m层		20 m层		垂直平均	
		流速/(cm/s)	流向/(°)	流速/(cm/s)	流向/(°)	流速/(cm/s)	流向/(°)	流速/(cm/s)	流向/(°)	流速/(cm/s)	流向/(°)	流速/(cm/s)	流向/(°)
大潮	穿山港1#	121	304	135	307	136	306	136	307	132	309	132	307
	穿山港2#	134	254	123	250	123	238	125	252	124	240	130	253
	穿山港3#	79	214	81	232	88	218	85	221	89	206	82	214
	穿山港4#	61	216	67	236	69	233	66	231	60	232	60	240
	穿山港5#	71	234	67	238	63	229	60	224	62	234	66	232
	臻德环保码头2#	91	298	86	302	79	303	84	306	93	311	91	308
中潮	穿山港1#	108	322	111	323	109	305	112	305	113	305	128	311
	穿山港2#	81	296	75	289	75	290	78	290	82	290	111	239
	穿山港3#	71	213	74	239	74	218	76	227	75	212	71	219
	穿山港4#	48	228	55	244	53	239	43	219	55	223	49	236
	穿山港5#	41	251	37	229	39	248	40	239	39	235	46	252
	臻德环保码头2#	98	307	94	309	90	305	90	305	94	304	94	305

续表

潮汛	测站	表层		5 m 层		10 m 层		15 m 层		20 m 层		垂直平均	
		流速 /(cm/s)	流向 /(°)	流速 /(cm/s)	流向 /(°)	流速 /(cm/s)	流向 /(°)	流速 /(cm/s)	流向 /(°)	流速 /(cm/s)	流向 /(°)	流速 /(cm/s)	流向 /(°)
小潮	穿山港 1#	87	232	99	228	100	229	98	229	96	231	95	230
	穿山港 2#	63	238	62	235	60	220	59	219	59	221	56	229
	穿山港 3#	16	252	35	200	39	226	34	210	48	231	27	229
	穿山港 4#	95	288	64	287	71	295	120	349	104	269	67	279
	穿山港 5#	38	217	32	221	33	226	30	227	35	221	34	225
	臻德环 保码头 2#	68	302	60	295	53	297	48	301	48	278	45	300

表 4.4-2　各站实测最大落潮流流速、流向的统计

潮汛	测站	表层		5 m 层		10 m 层		15 m 层		20 m 层		垂直平均	
		流速 /(cm/s)	流向 /(°)	流速 /(cm/s)	流向 /(°)	流速 /(cm/s)	流向 /(°)	流速 /(cm/s)	流向 /(°)	流速 /(cm/s)	流向 /(°)	流速 /(cm/s)	流向 /(°)
大潮	穿山港 1#	66	119	66	111	62	116	60	112	59	109	62	112
	穿山港 2#	93	108	86	112	77	106	78	101	69	100	71	100
	穿山港 3#	132	81	127	83	129	90	128	87	117	69	131	73
	穿山港 4#	128	73	149	61	136	119	147	119	151	62	130	110
	穿山港 5#	114	71	105	69	98	66	81	67	78	78	79	72
	臻德环 保码头 2#	86	132	81	134	73	139	58	161	54	177	54	148
中潮	穿山港 1#	56	116	58	114	54	115	51	114	53	117	52	111
	穿山港 2#	84	138	98	141	81	130	64	123	62	109	69	87
	穿山港 3#	113	87	118	93	119	95	111	91	105	75	105	79
	穿山港 4#	137	106	127	102	115	100	93	59	94	57	91	75
	穿山港 5#	151	79	147	77	145	76	127	75	110	72	137	77
	臻德环 保码头 2#	84	126	76	131	71	127	64	137	59	151	62	140
小潮	穿山港 1#	75	39	81	46	87	48	83	51	80	49	81	48
	穿山港 2#	73	64	72	75	75	50	75	44	71	42	69	48
	穿山港 3#	107	76	117	89	109	77	111	88	121	59	105	70
	穿山港 4#	118	28	116	26	114	23	112	17	145	5	124	8
	穿山港 5#	121	69	116	72	116	68	109	88	96	87	100	66
	臻德环 保码头 2#	74	126	61	130	50	131	48	136	58	143	41	136

4.4.1.1 实测最大流速的极值

由表 4.4-1 中穿山港区水域各站点的最大涨潮流流速的排列、比较可知，测区分层中的最大涨潮流极值出现于穿山港 1#站（位于北仑四期码头前沿约 500 m）大潮时的 10 m 和 15 m 层，涨潮流流速为 136 cm/s，约 2.6 kn，对应流向为 306°、307°。由表 4.4-2 可知，穿山港区测点各分层中的最大落潮流极值出现于穿山港 4#站（位于 LNG 码头前沿约 500 m）大潮时的 20 m 层，涨潮流流速为 151 cm/s，约 3.0 kn，对应流向为 62°，还在穿山港 5#站（位于光明码头前沿约 500 m）中潮表层也有出现，对应流向为 79°。

各测站中，垂直平均层的最大流速极值：涨潮流为 132 cm/s（307°），出现于穿山港 1#站大潮时，落潮流为 137 cm/s（77°），出现于穿山港 5#站中潮时。

4.4.1.2 实测最大流速的分布

根据表 4.4-1 所列的穿山港区各站点实测最大涨潮流的特征流速，并结合潮流矢量图分析，在大、中潮汛期间，位于穿山港区西侧水域的 1#、2#的最大涨潮流流速明显大于东侧水域的 3#、4#、5#及臻德环保码头 2#站的最大涨潮流流速。如大潮期间垂向平均层，穿山港 1#、穿山港 2#、穿山港 3#、穿山港 4#、穿山港 5#、臻德环保码头 2#站的最大涨潮流流速分别为 132 cm/s、130 cm/s、82 cm/s、60 cm/s、66 cm/s、91 cm/s；中潮期间垂向平均层，穿山港 1#、穿山港 2#、穿山港 3#、穿山港 4#、穿山港 5#、臻德环保码头 2#站的最大涨潮流流速分别为 128 cm/s、111 cm/s、71 cm/s、49 cm/s、46 cm/s、94 cm/s。其中，臻德环保码头 2#站的最大涨潮流流速比穿山港 3#、穿山港 4#、穿山港 5#站的最大涨潮流流速大些。小潮期间，穿山港 1#站的最大涨潮流流速最大，其次为穿山港 4#站，如垂向平均层，穿山港 1#、穿山港 2#、穿山港 3#、穿山港 4#、穿山港 5#、臻德环保码头 2#站的最大涨潮流流速分别为 95 cm/s、56 cm/s、27 cm/s、67 cm/s、34 cm/s、45 cm/s，该特征与大、中潮汛相比明显不同。

从表 4.4-2 所列的穿山港区各站点实测最大落潮流的特征流速，并结合潮流矢量图分析，在大、中、小潮汛期间，位于穿山港区东侧水域的穿山港 3#、穿山港 4#、穿山港 5#站的最大落潮流流速明显大于西侧水域的穿山港 1#、穿山港 2#及臻德环保码头 2#站的最大落潮流流速。如大潮期间垂向平均层，穿山港 1#、穿山港 2#、穿山港 3#、穿山港 4#、穿山港 5#、臻德环保码头 2#站的最大落潮流流速分别为 62 cm/s、71 cm/s、131 cm/s、130 cm/s、79 cm/s、54 cm/s；中潮期间垂向平均层，穿山港 1#、穿山港 2#、穿山港 3#、穿山港 4#、穿山港 5#、臻德环保码头 2#站的最大落潮流流速分别为 52 cm/s、69 cm/s、105 cm/s、91 cm/s、137 cm/s、62 cm/s；小潮期间垂向平均层，穿山港 1#、穿山港 2#、穿山港 3#、穿山港 4#、穿山港 5#、臻德环保码头 2#站的最大落潮流流速分别为 81 cm/s、69 cm/s、105 cm/s、124 cm/s、100 cm/s、41 cm/s。

从最大流速的垂直分布来看，大、中、小潮汛最大涨潮流各层均有出现，但主要出现于表层；最大落潮流在大、中、小潮汛的分布与最大涨潮流的垂向分布特征基本一致，也是主要出现于表层。从数值来看，最大涨潮流上下层之间差异较小，其中差异较大出现于小潮时的穿山港 3#、穿山港 4#站，而最大落潮流上下层之间差异略大些，其中差异较大的多数出现于穿山港区东侧的几个测站。

4.4.1.3 实测最大流速涨、落潮流的比较

将表 4.4-1 和表 4.4-2 中涨、落潮流的最大流速进行对比发现，在本测区中，大潮、中潮期间，还是分层及垂向平均，穿山港区西侧水域穿山港 1#、穿山港 2#和臻德环保码头 2#站的最大涨潮流流速多数大于最大落潮流流速，穿山港区东侧水域穿山港 3#、穿山港 4#、穿山港 5#站的最大落潮流流速大于最大

涨潮流流速。而小潮汛期间，穿山港 2#站于大中潮汛存在差异，表现为最大落潮流流速大于最大涨潮流流速，其他各站最大涨潮流与最大落潮流的比较与大中潮汛时一致。

如将各站各潮汛的垂向平均实测最大涨潮流流速与对应的最大落潮流流速对比，穿山港 1#站在大、中、小潮期间的最大涨潮流流速与最大落潮流流速差值分别为 70 m/s、76 cm/s、14 cm/s，穿山港 2#站在大、中、小潮期间的最大涨潮流流速与最大落潮流流速差值分别为 59 cm/s、42 cm/s、−13 cm/s，穿山港 3#站在大、中、小潮期间的最大涨潮流流速与最大落潮流流速差值分别为−49 cm/s、−34 cm/s、−78 cm/s，穿山港 4#站在大、中、小潮期间的最大涨潮流流速与最大落潮流流速差值分别为−70 cm/s、−42 cm/s、−57 cm/s，穿山港 5#站在大、中、小潮期间的最大涨潮流流速与最大落潮流流速差值分别为−13 cm/s、−91 cm/s、−66 cm/s，臻德环保码头 2#站在大、中、小潮期间的最大涨潮流流速与最大落潮流流速差值分别为 37 cm/s、32 cm/s、4 cm/s。可见就穿山港区水域各站而言西侧水域有较强的涨潮流，东侧水域则落潮流较强。

就实测最大涨、落潮流所对应的流向而言，以各站垂向平均最大流速所对应的流向予以说明：其一，在大、中、小潮期间，穿山港 1#站的最大涨潮流流向分别为 307°、331°、230°，穿山港 2#站的最大涨潮流流向分别为 253°、239°、229°，穿山港 3#站的最大涨潮流流向分别为 214°、219°、229°，穿山港 4#站的最大涨潮流流向分别为 240°、236°、279°，穿山港 5#站的最大涨潮流流向分别为 232°、252°、225°，臻德环保码头 2#站的最大涨潮流流向分别为 308°、305°、300°。其二，在上述 3 个潮汛中，穿山港 1#站的最大落潮流流向分别为 112°、111°、48°，穿山港 2#站的最大落潮流流向分别为 100°、87°、48°，穿山港 3#站的最大落潮流流向分别为 73°、79°、70°，穿山港 4#站的最大落潮流流向分别为 110°、75°、8°，穿山港 5#站的最大落潮流流向分别为 72°、77°、66°，臻德环保码头 2#站的最大落潮流流向分别为 148°、140°、136°。

由此可见，最大涨、落潮流之间的流向互差，穿山港 1#站介于 182°—200°，穿山港 2#站介于 152°—181°，穿山港 3#站介于 140°—159°，穿山港 4#站介于 130°—271°，穿山港 5#站介于 159°—175°，臻德环保码头 2#站介于 160°—165°，其中穿山港 4#的流向变化差异较大，其他各站多数接近于 180°，能较好地反映出最大涨、落潮流之间的往复流特征。

4.4.1.4　实测最大流速随潮汛的变化

对表 4.4-1 和表 4.4-2 的数据，按潮汛进行比较后得出如下结果。

（1）就最大涨潮流而言，大、中潮汛之间的流速量值多数相差不大，如其垂向平均流速的多数互差仅为−3~20 cm/s，其中穿山港 5#站互差较大，而中小潮汛时差异相比前述大中潮汛的互差略大，其垂向平均流速的多数互差为−18~55 cm/s。但多数站点还是遵循潮汛变化特征。

（2）就最大落潮流流速而言，在大、中潮汛多数站点基本遵循潮汛变化，即大潮汛流速较大，中潮汛流速较小，其中穿山港 5#站中潮汛明显比大潮汛大，与其他各站不同，而从小潮汛与大、中潮汛相比，流速多数也是表现较大。

总体而言，本港区各测站最大涨、落潮流流速的变化多数在大、中潮汛时主要表现为大潮汛较大、中潮汛较小，在小潮汛期间则可能受局地地形影响较多。

4.4.2　流速、流向频率统计

在前面重点讨论了穿山港区水域中具有特征意义的实测最大流速（流向）分布与变化的基本情况，并以此为测区流场的主要特征予以阐述。但为了对整个测区出现的所有流况在总体上有一个定量了解，对港区各站、层所获取的所有流速、流向进行平均，并按不同级别与方位进行了出现频次和频率的统计，如表 4.4-3 和表 4.4-4 所示。

表 4.4-3　各站垂向平均流速分级出现频次、频率统计

测站	项目	流速范围			
		≤51 cm/s ≤1 kn	52~102 cm/s 1~2 kn	103~153 cm/s 2~3 kn	≥153 cm/s ≥3 kn
穿山港 1#	出现频次/次	154	155	37	0
	出现频率/（%）	44.5	44.8	10.7	0
穿山港 2#	出现频次/次	268	128	27	0
	出现频率/（%）	63.4	30.3	6.4	0
穿山港 3#	出现频次/次	271	215	39	0
	出现频率/（%）	51.6	41.0	7.4	0
穿山港 4#	出现频次/次	258	221	42	0
	出现频率/（%）	49.5	42.4	8.1	0
穿山港 5#	出现频次/次	489	125	8	0
	出现频率/（%）	78.6	20.1	1.3	0
臻德环保码头 2#	出现频次/次	419	58	0	0
	出现频率/（%）	88.6	11.4	0	0

由表 4.4-3 得出如下结论。

（1）港区各站不高于 1 kn 流速的场合达 44.5%~88.6%的比率；流速为 1~2 kn 的出现场合有 11.4%~44.8%的比率，流速为 2~3 kn 的出现场合有 0~10.7%的比率，大于 3 kn 的流速调查期间未出现。

（2）从各站点具体分析，以臻德环保码头 2#站所测流速最小，该站点未出现 2 kn 以上流速，其他各站 2~3 kn 流速均有出现，但是 3 kn 以上流速未出现。穿山港 1#站所测流速多数小于 2 kn，其中小于 1 kn 出现频率为 44.5%，流速为 1~2 kn 出现频率为 44.8%，流速 2 kn 以上出现较少，流速为 2~3 kn 出现频率为 10.7%。穿山港 2#站所测流速也多数小于 2 kn，其中小于 1 kn 出现频率为 63.4%，流速为 1~2 kn 出现频率为 30.4%，流速为 2 kn 以上出现也较少，流速为 2~3 kn 出现频率为 6.4%。穿山港 3#站所测流速小于 1 kn 出现频率为 51.6%，流速为 1~2 kn 出现频率为 41.0%，流速为 2~3 kn 出现频率为 7.4%。穿山港 4#站所测流速小于 1 kn 出现频率为 49.5%，流速为 1~2 kn 出现频率为 42.4%，流速为 2~3 kn 出现频率为 8.1%。穿山港 5#站所测流速小于 1 kn 出现频率为 78.6%，流速为 1~2 kn 出现频率为 20.1%，流速为 2~3 kn 出现频率为 1.3%。臻德环保码头 2#站所测流速小于 1 kn 出现频率为 88.6%，流速为 1~2 kn 出现频率为 11.4%，2 kn 以上未出现。

从以上测点分析可知，位于穿山港区东首的臻德环保码头 2#站附近水域流速较小，未出现 2 kn 以上流速，其他几个测站 2 kn 以上流速均有出现，但频率不大。

表 4.4-4　各站垂向平均在各方向上出现频次、频率统计

测站	项目	方位															
		N	NNE	NE	ENE	E	ESE	SE	SSE	S	SSW	SW	WSW	W	WNW	NW	NNW
穿山港 1#	频次/次	0	4	11	9	3	38	18	8	6	7	39	26	51	54	67	5
	频率/（%）	0	1.2	3.2	2.6	0.9	11.0	5.2	2.3	1.7	2.0	11.3	7.5	14.7	15.6	19.4	1.4
穿山港 2#	频次/次	5	0	6	60	62	22	14	12	10	18	40	108	44	19	2	1
	频率/（%）	1.2	0	1.4	14.2	14.7	5.2	3.3	2.8	2.4	4.3	9.5	25.5	10.4	4.5	0.5	0.2
穿山港 3#	频次/次	0	3	18	236	78	23	18	13	14	11	33	49	24	1	4	0
	频率/（%）	0	0.6	3.4	45.0	14.9	4.4	3.4	2.5	2.7	2.1	6.3	9.3	4.6	0.2	0.8	0.0
穿山港 4#	频次/次	17	6	50	191	53	27	17	14	18	16	37	25	19	14	9	8
	频率/（%）	3.3	1.2	9.6	36.7	10.2	5.2	3.3	2.7	3.5	3.1	7.1	4.8	3.6	2.7	1.7	1.5
穿山港 5#	频次/次	26	16	64	229	89	23	5	8	15	22	49	37	16	7	8	8
	频率/（%）	4.2	2.6	10.3	36.8	14.3	3.7	0.8	1.3	2.4	3.5	7.9	5.9	2.6	1.1	1.3	1.3
臻德环保码头 2#	频次/次	3	8	2	8	7	35	76	23	14	13	10	16	58	101	80	23
	频率/（%）	0.6	1.7	0.4	1.7	1.5	7.3	15.9	4.8	2.9	2.7	2.1	3.4	12.2	21.2	16.8	4.8

表 4.4-4 给出了港区各站垂直平均流向在 16 个不同方位上出现频次、频率的统计。

由表 4.4-4 可知，位于北仑四期集装箱码头前沿的穿山港 1#站涨潮流在 NW 方位上出现的比率较大，占 19.4%；位于远东码头前沿的穿山港 2#站涨潮流在 WSW 方位上出现的比率较大，占 25.5%；位于中宅码头前沿的穿山港 3#站涨潮流在 WSW 方位上出现的比率较大，占 9.3%；位于 LNG 码头前沿的穿山港 4#站涨潮流在 SW 方位上出现的比率较大，占 7.1%；位于光明码头前沿的穿山港 5#站涨潮流在 SW 方位上出现的比率较大，占 7.9%；臻德环保码头前沿 2#站涨潮流在 WNW 方位上出现的比率较大，占 21.2%；其他涨潮流各向比率均较小。

港区码头前沿测站落潮流分布如下：位于北仑四期集装箱码头前沿的穿山港 1#站落潮流在 ESE 方位上出现的比率较大，占 11.0%；位于远东码头前沿的穿山港 2#站落潮流在 E 方位上出现的比率较大，占 14.7%；位于中宅码头前沿的穿山港 3#站落潮流在 ENE 方位上出现的比率较大，占 45%；位于 LNG 码头前沿的穿山港 4#站落潮流在 ENE 方位上出现的比率较大，占 36.7%；位于光明码头前沿的穿山港 5#站落潮流在 ENE 方位上出现的比率较大，占 36.9%；位于臻德环保码头前沿 2#站落潮流在 SE 方位上出现的比率较大，占 15.9%；其他落潮流各向比率均较小。

再分析各站点的各向频率分布：北仑四期集装箱码头和远东码头前沿测站的涨潮流流矢数均大于落潮流流矢数，且具有涨潮流极值流速大于落潮流极值流速，既表征了涨、落潮流的不对称性，显示了涨潮流占优势的特征，位于东首的臻德环保码头 2#站也具有该特征；中宅码头、LNG 码头、光明码头前沿测站的落潮流流矢数均大于涨潮流流矢数，其中中宅码头、LNG 码头具有落潮流极值流速大于涨潮流极值流速，既表征了涨、落潮流的不对称性，显示了落潮流占优势的特征，光明码头水域因地理环境特点，特征不同前面两站。从各站流矢量分布来看，多数站 16 方位均有分布，较为分散，但也有相对集中区域所占比例较大，有些方位出现概率较低，故测区流况还是具有较为显著的往复流特征，港区西侧水域站点涨潮流占优势，港区东侧水域站点落潮流占优势。

4.4.3　涨、落潮流历时统计

为了较为准确地判别穿山港区各测站涨、落潮流的历时，主要结合各站点的"流速、流向、潮位过

程线图"进行综合分析。表4.4-5为港区各站大、中、小潮垂向平均涨、落潮流历时统计。其中穿山港4# 站小潮汛、穿山港5#站中小潮期间、臻德环保2#站中小潮汛潮流现象复杂，未做统计分析，用"—"表示。

表4.4-5　港区各站涨、落潮流历时统计

潮汛	测站	一潮		二潮		两潮平均	
		涨潮历时	落潮历时	涨潮历时	落潮历时	涨潮历时	落潮历时
大潮	穿山港 1#	9 h00 min	3 h00 min	9 h30 min	3 h00 min	9 h15 min	3 h00 min
	穿山港 2#	7 h00 min	5 h00 min	8 h00 min	4 h00 min	7 h30 min	4 h30 min
	穿山港 3#	5 h00 min	8 h15 min	4 h15 min	7 h30 min	4 h38 min	7 h53 min
	穿山港 4#	1 h30 min	10 h30 min	1 h30 min	11 h00 min	1 h30 min	10 h45 min
	穿山港 5#	2 h45 min	10 h00 min	2 h00 min	10 h00 min	2 h23 min	10 h00 min
	臻德环保码头 2#	9 h00 min	3 h15 min	9 h45 min	2 h00 min	9 h23 min	2 h38 min
中潮	穿山港 1#	9 h15 min	3 h15 min	9 h30 min	2 h30 min	9 h23 min	2 h53 min
	穿山港 2#	7 h00 min	5 h45 min	6 h30 min	5 h30 min	6 h45 min	5 h38 min
	穿山港 3#	4 h30 min	9 h15 min	3 h15 min	7 h30 min	3 h53 min	8 h23 min
	穿山港 4#	3 h15 min	9 h30 min	3 h00 min	8 h15 min	3 h08 min	8 h53 min
	穿山港 5#	—	—	—	—	—	—
	臻德环保码头 2#	—	—	—	—	—	—
小潮	穿山港 1#	8 h45 min	4 h00 min	8 h30 min	4 h00 min	8 h38 min	4 h00 min
	穿山港 2#	7 h45 min	4 h30 min	8 h30 min	4 h45 min	8 h08 min	4 h38 min
	穿山港 3#	3 h45 min	9 h00 min	3 h00 min	9 h15 min	3 h23 min	9 h08 min
	穿山港 4#	—	—	—	—	—	—
	穿山港 5#	—	—	—	—	—	—
	臻德环保码头 2#	—	—	—	—	—	—

由表4.4-5可知，穿山港区各站的涨落潮流特征并不一致，港区西侧水域以平均涨潮流历时明显长于平均落潮流历时为主要特征，而港区东侧水域则以平均落潮流历时明显长于平均涨潮流历时为主要特征，另位于穿山半岛东首长柄嘴附近的臻德环保码头2#站也表现为平均涨潮流历时明显长于平均落潮流历时的特征。

大、中、小潮期间穿山港1#站平均涨潮流历时明显长于平均落潮流历时。大潮期间，穿山港1#站平均涨潮流历时为9 h15 min，平均落潮流历时为3 h，涨落历时差为6 h15 min；中潮期间，穿山港1#站平均涨潮流历时为9 h23 min，平均落潮流历时为2 h53 min，涨落历时差为6 h30 min；小潮期间，穿山港1#站平均涨潮流历时为8 h38 min，平均落潮流历时为4 h，涨落历时差为4 h38 min。

穿山港2#站在大、中、小潮期间平均涨潮流历时略长于平均落潮流历时。大潮期间，穿山港2#站平均涨潮流历时为7 h30 min，平均落潮流历时为4 h30 min，涨落历时差为3 h；中潮期间，穿山港2#站平均涨潮流历时为6 h45 min，平均落潮流历时为5 h38 min，涨落历时差为1 h07 min；小潮期间，穿山港2#站平均涨潮流历时为8 h8 min，平均落潮流历时为4 h38 min，涨落历时差为3 h30 min。

穿山港3#站在大、中、小潮期间平均落潮流历时长于平均涨潮流历时，与穿山港1#、穿山港2#站明显不同。大潮期间，穿山港3#站平均涨潮流历时为4 h38 min，平均落潮流历时为7 h53 min，涨落历时差为3 h15 min；中潮期间，穿山港3#站平均涨潮流历时为3 h53 min，平均落潮流历时为8 h23 min，涨落历

时差为 4 h30 min；小潮期间，穿山港 3#站平均涨潮流历时为 3 h23 min，平均落潮流历时为 9 h08 min，涨落历时差为 5 h45 min。

穿山港 4#站在大、中潮期间平均落潮流历时长于平均涨潮流历时，小潮汛潮流变化较多，未具体分析涨落情况。大潮期间，穿山港 4#站平均涨潮流历时为 1 h30 min，平均落潮流历时为 10 h45 min，涨落历时差为 9 h15 min；中潮期间，穿山港 3#站平均涨潮流历时为 3 h8 min，平均落潮流历时为 8 h53 min，涨落历时差为 5 h45 min。

穿山港 5#站位于穿山半岛东首，该区域岸线复杂多变，从潮流曲线来看，大潮期间平均落潮流历时长于平均涨潮流历时，中、小潮汛潮流变化较多，未具体分析涨落情况。大潮期间，穿山港 5#站平均涨潮流历时为 2 h23 min，平均落潮流历时为 10 h00 min，涨落历时差为 7 h37 min。

臻德环保码头 2#站也位于穿山半岛东首，离穿山港 5#站水域较近，该区域岸线也是复杂多变，从潮流曲线来看，大潮期间平均涨潮流历时长于平均落潮流历时，该特点与穿山港 5#站不同，中、小潮汛潮流变化较多，未具体分析涨落情况。大潮期间，臻德环保码头 2#站平均涨潮流历时为 9 h23 min，平均落潮流历时为 2 h38 min，涨落历时差为 6 h45 min。

从上述分析可知，穿山港区各站的涨落历时情况各有不同，而位于东侧水域的 3 个临时观测站穿山港 4#、穿山港 5#、臻德环保码头 2#站的潮流现象变化较多，特别是在中小潮汛时现象更为复杂。

4.4.4　潮位与潮流相关分析

为了更好地把握穿山港区各码头测站的潮流特征，下面将各站点的潮流情况与附近长期站的潮位联合起来进行分析，长期潮位站选择了镇海海洋站和北仑海洋站，其中臻德环保码头 2#流速较小，且中、小潮汛潮流变化较为复杂，故不具体分析该站与潮位的关系。

从图 4.4-1 可知，穿山港 1#站大潮期间涨潮流流速较大，流速实测有超过 2 kn，且有 2~3 个峰值，而落潮流流速明显小于涨潮流流速，最大差值约 1 kn。与镇海海洋站相比，大潮期间，穿山港 1#站落潮流转涨潮流处于镇海海洋站低潮前约 2 h45 min~3 h，涨急处于镇海海洋站低潮后 45 min~1 h30 min；涨潮流转落潮流处于镇海海洋站高潮附近，落急处于镇海海洋站高潮后 1 h45 min~2 h。与北仑海洋站相比，大潮期间，穿山港 1#站落潮流转涨潮流处于北仑海洋站低潮前约 1 h50 min，涨急处于北仑海洋站低潮后 1 h45 min~2 h40 min；涨潮流转落潮流处于北仑海洋站高潮后 1 h20 min~2 h，落急处于北仑海洋站高潮后 3 h20 min~4 h。

穿山港 1#站中潮期间涨潮流流速仍较大，实测流速有超过 2 kn，但比大潮明显少些，仍有 2 个峰值，落潮流流速明显小于涨潮流流速，基本小于 1 kn。与镇海海洋站相比，中潮期间，穿山港 1#站落潮流转涨潮流处于镇海海洋站低潮前约 2 h30 min~2 h50 min，涨急处于镇海海洋站低潮后 10~30 min；涨潮流转落潮流处于镇海海洋站高潮附近及高潮后 40 min，落急处于镇海海洋站高潮后 2 h~2 h40 min。与北仑海洋站相比，中潮期间，穿山港 1#站落潮流转涨潮流处于北仑海洋站低潮前约 1 h20 min~1 h40 min，涨急处于北仑海洋站低潮后 1 h20 min~1 h40 min；涨潮流转落潮流处于北仑海洋站高潮后 1 h10 min~2 h20 min，落急处于北仑海洋站高潮后 3 h10 min~4 h20 min。

从穿山港 1#站小潮期间涨潮流速仍较大，但流速基本小于 2 kn，仍有多个峰值，落潮流速略小于涨潮流速，但流速比大、中潮汛略大，出现大于 1 kn 较多。与镇海海洋站相比，小潮期间，穿山港 1#站落潮流转涨潮流处于镇海海洋站低潮前约 1 h35 min~2 h15 min，涨急处于镇海海洋站低潮后 2 h15 min~2 h40 min；涨潮流转落潮流处于镇海海洋站高潮前 20 min 至高潮后 30 min，落急处于镇海海洋站高潮后 1 h40 min~2 h30 min。与北仑海洋站相比，小潮期间，穿山港 1#站落潮流转涨潮流处于北仑海洋站低潮前约 30~40 min，涨急处于北仑海洋站低潮后约 3 h50 min；涨潮流转落潮流处于北仑海洋站高潮后 1~

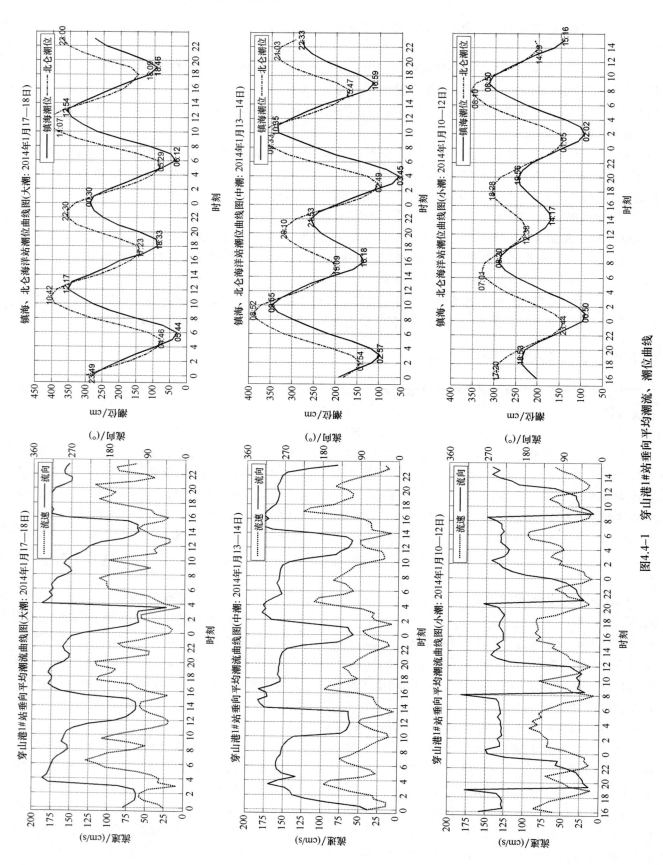

图4.4−1　穿山港1#站垂向平均潮流、潮位曲线

2 h，落急处于北仑海洋站高潮后 3~4 h。

从图 4.4-2 可知，穿山港 2#站大潮期间涨潮流流速仍较大，流速有测到超过 2 kn，有 2 个峰值，落潮流流速明显小于涨潮流流速，基本小于 1 kn。与镇海海洋站相比，大潮期间，穿山港 2#站落潮流转涨潮流处于镇海海洋站低潮前约 2 h15 min~2 h30 min，涨急处于镇海海洋站低潮前 1 h30 min 至低潮后 15 min；涨潮流转落潮流处于镇海海洋站高潮前 1 h45 min~1 h，落急处于镇海海洋站高潮后 1 h15 min~2 h30 min。与北仑海洋站相比，大潮期间，穿山港 2#站落潮流转涨潮流处于北仑海洋站低潮前约 1 h20 min，涨急处于北仑海洋站低潮前 20 min 至低潮后 1 h15 min；涨潮流转落潮流处于北仑海洋站高潮前 10 min 至高潮后 1 h，落急处于北仑海洋站高潮后 2 h50 min~4 h30 min。

穿山港 2#站中潮期间涨潮流流速明显小于大潮，流速也多数小于 2 kn，涨潮期间仍有 2 个峰值，涨潮流流速仍明显大于落潮流流速，落潮流流速基本小于 1 kn。与镇海海洋站相比，中潮期间，穿山港 2#站落潮流转涨潮流处于镇海海洋站低潮前约 1 h30 min~2 h15 min，涨急处于镇海海洋站低潮前 30~45 min；涨潮流转落潮流处于镇海海洋站高潮前 1 h~1 h30 min，落急处于镇海海洋站高潮后 2 h30 min~3 h。与北仑海洋站相比，中潮期间，穿山港 2#站落潮流转涨潮流处于北仑海洋站低潮前约 1 h10 min~30 min，涨急处于北仑海洋站低潮后 20~30 min；涨潮流转落潮流处于北仑海洋站高潮时附近及高潮后 1 h20 min，落急处于北仑海洋站高潮后 3 h30 min~4 h50 min。

穿山港 2#站小潮期间涨落潮流流速明显减小，多数小于 1 kn。与镇海海洋站相比，小潮期间，穿山港 2#站落潮流转涨潮流处于镇海海洋站低潮前约 1 h50 min~2 h15 min，涨急处于镇海海洋站低潮后 10~15 min；涨潮流转落潮流处于镇海海洋站高潮前 1 h 至高潮后 20 min，落急处于镇海海洋站高潮后 2 h30 min~2 h40 min。与北仑海洋站相比，小潮期间，穿山港 2#站落潮流转涨潮流处于北仑海洋站低潮前约 45 min，涨急处于北仑海洋站低潮后 1 h15 min~1 h50 min；涨潮流转落潮流处于北仑海洋站高潮后 15 min~1 h45 min，落急处于北仑海洋站高潮后 4 h。

从图 4.4-3 可知，穿山港 3#站大潮期间落潮流流速较大，流速有超过 2 kn，存在多个峰值，涨潮流流速小于落潮流流速。与镇海海洋站相比，大潮期间，穿山港 3#站落潮流转涨潮流处于镇海海洋站低潮前约 1 h20 min~1 h45 min，涨急处于镇海海洋站低潮前 15 min 至低潮后 3 h10 min；涨潮流转落潮流处于镇海海洋站高潮前 2 h30 min~3 h，落急处于镇海海洋站高潮后 2 h50 min~3 h30 min。与北仑海洋站相比，大潮期间，穿山港 3#站落潮流转涨潮流处于北仑海洋站低潮前约 45 min~1 h，涨急处于北仑海洋站低潮后 25 min~3 h30 min；涨潮流转落潮流处于北仑海洋站高潮前约 1 h，落急处于北仑海洋站高潮后 4 h40 min~5 h。

穿山港 3#站中潮期间落潮流流速仍较大，但多数小于 2 kn，涨潮流流速小于落潮流流速。与镇海海洋站相比，中潮期间，穿山港 3#站落潮流转涨潮流处于镇海海洋站低潮时及低潮后 1 h15 min，涨急处于镇海海洋站低潮后约 2 h40 min；涨潮流转落潮流处于镇海海洋站高潮前 1 h10 min~2 h，落急处于镇海海洋站高潮 2 h25 min~2 h50 min。与北仑海洋站相比，中潮期间，穿山港 3#站落潮流转涨潮流处于北仑海洋站低潮后 40 min~2 h35 min，涨急处于北仑海洋站低潮后 3 h15 min~4 h；涨潮流转落潮流处于北仑海洋站高潮前 10~50 min，落急处于北仑海洋站高潮后约 3 h40 min。

穿山港 3#站小潮期间落潮流流速仍较大，与中潮差异不大，有多个峰值，涨潮流流速明显小于落潮流流速，基本小于 0.5 kn。与镇海海洋站相比，小潮期间，穿山港 3#站涨潮流转落潮流处于镇海海洋站高潮前 35 min 至高潮时，落急处于镇海海洋站高潮后 3 h25 min~4 h；落潮流转涨潮流处于镇海海洋站低潮后约 2 h10 min~3 h15 min，涨潮流时段流速较缓。与北仑海洋站相比，小潮期间，穿山港 3#站涨潮流转落潮流处于北仑海洋站高潮后约 40 min，落急处于北仑海洋站高潮后 4 h50 min~5 h20 min；落潮流转涨潮流处于北仑海洋站低潮后约 3 h40 min~4 h10 min，涨潮流时段流速较缓。

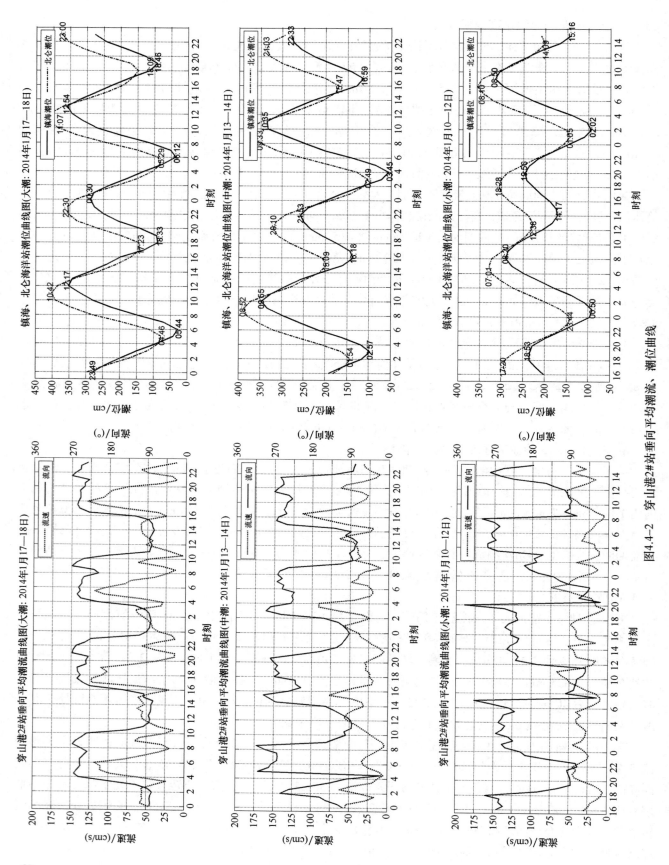

图4.4-2 穿山港2#站垂向平均潮流、潮位曲线

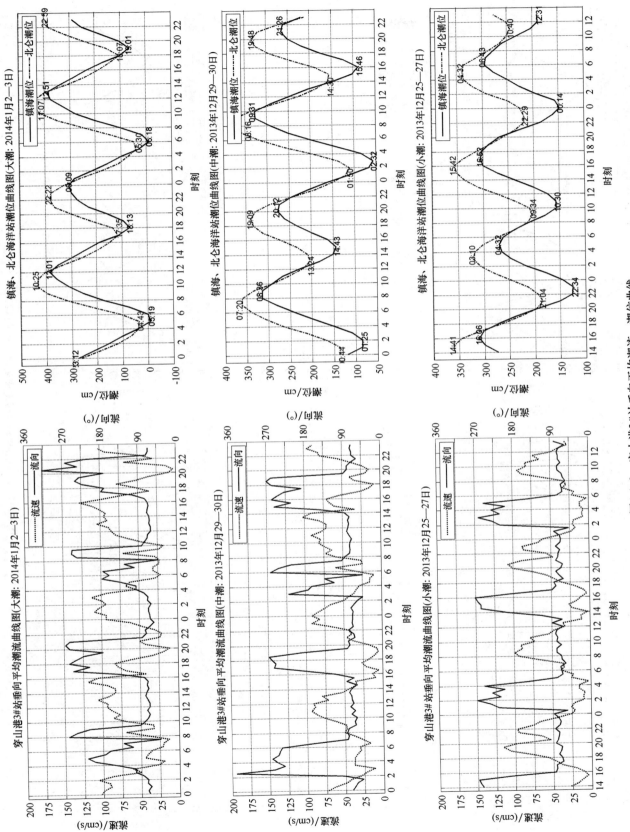

图4.4-3　穿山港3#站垂向平均潮流、潮位曲线

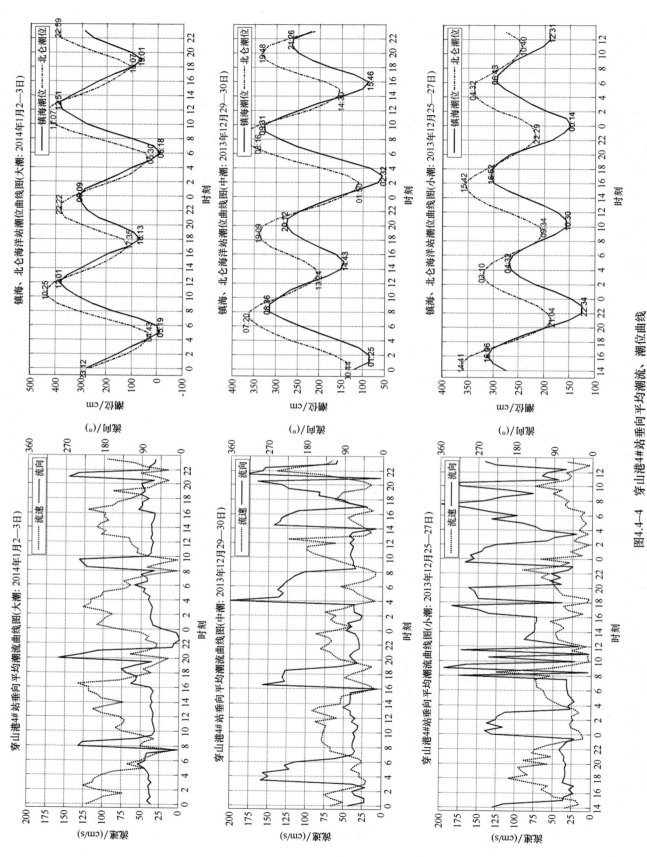

图4.4-4 穿山港4#站重向平均潮流、潮位曲线

从图 4.4-4 可知，穿山港 4#站大潮期间落潮流流速较大，实测流速有超过 2 kn，有多个峰值，落潮流流速明显大于涨潮流流速，涨潮流流速较小，基本小于 1 kn，且涨潮流历时较短。与镇海海洋站相比，大潮期间，穿山港 4#站落潮流转涨潮流处于镇海海洋站低潮后约 1 h30 min~2 h10 min，涨急处于镇海海洋站低潮后 2 h15 min~2 h40 min；涨潮流转落潮流处于镇海海洋站高潮前 2 h40 min~3 h，落急处于镇海海洋站高潮后 2 h50 min~4 h30 min。与北仑海洋站相比，大潮期间，穿山港 4#站落潮流转涨潮流处于北仑海洋站低潮后 2 h10 min~2 h45 min，涨急处于北仑海洋站低潮后 2 h55 min~3 h15 min；涨潮流转落潮流处于北仑海洋站高潮前 50 min 至高潮前 1 h25 min，落急处于北仑海洋站高潮后 4 h40 min~6 h5 min。

穿山港 4#站中潮期间落潮流流速仍较大，但多数小于 2 kn，有多个峰值，落潮流流速明显大于涨潮流流速，涨潮流流速较小，基本小于 1 kn，且涨潮流历时较短，但比大潮期间略长。与镇海海洋站相比，中潮期间，穿山港 4#站落潮流转涨潮流处于镇海海洋站低潮后约 1 h~1 h35 min，涨急处于镇海海洋站低潮后 2 h45 min~3 h35 min；涨潮流转落潮流处于镇海海洋站高潮前 1 h10 min~2 h，落急处于镇海海洋站高潮后 3 h20 min~4 h25 min。与北仑海洋站相比，中潮期间，穿山港 4#站落潮流转涨潮流处于北仑海洋站低潮后约 2 h15 min，涨急处于北仑海洋站低潮后约 4 h10 min；涨潮流转落潮流处于北仑海洋站高潮前 10~50 min，落急处于北仑海洋站高潮后 4 h20 min~5 h50 min。

穿山港 4#站小潮期间落潮流流速仍较大，但多数小于 2 kn，有多个峰值，落潮流流速大于涨潮流流速，从流向来看，变化较多，现象复杂，潮流与潮位之间的关系较难把握，此处不做具体分析。

从图 4.4-5 可知，穿山港 5 #站大潮期间涨、落潮流流速差异不大，也均小于 2 kn，存在多个峰值，可见该区域的潮流情况也较为复杂。整个涨落过程中，落潮流历时仍较长。

与镇海海洋站相比，大潮期间，穿山港 5#站落潮流转涨潮流处于镇海海洋站低潮后约 10 min，涨急处于镇海海洋站低潮后 1 h15 min~1 h40 min；涨潮流转落潮流处于镇海海洋站高潮前约 3 h40 min，落急处于镇海海洋站高潮后 20 min~5 h。与北仑海洋站相比，大潮期间，穿山港 5#站落潮流转涨潮流处于北仑海洋站低潮后约 50 min，涨急处于北仑海洋站低潮后 1 h55 min~2 h15 min；涨潮流转落潮流处于北仑海洋站高潮前 1 h50 min~2 h10 min，落急处于北仑海洋站高潮后 2 h10 min~6 h35 min。

穿山港 5#站中潮期间落潮流流速偏大些，但流速均小于 2 kn，有多个峰值，落潮流流速明显大于涨潮流流速。整个潮周期，流向变化存在多个波动，该区域潮流复杂，涨潮流过程中出现 2~3 h 的落潮流情况，下面主要就落潮时段进行分析。与镇海海洋站相比，中潮期间，穿山港 5#站落潮流转涨潮流处于镇海海洋站低潮后约 15~35 min，涨潮流期间较复杂，存在流向多变现象，涨潮流转落潮流处于镇海海洋站高潮后 55 min~1 h5 min，落急处于镇海海洋站高潮后 3 h55 min~4 h20 min。与北仑海洋站相比，中潮期间，穿山港 5#站落潮流转涨潮流处于北仑海洋站低潮后约 1 h15 min~1 h35 min，涨潮流转落潮流处于北仑海洋站高潮后 2 h10 min，落急处于北仑海洋站高潮后 5 h10 min~5 h20 min。

穿山港 5#站小潮期间落潮流流速较大，流速小于 2 kn，有多个峰值，落潮流流速明显大于涨潮流流速，涨潮流期间流速较小，多数小于 0.5 kn，与中潮相比，流速更小，仍要注意在涨潮流时段流向有转变，下面主要就落潮流时段情况进行分析。与镇海海洋站相比，小潮期间，穿山港 5#站涨潮流转落潮流处于镇海海洋站高潮后约 1 h25 min，落急处于镇海海洋站高潮后 3 h30 min~6 h25 min，落潮流转涨潮流处于镇海海洋站低潮后约 40 min。与北仑海洋站相比，小潮期间，穿山港 5#站涨潮流转落潮流处于北仑海洋站高潮后约 2 h50 min，落急处于北仑海洋站高潮后 4 h50 min~7 h50 min，落潮流转涨潮流处于北仑海洋站低潮后 1 h25 min~2 h10 min。

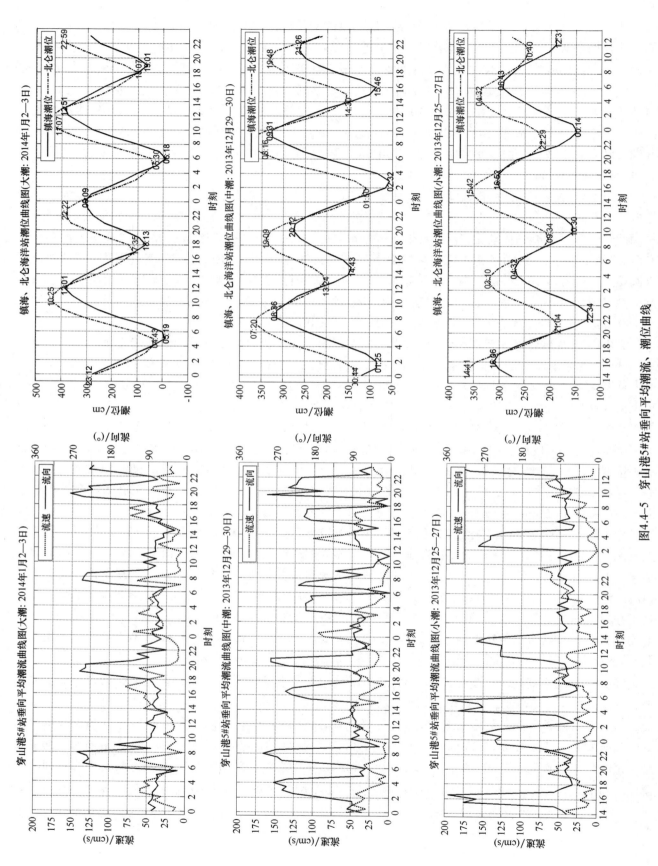

图4.4-5 穿山港5#站垂向平均潮流、潮位曲线

4.4.5　余流分析

根据潮流的准调和分析，还可获得穿山港区各站、层和垂向平均余流的大小和方向。现将各测站大、中、小潮汛测层及垂向平均余流的流速、流向的计算结果一并列入表4.4-6中，以供分析比较。

表 4.4-6　港区大、中、小潮各站、层余流的统计

测站	潮汛	表层		5 m 层		10 m 层		15 m 层		垂直平均	
		余流流速/(cm/s)	余流流向/(°)	余流流速/(cm/s)	余流流向/(°)	余流流速/(cm/s)	余流流向/(°)	余流流速/(cm/s)	余流流向/(°)	余流流速/(cm/s)	余流流向/(°)
臻德环保码头 2#	大潮	16	303	14	304	14	308	16	303	17	302
	中潮	15	285	16	291	18	289	19	289	17	290
	小潮	11	133	8	139	5	155	2	143	4	162
穿山港 1#	大潮	22	249	27	247	28	245	28	244	36	293
	中潮	18	286	23	279	28	277	31	276	27	278
	小潮	22	249	27	246	28	245	28	244	26	245
穿山港 2#	大潮	14	221	13	217	16	224	18	229	18	224
	中潮	16	150	16	152	13	143	9	149	10	162
	小潮	10	167	12	163	10	161	10	176	9	185
穿山港 3#	大潮	42	84	41	78	38	77	42	79	39	79
	中潮	39	86	38	83	37	86	38	79	34	81
	小潮	42	84	41	78	38	77	42	79	36	84
穿山港 4#	大潮	61	70	60	69	57	66	58	65	55	70
	中潮	43	72	46	70	43	71	4	71	37	78
	小潮	36	62	36	57	35	59	34	48	27	58
穿山港 5#	大潮	22	81	21	77	20	78	20	78	19	78
	中潮	28	76	27	74	24	74	21	73	19	75
	小潮	33	67	31	66	31	65	25	73	22	72

由表4.4-6可知，本测区余流分布、变化特征，总体上存在着较好的规律。

（1）从余流量值来看，穿山港区水域量值较大，各层间最大余流为58~61 cm/s，各站间最大余流为18~61 cm/s，其中LNG码头水域测站的余流偏大，如穿山港4#站垂向平均余流大、中、小潮汛分别为55 cm/s、37 cm/s、27 cm/s；其次为中宅码头前沿测站，穿山港3#站垂向平均余流大、中、小潮汛分别为39 cm/s、34 cm/s、36 cm/s，其他各站均比这两个测站小。

（2）从余流流向分析，该港区存在显著的涨、落潮流不对称性，且各站存在差异，北仑四期码头前沿穿山港1#站的余流方向都趋向于强势的涨潮流方向，而穿山港3#、穿山港4#、穿山港5#站水域都趋向于落潮流方向，另穿山港2#站大、中、小潮汛余流方向不完全一致，臻德环保码头2#站在大、中潮汛时余流表现为涨潮流，小潮汛时余流表现为落潮流。

（3）在余流的垂直分布上，港区各站上、下层的余流差别较小。

（4）从大、中、小潮来比较，多数站点以大、中潮余流最大、小潮余流较小为基本特征，但差值不大。

4.4.6 潮流性质

4.4.6.1 潮流中主要半日分潮流的椭圆要素

港区各站潮流椭圆要素的计算，主要用于了解各站的潮流组成及其变化特征。通过各个分潮流的椭圆长半轴（最大分潮流）、短半轴（最小分潮流）、椭圆率、椭圆长轴方向（最大分潮流方向）等要素的计算，可进一步分析与比较测区潮流组成中各个分潮流运动的基本规律。

计算结果表明，由于主要半日分潮流 M_2 和 S_2 在上述 6 个准调和分潮流中占据主导成分，故在表 4.4-7 中给出了港区各站垂向平均的这两个分潮流几项主要椭圆要素的统计。

表 4.4-7　港区各站垂向平均的主要半日分潮流椭圆要素统计

站名	分潮							
	M_2				S_2			
	最大分潮流（长半轴）/（cm/s）	最小分潮流（短半轴）/（cm/s）	椭圆率（K）	最大分潮流方向/（°）	最大分潮流（长半轴）/（cm/s）	最小分潮流（短半轴）/（cm/s）	椭圆率（K）	最大分潮流方向/（°）
臻德环保码头 2#	24.67	5.98	0.24	127~307	10.03	3.02	0.30	135~315
穿山港 1#	53.8	32.2	0.60	83~263	42.9	0.3	0.01	160~340
穿山港 2#	43.6	8.9	−0.20	68~248	30.7	3.2	−0.10	80~260
穿山港 3#	46.1	8.3	−0.18	73~253	29.1	4.4	0.15	62~242
穿山港 4#	40.0	4.3	−0.11	47~223	29.2	1.6	−0.05	59~239
穿山港 5#	26.2	5.1	−0.19	61~241	4.0	1.0	−0.26	26~206

从表 4.4-7 中这两个主要分潮流的椭圆率（椭圆长、短轴之比）来看，M_2 分潮流的椭圆率介于 0.11~0.60，具体分析北仑四期集装箱码头外 500 m 的穿山港 1# 站 M_2 分潮流椭圆率大于 0.25，为 0.60，其余均小于 0.25；S_2 分潮流的椭圆率绝对值介于 0.01~0.30，其中臻德环保码头 2# 站的 S_2 分潮流椭圆率为 0.30，其余多接近或小于 0.25，因此可认为本港区仍以往复流为主要特征，有些观测站点受局地地形影响，潮流表现有些复杂，使得椭圆率的绝对值偏大。

由表中最大分潮流对应的方向来看，M_2 最大分潮流方向介于 47°~127° 和 223°~307°，S_2 最大分潮流方向介于 26°~160° 和 206°~340°，两个主要分潮涨、落方向基本一致，故对各站涨、落潮的主流向具有关键的控制作用。

从椭圆率的"+""−"符号来看，"+"为逆时针左旋方向，"−"为顺时针右旋方向，可知各站 M_2 和 S_2 潮流的旋转方向有时一致。穿山港 1# 站和臻德环保码头 2# 站的 M_2、S_2 潮流的椭圆率均为正值，穿山港 2#、穿山港 4#、穿山港 5# 站的 M_2、S_2 潮流的椭圆率多数为负值。

4.4.6.2 测区潮流类型

通常，潮流性质（或类型）多以主要全日分潮流 K_1 与 O_1 的椭圆长半轴之和与主要半日分潮流 M_2 的椭圆长半轴之比、即 $(W_{O1}+W_{K1})/W_{M2}$ 作为判据进行分类。为了考察浅海分潮流的大小与作用，往往又将四分之一日主要浅海分潮流 M_4 与半日分潮流 M_2 的椭圆长半轴之比、即 W_{M4}/W_{M2} 作为判据进行分析。为此，在上述潮流椭圆要素计算的基础上，表 4.4-8 列出了各站潮流性质（判据）计算结果的统计。

表 4.4-8　测区各站潮流性质（判据）计算结果统计

测站	表层		5 m 层		10 m 层		15 m 层		垂向平均	
	F'	G	F'	G	F'	G	F'	G	F'	G
臻德环保码头 2#	0.33	0.69	0.38	0.65	0.43	0.65	0.38	0.61	0.42	0.69
穿山港 1#	0.26	0.26	0.29	0.30	0.31	0.29	0.33	0.27	0.26	0.30
穿山港 2#	0.31	0.45	0.36	0.43	0.36	0.42	0.38	0.46	0.26	0.47
穿山港 3#	0.39	0.06	0.43	0.48	0.45	0.10	0.43	0.14	0.30	0.04
穿山港 4#	0.42	0.19	0.40	0.19	0.31	0.23	0.41	0.18	0.38	0.24
穿山港 5#	0.36	0.70	0.35	0.65	0.41	0.63	0.43	0.61	0.75	0.68

注：$F' = (W_{O1} + W_{K1}) / W_{M2}$，$G = W_{M4} / W_{M2}$。

由表 4.4-8 得出如下结论。

（1）港区各站、层的判据 $(W_{O1} + W_{K1}) / W_{M2}$，介于 0.26～0.45，均小于 0.50，故测区的潮流性质总体上属于正规半日潮流类型；

（2）港区各站、层的比值 W_{M4} / W_{M2} 明显较大，介于 0.06～0.70，均大于 0.04，表明测区中的浅海分潮流具有很大比重，故港区的潮性质最终应归属为非正规半日浅海潮类型；

（3）从港区各站垂向平均的 $(W_{O1} + W_{K1}) / W_{M2}$ 来看，其值介于 0.26～0.45，而 W_{M4} / W_{M2} 也介于 0.06～0.70，表明一个四分之一日的 M_4 浅海分潮流所占有的比重，竟可与两个全日分潮流之和的比重相当，因而本港区半日潮流变形极大，涨、落潮潮流之间存在着明显的不对称性。

4.5　港区潮流模拟结果分析

穿山港区位于位于穿山半岛东段的北侧岸线。穿山半岛位于宁波市北仑区，是浙江大陆的最东端。半岛北侧为螺头水道，南侧为佛渡水道，东侧为崎头洋（图 4.5-1）。

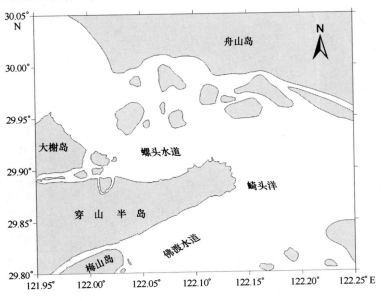

图 4.5-1　穿山港区地理位置

　　涨潮时，涨潮流由东南方向穿越舟山群岛到达穿山半岛以东的崎头洋并自东向西进入螺头水道，在大榭岛以东侧沿地形转向西北，再经金塘水道和册子水道向西北进入杭州湾；落潮时，落潮流路径与涨潮流基本相反，来自杭州湾的海水经金塘水道和册子水道到达大榭岛北部，然后沿大榭岛东南岸和穿山半岛北岸经螺头水道向东流入崎头洋，并绕过半岛东段向南和东南方向经舟山群岛回到外海（图4.5-2）。

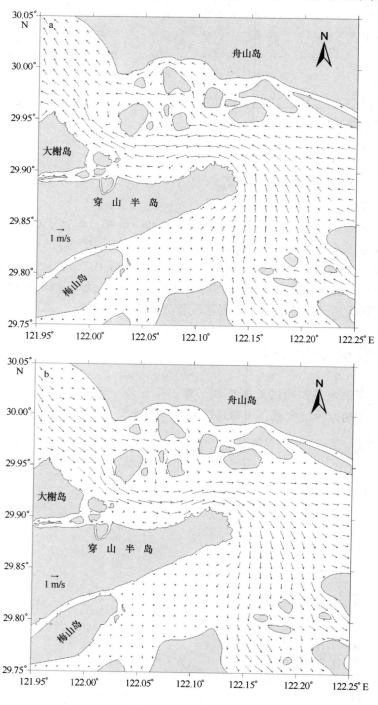

图4.5-2　穿山半岛周边海域大潮期间涨、落潮流数值模拟结果

a. 涨潮；b. 落潮

　　根据规划，穿山港区主要划分为集装箱码头区、大宗干散货及 LNG 码头区、通用散货码头区、液体散货码头区等，沿岸线远东、中宅、中海、光明、千和等公司的近 30 个码头泊位。

　　穿山半岛北岸紧邻螺头水道东端，水道内潮流往复特征明显，涨潮流为西向，落潮流为东向（图4.5-3）。水道内潮流较强，大潮期间最大潮流流速接近 4 kn，落潮流强于涨潮流。落潮流时长也长于涨潮流时长，涨潮流时长一般约为 6 h，落潮流时长一般约为 6.5 h。涨潮流的最大流速一般分别出现在高平潮前 1 h 左右，落潮流的最大流速一般分别出现在低平潮附近，最小流速一般出现在高平潮后 3 h 或低平潮后 2.5 h。

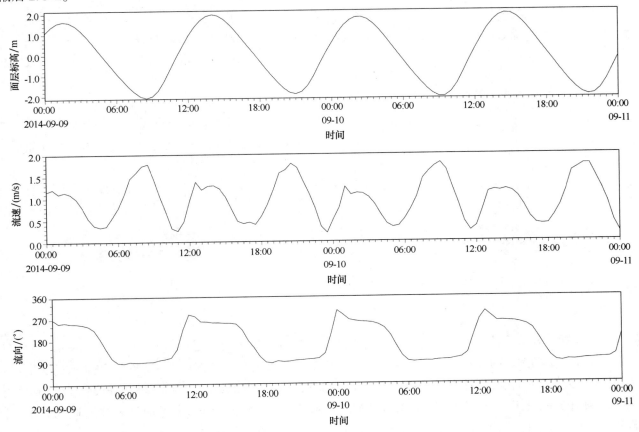

图 4.5-3　穿山港区北侧螺头水道东段大潮期间潮流数值模拟结果

　　穿山半岛北岸岸线曲折，海水在涨、落过程中与岸线作用，形成多个尺度不一的涡旋（图 4.5-4）。

　　涨潮时，海水自半岛东侧崎头洋进入螺头水道向西前行，由于半岛北岸的弧形走向以及西侧大榭岛的阻碍，北岸中、西部的水位逐渐抬升，在压强梯度力作用下，北岸沿岸中部产生了自西向东的回流，与水道的西向流一起形成了一个逆时针涡旋。涡旋呈椭圆形，长轴平行于岸线，直径约 3.5 km，短轴直径约 2.7 km，其形成于涨潮后约 2 h，在落潮后约 0.5 h 消失，持续时间约 4 h。此外，在长柄咀以东也存在着一个较小的椭圆形逆时针涡旋，长轴直径约 800 m，短轴直径约 500 m。

　　落潮时，海水在经螺头水道西段由西北向东南前行过程中，遇到沿 ENE—WSW 走向的穿山半岛北岸阻挡，向东转向，部分海水在北岸中部堆积，水位升高，形成指向偏西方向的压强梯度，致使海水在北岸中部沿海向西回流，形成一个椭圆形的顺时针涡旋。该涡旋出现于落潮开始后约 3.5 h，可持续至涨潮开始，持续时间约 3 h。涡旋形成初始，其椭圆长轴直径约为 3.5 km，大体沿 ESE—WNW 走向，之后长

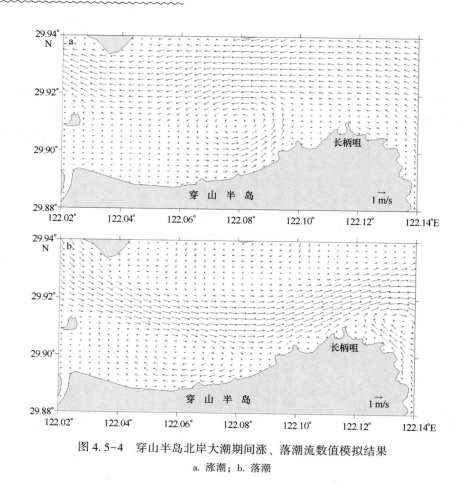

图 4.5-4　穿山半岛北岸大潮期间涨、落潮流数值模拟结果

a. 涨潮；b. 落潮

轴西端向大榭岛方向拉长，在涡旋消失前长轴直径可达 5 km。短轴尺度变化不大，为 1.5~2 km。长柄咀以东也存在一个椭圆形的顺时针涡旋，尺度也随时间变化，其出现于落潮伊始，消失于涨潮前的 2 h。该涡旋起初尺度较小，长、短轴直径分别约为 700 m 和 500 m，后逐渐扩展，消失前长、短轴直径分别约为 1.3 km 和 700 m。此外，在长柄咀以西和光明码头前沿等岸线凹陷海域也存在顺时针涡旋，但尺度和强度都很小。

　　总的来说，穿山港区近岸海域的潮流形态以涨潮时的逆时针涡旋和落潮时的顺时针涡旋为主要特征。由于涡旋的存在，近岸海域的潮流流向常与水道中的潮流流向相反。由于涨潮时的逆时针涡旋比落潮时的顺时针涡旋偏东，因此穿山港区中东部近岸海域潮流的落潮历时较长，港区中西部近岸海域潮流的涨潮历时较长。

4.6　小结

　　穿山港区潮汐类型为非正规半日浅海潮港，涨落潮具有不对称性，平均落潮历时长于涨潮历时，各站历时差约 50~64 min，平均潮差约 2.03~2.36 m。

　　穿山港区的潮流为非正规半日浅海潮类型，涨、落潮潮流之间存在着明显的不对称性，往复流特征明显。穿山港区西侧水域站点涨潮流占优势，港区东侧站点落潮流占优势。在大、中潮汛期间，位于穿山港区西侧水域的 1#、2# 站最大涨潮流流速明显大于东侧水域的 3#、4#、5# 及臻德环保码头 2# 站最大涨潮流流速。小潮期间，穿山港 1#站的最大涨潮流流速最大，其次为穿山港 4#测站。在大、中、小潮汛期间，位于穿山港区东侧水域的 3#、4#、5#站最大落潮流流速明显大于西侧水域的 1#、2#及臻德环保码头 2#站最大落潮流流速。

穿山港区东首的臻德环保码头 2#站附近水域流速较小，未出现 2 kn 以上流速，其他几个测站 2 kn 以上流速均有出现，但频率不大。

穿山港区余流量值较大，其中 LNG 码头水域测站的余流偏大。从余流流向分析，西侧的北仑四期码头前沿穿山港 1#站的余流方向都趋向于强势的涨潮流方向，东侧的穿山港 3#、穿山港 4#、穿山港 5#测站水域余流方向都趋向于落潮流方向。

从穿山港区的数值模拟结果来看，港区近岸海域的潮流形态以涨潮时的逆时针涡旋和落潮时的顺时针涡旋为主要特征。由于涡旋的存在，使得近岸海域的潮流流向常与水道中的潮流流向相反。由于涨潮时的逆时针涡旋比落潮时的顺时针涡旋偏东，因此穿山港区中东部近岸海域潮流的落潮流历时较长，港区中西部近岸海域潮流的涨潮流历时较长。

第5章　梅山港区潮汐潮流分析

5.1　港区基本情况

　　梅山港区范围为梅山岛东南侧岸线，如图 5.1-1 所示，自东向西划分为预留发展区、集装箱和通用 3 个作业区。集装箱作业区为梅山港区的核心港区，也是梅山保税港区港口作业区的主体，码头岸线长度 5 865 m。水深较好的东侧 3 955 m 岸线规划布置 10 万~15 万吨级集装箱泊位 10 个，已建 5 个，拐角 450 m 岸线已建 7 万吨级通用泊位 1 个，西侧 1 460 m 岸线规划布置 3 万~5 万吨级集装箱泊位 5 个。

图 5.1-1　梅山港区规划

5.2 数据来源

梅山港区潮汐特征以梅山码头附近设立的一个短期验潮站资料，借助镇海海洋站、北仑海洋站的长期验潮站资料进行分析。梅山码头临时观测点位置为29°46′05″N、122°00′04″E，观测时间为2010年11月30日至12月30日。

潮流特征分析主要选择4个参考站点，分别为位于梅山码头前沿的梅山4#、梅山5#、梅山6#、梅山7#，具体观测时间和站位如表5.2-1和图5.2-1所示。

表 5.2-1 梅山港区临时潮流站位

站名	实测站点	平均水深	调查时间
梅山 4#	29°45′46.0″N，122°00′00.2″E	43.8 m	2010 年 11 月 30 日至 12 月 10 日
梅山 5#	29°46′05.4″N，122°00′25.2″E	28.1 m	2010 年 11 月 29 日至 12 月 10 日
梅山 6#	29°46′22.1″N，122°00′57.8″E	22.7 m	小潮：2010 年 12 月 1—2 日 中潮：2010 年 12 月 4—5 日
梅山 7#	29°46′33.2″N，122°01′30.4″E	24.7 m	大潮：2010 年 12 月 8—9 日

图 5.2-1 梅山港区站点示意

5.3　港区潮汐特征分析

5.3.1　梅山码头潮汐与镇海海洋站、北仑海洋站关系分析

梅山码头位于梅山岛东侧，对面是佛渡岛，由于梅山码头收集的潮位资料为一个月左右的短期验潮资料，为更好地分析梅山港区实际的潮汐特征，引入了长期验潮站镇海海洋站和北仑海洋站同期的潮位资料做参考，现将短期验潮站和同期长期验潮站的实际潮位特征值进行统计分析，如表5.3-1所示。

表5.3-1　梅山码头临时潮位站、镇海海洋站和北仑海洋站实测潮汐特征值的统计

（2010年11月30日至12月30日）　　　　　　　　　　　　潮高基准：1985国家高程基准

测站	特征潮位/cm					特征潮差/cm			历时	
	最高	最低	平均高潮	平均低潮	平均海面	最大	最小	平均	平均涨潮	平均落潮
码头实测	257	−209	138	−108	10	409	106	247	5 h53 min	6 h32 min
北仑海洋站	217	−206	113	−110	4	382	93	224	5 h53 min	6 h31 min
镇海海洋站	223	−199	115	−102	14	377	86	218	6 h22 min	6 h02 min

由表5.3-1可知，梅山码头临时潮位站的最高潮位和平均高潮均较镇海海洋站和北仑海洋站偏高，最低潮位较镇海海洋站和北仑海洋站偏低，平均低潮介于两者之间，观测期间，三站的最高、最低潮位出现时间相同，均为2010年12月24日和12月5日。潮差方面，梅山码头临时潮位站的平均潮差、最大潮差、最小潮差均较同期镇海海洋站和北仑海洋站偏大；涨落潮历时上，码头临时潮位站与北仑海洋站非常一致，均为落潮历时长于涨潮历时，而镇海海洋站为涨潮历时长于落潮历时，与码头临时潮位站正好相反。

5.3.2　潮汐性质

按潮汐调和分析方法，对梅山码头临时潮位站为期31天的实测资料进行分析计算，可得M_m、M_{sf}、Q_1、O_1、P_1、K_1、N_2、M_2、S_2、K_2、M_4、MS_4、M_6等数十个分潮的调和常数。鉴于梅山码头与镇海海洋站在涨落潮历时上性质不同，同时在潮差上与北仑海洋站更为接近，因此在调和分析上，仅对北仑海洋站的长期资料进行调和分析，可得其包括上述数十个分潮在内的100余个分潮的调和常数。下面将两站分析结果中主要显著的分潮调和常数进行摘录与对比（表5.3-2）。

表5.3-2　梅山临时潮位站与北仑海洋站主要分潮调和常数

分潮		梅山临时潮位站		北仑海洋站	
名称	角速度（°/h）	H/cm	G/（°）	H/cm	G/（°）
$2Q_1$	12.854 286	0.46	132.76	0.49	112.28
Q_1	13.398 661	3.55	182.19	3.52	151.59
O_1	13.943 063	18.58	173.67	19.74	166.72
P_1	14.958 931	7.99	210.50	8.30	209.18

分潮		梅山临时潮位站		北仑海洋站	
名称	角速度（°/h）	H/cm	G/（°）	H/cm	G/（°）
K_1	15.041 069	28.95	209.30	30.07	207.98
J_1	15.585 443	1.93	301.00	1.66	249.94
MU_2	27.968 208	2.77	277.28	2.56	232.80
N_2	28.439 730	20.99	249.85	19.41	260.02
M_2	28.984 104	118.19	264.57	104.13	280.09
L_2	29.528 479	2.98	285.21	4.51	319.97
$T2$	29.958 933	3.05	307.32	3.59	327.76
S_2	30.000 000	51.68	309.02	44.14	322.22
K_2	30.082 137	14.35	304.69	12.26	317.89
M_3	43.476 156	2.70	344.46	1.60	348.89
MN_4	57.423 834	2.88	102.54	1.59	70.62
M_4	57.968 208	7.37	129.72	4.21	87.19
MS_4	58.984 104	5.20	167.46	3.45	138.01
S_4	60.000 000	1.73	187.20	1.20	192.65
$2MN_6$	86.407 938	1.14	202.52	1.50	204.25
M_6	86.952 313	2.46	221.16	2.78	231.31
$2MS_6$	87.968 209	3.03	266.45	3.46	272.18

在表 5.3-2 列出的 21 个天文分潮中，属于全日分潮的有 $2Q_1$、Q_1、O_1、P_1、K_1、J_1，属于半日分潮的有 MU_2、N_2、M_2、L_2、T_2、S_2、K_2，属于三分之一日分潮的有 M_3，属于四分之一日分潮的有 MN_4、M_4、MS_4、S_4，属于 1/6 日分潮的有 $2MN_6$、M_6、$2MS_6$，具有一定的代表性。从中不难看出，两站主要显著分潮振幅的量值相当接近，互差较小；两站分潮的迟角总体上也较接近，互差不大。

鉴于调和常数相对稳定的性质，为了进一步论证两站潮汐特征的一致性和满足本港区应用（港口运作和靠、离泊）的需要，利用这些调和常数进行了两站潮汐性质和航海潮信的计算，其结果由表 5.3-3 所列。

表 5.3-3　梅山临时潮位站与北仑海洋站潮汐性质和航海潮信的计算

项目	测站	
	梅山临时潮位站	北仑海洋站
潮汐性质（$H_{K1}+H_{O1}$）/H_{M2}	0.40	0.48
主要半日分潮振幅比（H_{S2}/H_{M2}）	0.44	0.42
主要日分潮振幅比（H_{O1}/H_{K1}）	0.64	0.66
主要浅水分潮与主要半日分潮振幅比（H_{M4}/H_{M2}）	0.06	0.04
主要半日、全日分潮迟角差 G（M2）$-$[G（K1）$+$$G$（O1）]/（°）	242	265

项目	测站	
	梅山临时潮位站	北仑海洋站
主要半日和浅海分潮迟角差：$2G$（M2）$-G$（M4）／（°）	39°	113°
主要浅海分潮振幅和（$H_{M4}+H_{MS4}+H_{M6}$）／cm	15	10
平均潮差（M_m）／cm	249	221
平均高潮位（Z0）*／cm	131	109
平均低潮位（Z1）*／cm	−119	−112
大潮平均高潮位（SZ0）*／cm	178	145
大潮平均低潮位（SZ1）*／cm	−156	−151
平均大潮差（Sg）／cm	338	299
平均小潮差（Np）／cm	145	131
小潮平均高潮位（Nz0）*／cm	74	65
小潮平均低潮位（Nz1）*／cm	−71	−66
平均高潮间隙（HWI）	9 h02 min	9 h40 min
平均低潮间隙（LWI）	15 h34 min	16 h10 min
平均高潮不等（MHWQ）／cm	34	47
平均低潮不等（MLWQ）／cm	57	51
平均高高潮位（MHHW）*／cm	148	132
平均低高潮位（MLHW）*／cm	114	85
平均低低潮位（MLLW）*／cm	−147	−138
平均高低潮位（MHLW）*／cm	−90	−87
涨潮历时（ZCLS）	5 h47 min	5 h55 min
落潮历时（LCLS）	6 h38 min	6 h31 min

注：＊表示本表中的特征潮位均相对于平均海面为零起算。

在表 5.3-3 中，前 7 行内容主要表征两站由调和常数所反映的潮汐性质，由此可见，两站的潮汐性质几乎完全一致。

（1）比值（$H_{K1}+H_{O1}$）／H_{M2} 为 0.40 和 0.48，系正规半日潮港，两站的潮位变化具有明显的半日潮特征与规律；

（2）比值 H_{M4}/H_{M2} 为 0.06 与 0.04，主要浅海分潮的振幅和（$H_{M4}+H_{MS4}+H_{M6}$）分别为 15 cm 和 10 cm，表明两站的浅海分潮均具有较大比重，具体表现为两站潮位的涨潮时间与落潮时间不等，其值越大，落潮时间与涨潮时间的差值越大，从比值来看，前者相差约 45 min，后者相差约 30 min，两站的潮汐均归属为非正规半日浅海潮类型；

（3）迟角差 G（M2）$-$［G（K1）$+G$（O1）］分别为 242°、265°，接近 270°，由此可知，两站的潮汐变化均有一致的"日不等"现象，即在一个太阴日（约 24 h 50 min）内潮位的两涨、两落中，既有两个高潮的高度不等，也有两个低潮的高度不等。

表中第 8~26 行的内容，是由调和常数所计算的航海潮信，这些信息在港航运作中具有较大的实用意义，既可以对表 5.3-1 中的实测潮汐特征值进行印证，又可以作为常规性的理论潮汐特征，供引航、调度、码头管理部门日常使用，还可作为港区对外发布的潮信依据。

由表 5.3-4 可以看出，梅山码头实测跟理论计算的平均潮差和涨落潮历时非常接近，平均潮差实测跟理论计算值结果互差仅 2 cm，互差很小，平均涨落潮历时互差也仅 6 min。

表 5.3-4　梅山码头平均潮差和平均涨落潮历时实测与理论计算值对比

码头名称		平均潮差/cm	涨潮历时	落潮历时
梅山码头	实测	247	5 h53 min	6 h32 min
	理论计算	249	5 h47 min	6 h38 min

由上述短期验潮站的实测潮汐特征统计和调和常数计算的潮汐性质可看出，梅山港区平均潮差约 250 cm，涨潮历时约 5 h50 min，落潮历时约 6 h35 min。

5.4　港区潮流特征分析

5.4.1　最大流速统计分析

为研究梅山港区的流况变化，根据实测资料将 2010 年 12 月 1—2 日（农历十月廿六至廿七日）、12 月 4—5 日（农历十月廿九至三十日）和 12 月 7—8 日（农历十一月初二至初三）作为典型的小潮、中潮和大潮，统计了各站最大涨、落潮流的流速、流向（表 5.4-1 和表 5.4-2），并以此作为港区流况的基本特征之一予以分析。

表 5.4-1　各站实测最大涨潮流流速、流向的统计

潮汛	测站	表层		5 m 层		10 m 层		15 m 层		20 m 层		垂直平均	
		流速/(cm/s)	流向/(°)	流速/(cm/s)	流向/(°)	流速/(cm/s)	流向/(°)	流速/(cm/s)	流向/(°)	流速/(cm/s)	流向/(°)	流速/(cm/s)	流向/(°)
大潮	梅山 4#	125	246	132	246	121	244	113	244	113	236	100	245
	梅山 5#	118	214	145	227	125	223	127	219	111	213	116	217
	梅山 6#	139	208	118	214	108	219	104	215	84	202	96	214
	梅山 7#	169	235	162	240	153	241	136	240	114	243	138	240
中潮	梅山 4#	135	342	106	236	96	236	92	236	90	236	80	242
	梅山 5#	104	221	132	222	112	220	107	217	90	217	93	217
	梅山 6#	136	223	123	225	104	227	96	214	83	210	95	222
	梅山 7#	137	241	132	239	125	237	122	232	109	230	115	234
小潮	梅山 4#	126	329	120	238	113	242	106	238	98	239	91	239
	梅山 5#	124	225	129	228	111	218	113	216	93	220	99	217
	梅山 6#	128	216	121	225	113	230	100	213	85	206	97	220
	梅山 7#	137	232	140	240	136	239	118	240	103	237	117	239

表 5.4-2　各站实测最大落潮流流速、流向的统计

潮汛	测站	表层		5 m 层		10 m 层		15 m 层		20 m 层		垂直平均	
		流速 /(cm/s)	流向 /(°)	流速 /(cm/s)	流向 /(°)	流速 /(cm/s)	流向 /(°)	流速 /(cm/s)	流向 /(°)	流速 /(cm/s)	流向 /(°)	流速 /(cm/s)	流向 /(°)
大潮	梅山 4#	121	104	103	65	96	62	94	59	100	54	94	60
	梅山 5#	105	52	111	44	111	45	109	46	113	51	100	47
	梅山 6#	112	34	109	36	114	36	115	36	107	35	108	36
	梅山 7#	110	75	106	75	114	67	120	75	118	75	108	73
中潮	梅山 4#	162	129	113	67	110	61	109	60	113	52	105	61
	梅山 5#	151	36	124	52	131	46	120	45	117	38	107	43
	梅山 6#	134	38	128	39	120	36	118	46	109	49	112	37
	梅山 7#	131	75	121	77	117	76	114	71	118	68	114	72
小潮	梅山 4#	82	76	97	66	96	63	94	62	95	58	85	62
	梅山 5#	81	45	111	46	118	44	106	52	111	48	91	45
	梅山 6#	107	34	104	35	106	33	110	35	92	33	98	33
	梅山 7#	108	78	98	78	98	69	104	92	101	77	95	80

5.4.1.1　实测最大流速的极值

由表 5.4-1 中梅山港区水域各站点的最大涨潮流流速的排列、比较可知，测区分层中的最大涨潮流极值出现于梅山 7#站大潮时的表层，涨潮流流速为 169 cm/s，3.3 kn，对应的流向为 235°，且各层涨潮流流速最大值均出现于梅山 7#站大潮时。由表 5.4-2 可知，梅山港区测点各分层中的最大落潮流极值出现于梅山 4#站中潮时的表层，落潮流流速为 162 cm/s，约 3.1 kn，对应的流向为 129°，且各层的落潮流最大值，都出现于中潮期间。

各测站中，垂直平均层的最大流速极值：涨潮流流速为 138 cm/s（240°），出现梅山 7#站大潮时，落潮流流速为 114 cm/s，对应流向为 72°，出现于梅山 7#站中潮时。

5.4.1.2　实测最大流速的分布

根据表 5.4-1 所列的梅山港区各站点的实测最大涨潮流的特征流速，并结合潮流矢量图分析，在大、中、小潮汛期间，梅山 7#站最大涨潮流流速明显大于其他各站，如大潮期间垂向平均层，梅山 4#、梅山 5#、梅山 6#、梅山 7#站最大涨潮流流速分别为 100 cm/s、116 cm/s、96 cm/s、138 cm/s；中潮期间垂向平均层，梅山 4#、梅山 5#、梅山 6#、梅山 7#站最大涨潮流流速分别为 80 cm/s、93 cm/s、95 cm/s、115 cm/s；小潮期间垂向平均层，梅山 4#、梅山 5#、梅山 6#、梅山 7#站的最大涨潮流流速分别为 91 cm/s、99 cm/s、97 cm/s、117 cm/s。

从表 5.4-2 所列的梅山港区各站点的实测最大落潮流的特征流速，并结合潮流矢量图分析，在大、中、小潮汛期间，梅山港区各站实测最大落潮流差异较小，水平空间分布特征不显著。如大潮期间垂向平均层，梅山 4#、梅山 5#、梅山 6#、梅山 7#站的最大落潮流流速分别为 94 cm/s、100 cm/s、108 cm/s、108 cm/s；中潮期间垂向平均层，梅山 4#、梅山 5#、梅山 6#、梅山 7#站的最大落潮流流速分别为 105 cm/s、107 cm/s、112 cm/s、114 cm/s；小潮期间垂向平均层，梅山 4#、梅山 5#、梅山 6#、梅山 7#站的最大落潮流流速分别为 85 cm/s、91 cm/s、98 cm/s、95 cm/s。

从测站最大流速的垂直分布来看，大、中、小潮汛最大涨潮流主要出现于表层和 5 m 层；最大落潮流

在大、中、小潮汛各层均有出现，在中潮期间最大落潮流主要出现于表层。从数值来看，最大涨潮流在各站层的上（表）层的流速变化不大，下（底）层的流速明显减小，具体分布与各站水深有关；最大落潮流从表层至底层之间最大流速总体上差别不大。

5.4.1.3　实测最大流速涨、落潮流的比较

将表 5.4-1 和表 5.4-2 中涨、落潮流的最大流速进行对比可以看出，在本测区中，各站在大潮、中潮、小潮，分层及垂向平均，最大涨潮流流速与最大落潮流流速的关系不一致。梅山 4#站在大、小潮期间最大涨潮流流速大于最大落潮流流速，而中潮相反；梅山 5#站情况与梅山 4#站基本一致，但各层之间略有不同；梅山 6#站大、中、小潮期间在上下层间不一致，上层表现为最大涨潮流流速大于最大落潮流流速，下层表现为最大涨潮流流速小于最大落潮流流速；梅山 7#站在大、中、小潮汛多数表现为最大涨潮流流速大于最大落潮流流速。

如将各站各潮汛垂向平均的实测最大涨潮流流速与对应的最大落潮流流速对比可知，梅山 4#站在大、中、小潮期间的最大涨潮流流速与最大落潮流流速差值分别为 6 cm/s、−25 cm/s、6 cm/s；梅山 5#站在大、中、小潮期间的最大涨潮流流速与最大落潮流流速差值分别为 16 cm/s、−14 cm/s、8 cm/s，梅山 6#站在大、中、小潮期间的最大涨潮流流速与最大落潮流流速差值分别为−12 cm/s、−17 cm/s、−1 cm/s，梅山 7#站在大、中、小潮期间的最大涨潮流流速与最大落潮流流速差值分别为 30 cm/s、1 cm/s、22 cm/s。

就实测最大涨、落潮流所对应的流向而言，以各站垂向平均最大流速所对应的流向予以说明。

其一，在大、中、小潮期间，梅山 4#站的最大涨潮流流向分别为 246°、242°、239°，梅山 5#站的最大涨潮流流向分别为 217°、217°、217°，梅山 6#站的最大涨潮流流向分别为 214°、222°、220°，梅山 7#站的最大涨潮流流向分别为 240°、234°、239°。

其二，在上述 3 个潮汛中，梅山 4#站的最大落潮流流向分别为 60°、61°、62°，梅山 5#站的最大落潮流流向分别为 47°、43°、45°，梅山 6#站的最大落潮流流向分别为 36°、37°、33°，梅山 7#站的最大落潮流流向分别为 73°、72°、80°。

由此可见，最大涨、落潮流之间的流向互差，梅山 4#站介于 177°～185°，梅山 5#站介于 170°～174°，梅山 6#站介于 178°～187°，梅山 7#站介于 159°～167°，总体上多数接近于 180°，较好地反映出最大涨、落潮流之间往复流的特征。结合矢量图来看，受岸线地形影响，各站的主要涨、落潮流方向存在一些差异。

5.4.1.4　实测最大流速随潮汛的变化

对表 5.4-1 和表 5.4-2 的数据，按潮汛进行比较后得出如下结论。

（1）就最大涨潮流而言，港区各站各潮汛之间的最大流速量值相差不大，其中大潮期间最大流速量值相比最大，而中、小潮汛时流速量值相差较小。

（2）就最大落潮流速而言，港区各站各潮汛之间的最大流速量值相差不大，其中以中潮最大流速量值为最大，其次为大潮。

5.4.2　流速、流向频率统计

前面重点讨论了梅山港区水域中具有特征意义的实测最大流速（流向）的分布与变化的基本情况，并以此为测区流场的主要特征予以阐述。但为了对整个港区出现的所有流况在总体上有一个定量了解，下面又对港区各站、层所获取的所有流速、流向进行平均，并按不同级别与方位进行出现频次和频率的统计（表 5.4-3 和表 5.4-4）。

表 5.4-3　测区各站实测流速分级出现频次、频率的统计

测站	项目	流速范围			
		≤51 cm/s ≤1 kn	52~102 cm/s 1~2 kn	103~153 cm/s 2~3 kn	≥153 cm/s ≥3 kn
梅山 4#	出现频次/次	705	726	16	0
	出现频率/（%）	48.7	50.2	1.1	0
梅山 5#	出现频次/次	781	725	62	0
	出现频率/（%）	49.8	46.2	0.4	0
梅山 6#	出现频次/次	59	54	7	0
	出现频率/（%）	49.2	45.0	5.8	0
梅山 7#	出现频次/次	47	52	21	0
	出现频率/（%）	39.2	43.3	17.5	0

由表 5.4-3 可知：

（1）港区各站不高于 1 kn 流速的场合达 39.2%~49.8%的比率；流速为 1~2 kn 的出现场合有 43.3%~50.2%的比率，流速为 2~3 kn 的出现场合有 0.4%~17.5%的比率，大于 3 kn 的流速垂向平均未出现。

（2）从各站点垂向平均层的统计分析，以梅山 7#站所测流速最大，该站点垂向平均虽未出现 3 kn 以上流速，但出现 2~3 kn 流速比例较多，其他各站出现 2~3 kn 的流速频率相比较少。梅山 4#站所测流速多数小于 2 kn，其中小于 1 kn 的出现频率为 48.7%，流速为 1~2 kn 的出现频率为 50.2%，流速在 2 kn 以上出现较少，流速为 2~3 kn 的出现频率为 1.1%。梅山 5#站所测流速也多数小于 2 kn，其中小于 1 kn 的出现频率为 49.8%，流速为 1~2 kn 的出现频率为 46.2%，流速在 2 kn 以上出现也较少，流速为 2~3 kn 的出现频率为 0.4%。梅山 6#站所测流速小于 1 kn 出现频率为 49.2%，流速为 1~2 kn 出现频率为 45.0%，流速为 2~3 kn 的出现频率为 5.8%。梅山 7#站所测流速小于 1 kn 的出现频率为 39.2%，流速为 1~2 kn 的出现频率为 43.3%，流速为 2~3 kn 的出现频率为 17.5%。

从以上测点分析可知，位于水道的梅山 7#站附近水域相比其他各站流速较大，出现大于 2 kn 以上流速频率较大，其他几个测站 2 kn 以上流速均有出现，但频率不大。

表 5.4-4 给出了港区码头各站垂直平均流向在 16 个不同方位上出现频次、频率的统计。该水域的涨、落潮流流向受地形影响明显，结合潮位分析，可认为该区域涨潮流为 SW，落潮流为 NE。

表 5.4-4　测区各站实测流向在各方向上出现频次、频率的统计

测站	项目	方位															
		N	NNE	NE	ENE	E	ESE	SE	SSE	S	SSW	SW	WSW	W	WNW	NW	NNW
梅山 4#	频次/次	0	2	79	456	22	7	1	9	4	9	134	693	15	10	5	0
	频率/（%）	0	0.1	5.5	31.5	1.5	0.5	0.1	0.6	0.3	0.6	9.3	47.9	1.0	0.7	0.3	0
梅山 5#	频次/次	7	34	569	41	16	12	14	9	34	267	535	13	5	4	2	6
	频率/（%）	0.4	2.2	36.3	2.6	1.0	0.8	0.9	0.6	2.2	17.0	34.1	0.8	0.3	0.3	0.1	0.4
梅山 6#	频次/次	3	13	35	2	0	1	0	0	3	15	41	1	4	1	1	0
	频率/（%）	0	10.8	29.2	1.7	0	0.8	0	0	2.5	12.5	34.2	0.8	3.3	0.8	0.8	0
梅山 7#	频次/次	2	1	3	37	8	1	0	1	0	0	25	31	5	2	3	1
	频率/（%）	1.7	0.8	2.5	30.8	6.7	0.8	0	0.8	0	0	20.8	25.8	4.2	1.7	2.5	0.8

具体各站点情况结合表 5.4-4 可知，梅山 4#站落潮流在 ENE 方位上出现的比率较大，占 31.5%；梅山 5#站落潮流在 NE 方位上出现的比率较大，占 36.3%；梅山 6#站的落潮流在 NE 方位上出现的比率较大，占 29.2%；梅山 7#站的落潮流在 ENE 方位上出现的比率较大，占 30.8%；其他落潮流各向比率均较小。

梅山港区各测站涨潮流的分布如下：梅山 4#站涨潮流在 WSW 方位上出现的比率较大，占 47.9%；梅山 5#站涨潮流在 SW 方位上出现的比率较大，占 34.1%；梅山 6#站涨潮流在 SW 方位上出现的比率较大，占 34.2%；梅山 7#站涨潮流在 WSW 方位上出现的比率较大，占 25.8%；其他涨潮流各向比率均较小。

再分析各站点的各向频率分布：各站的涨潮流流矢数和落潮流流矢数差异较小；从各站流矢量分布来看，各站的流矢分布较为集中，故测区流况还是具有较为显著的往复流特征。

5.4.3　涨、落潮流历时统计

为了较为准确地判别梅山港区各站涨、落潮流的历时不等现象，主要结合各站点的"流速、流向、潮位过程线图"综合分析进行细致判读，结果见表 5.4-5，即为测区各站大、中、小潮垂线平均涨、落潮流历时的统计（表 5.4-5）。

表 5.4-5　测区各站大、中、小潮汛垂向平均涨、落潮流历时的统计

潮汛	测站	一潮		二潮		两潮平均	
		涨潮历时	落潮历时	涨潮历时	落潮历时	涨潮历时	落潮历时
大潮	梅山 4#	6 h20 min	5 h30 min	7 h40 min	4 h50 min	7 h00 min	5 h10 min
	梅山 5#	5 h30 min	5 h50 min	7 h30 min	5 h50 min	6 h30 min	5 h50 min
	梅山 6#	5 h00 min	5 h00 min	6 h00 min	5 h00 min	5 h30 min	5 h00 min
	梅山 7#	5 h30 min	6 h00 min	6 h30 min	5 h00 min	6 h00 min	5 h30 min
中潮	梅山 4#	6 h20 min	5 h30 min	7 h20 min	4 h50 min	6 h50 min	5 h10 min
	梅山 5#	6 h00 min	6 h00 min	6 h30 min	5 h40 min	6 h15 min	5 h50 min
	梅山 6#	4 h30 min	5 h30 min	6 h30 min	5 h00 min	5 h30 min	5 h15 min
	梅山 7#	6 h00 min	5 h30 min	6 h30 min	5 h00 min	6 h15 min	5 h15 min
小潮	梅山 4#	7 h20 min	4 h50 min	7 h40 min	4 h50 min	7 h30 min	4 h50 min
	梅山 5#	6 h50 min	5 h00 min	7 h40 min	4 h40 min	7 h15 min	4 h50 min
	梅山 6#	6 h00 min	5 h00 min	6 h30 min	5 h00 min	6 h15 min	5 h00 min
	梅山 7#	6 h00 min	4 h30 min	6 h30 min	5 h00 min	6 h15 min	4 h45 min

由表 5.4-5 可知，梅山港区各站的涨落潮流特征一致，各站的流况均表现为涨潮流历时长于落潮流历时。

大、中、小潮期间梅山 4#站平均涨潮流历时长于平均落潮流历时。大潮期间，梅山 4#站平均涨潮流历时为 7 h，平均落潮流历时为 5 h10 min，涨落历时差为 1 h50 min；中潮期间，梅山 4#站平均涨潮流历

时为 6 h50 min，平均落潮流历时为 5 h10 min，涨落历时差为 1 h40 min；小潮期间，梅山 4#站平均涨潮流历时为 7 h30 min，平均落潮流历时为 4 h50 min，涨落历时差为 2 h40 min。

梅山 5#站在大、中、小潮期间平均涨潮流历时长于平均落潮流历时，其中大、中潮汛历时差较小，小潮较大。大潮期间，梅山 5#站平均涨潮流历时为 6 h30 min，平均落潮流历时为 5 h50 min，涨落历时差为 40 min；中潮期间，梅山 5#站平均涨潮流历时为 6 h15 min，平均落潮流历时为 5 h50 min，涨落历时差为 25 min；小潮期间，梅山 5#站平均涨潮流历时为 7 h15 min，平均落潮流历时为 4 h50 min，涨落历时差为 2 h25 min。

梅山 6#站在大、中、小潮期间平均涨潮流历时长于平均落潮流历时，小潮期间历时差明显大于大中潮汛。大潮期间，梅山 6#站平均涨潮流历时为 5 h30 min，平均落潮流历时为 5 h，涨落历时差为 30 min；中潮期间，梅山 6#站平均涨潮流历时为 5 h30 min，平均落潮流历时为 5 h15 min，涨落历时差为 15 min；小潮期间，梅山 6#站平均涨潮流历时为 6 h15 min，平均落潮流历时为 5 h，涨落历时差为 1 h15 min。

梅山 7#站在大、中、小潮期间平均涨潮流历时长于平均落潮流历时。大潮期间，梅山 7#站平均涨潮流历时为 6 h，平均落潮流历时为 5 h30 min，涨落历时差为 30 min；中潮期间，梅山 7#站平均涨潮流历时为 6 h15 min，平均落潮流历时为 5 h15 min，涨落历时差为 1 h；小潮期间，梅山 7#站平均涨潮流历时为 6 h15 min，平均落潮流历时为 4 h45 min，涨落历时差为 1 h30 min。

从上述分析可知，梅山港区各站的涨落历时情况大体一致，均为平均涨潮流历时长于平均落潮流历时，且小潮期间的历时差较大。

5.4.4 潮位与潮流相关分析

为了更好地把握梅山港区各测站的潮流特征，这里将各站点的潮流情况与附近长期站的潮汐联合起来进行分析，因该水域距离北仑海洋站较近，这里主要结合北仑海洋站进行对比。

从图 5.4-1 可知，梅山 4#站大潮期间涨潮流历时略长于落潮流历时，涨潮流流速略大于落潮流流速，涨潮流最大流速接近 2 kn，从潮流变化来看，往复流特征明显，涨落潮流变化过程清晰。与北仑海洋站相比，大潮期间，梅山 4#站涨潮流转落潮流处于北仑海洋站高潮前约 1 h45 min，落急处于北仑海洋站高潮后约 1 h；落潮流转涨潮流处于北仑海洋站低潮前约 3 h10 min，涨急处于北仑海洋站低潮前后。

梅山 4#站中潮期间落潮流流速略大于涨潮流流速，落潮流最大流速接近 2 kn。北仑海洋站相比，中潮期间，梅山 4#站涨潮流转落潮流处于北仑海洋站高潮前约 1 h40 min～1 h55 min，落急处于北仑海洋站高潮后 20～50 min；落潮流转涨潮流处于北仑海洋站低潮前约 2 h50 min，涨急处于北仑海洋站低潮前后约 10 min。

梅山 4#站小潮期间涨、落潮流流速差异较小，流速比大中潮汛略小些。北仑海洋站相比，小潮期间，梅山 4#站涨潮流转落潮流处于北仑海洋站高潮前约 2 h，落急处于北仑海洋站高潮后 10～30 min；落潮流转涨潮流处于北仑海洋站低潮前 2 h50 min～3 h15 min，涨急处于北仑海洋站低潮前 15 min 至低潮后约 10 min。

从图 5.4-2 可知，梅山 5#站大潮期间涨潮流历时略长于落潮流历时，涨、落潮流流速差异较小，最大流速接近 2 kn。北仑海洋站相比，大潮期间，梅山 5#站涨潮流转落潮流处于北仑海洋站高潮前 1 h45 min～2 h，落急处于北仑海洋站高潮后 30 min～1 h30 min；落潮流转涨潮流处于北仑海洋站低潮前 3 h10 min～3 h55 min，涨急处于北仑海洋站低潮前 40 min～1 h25 min。

梅山 5#站中潮期间落潮流流速略大于涨潮流流速，最大落潮流流速达到 2 kn。与北仑海洋站相比，中潮

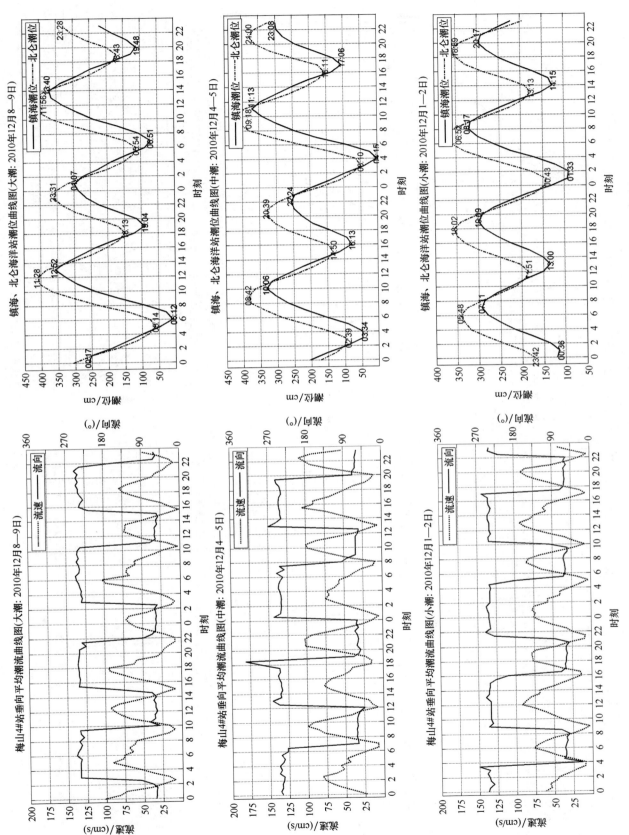

图5.4-1　梅山4#站垂向平均潮流、潮位曲线

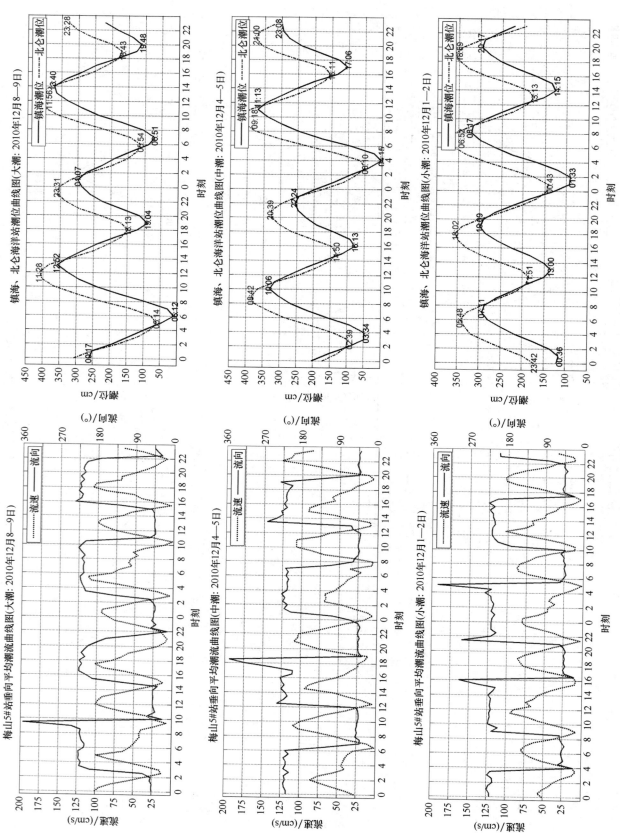

图5.4-2 梅山5#站垂向平均潮流、潮位曲线

期间，梅山 5#站涨潮流转落潮流处于北仑海洋站高潮前约 1 h10 min～2 h，落急处于北仑海洋站高潮后 20～50 min；落潮流转涨潮流处于北仑海洋站低潮前约 2 h35 min，涨急处于北仑海洋站低潮前 10～20 min。

梅山 5#站小潮期间涨、落潮流流速略小于大中潮汛。与北仑海洋站相比，小潮期间，梅山 5#站涨潮流转落潮流处于北仑海洋站高潮前 1 h45 min～2 h5 min，落急处于北仑海洋站高潮后 40～60 min；落潮流转涨潮流处于北仑海洋站低潮前 2 h50 min～3 h10 min，涨急处于北仑海洋站低潮前 20～40 min。

从图 5.4-3 可知，梅山 6#站大潮期间涨潮流历时略长于落潮流历时，涨、落潮流流速差异较小，最大流速接近 2 kn。北仑海洋站相比，大潮期间，梅山 6#站涨潮流转落潮流处于北仑海洋站高潮前约 2 h，落急处于北仑海洋站高潮后约 30 min；落潮流转涨潮流处于北仑海洋站低潮前 2 h55 min～3 h10 min，涨急处于北仑海洋站低潮前 55 min～1 h10 min。

梅山 6#站中潮期间涨潮流历时略长于落潮流历时，落潮流流速略大于涨潮流流速，最大流速可达到 2 kn。中潮期间，梅山 6#站涨潮流转落潮流处于北仑海洋站高潮前 1 h20 min～2 h40 min，落急处于北仑海洋站高潮后 20～40 min；落潮流转涨潮流处于北仑海洋站低潮前约 2 h40 min，涨急处于北仑海洋站低潮前后约 10 min。

梅山 6#站小潮期间涨潮流历时略长于落潮流历时，落潮流流速略长于涨潮流流速相当，最大流速略小于 2 kn。与北仑海洋站相比，小潮期间，梅山 6#站涨潮流转落潮流处于北仑海洋站高潮前约 1 h55 min，落急处于北仑海洋站高潮后约 1 h10 min；落潮流转涨潮流处于北仑海洋站低潮前 3 h10 min～3 h40 min，涨急处于北仑海洋站低潮前约 10 min 至低潮后约 20 min。

从图 5.4-4 可知，梅山 7#站大潮期间涨潮流历时略长于落潮流历时，涨潮流流速略大于落潮流流速，涨潮流最大流速约为 2.5 kn。与北仑海洋站相比，大潮期间，梅山 7#站涨潮流转落潮流处于北仑海洋站高潮前约 1 h30 min，落急处于北仑海洋站高潮后约 30 min；落潮流转涨潮流处于北仑海洋站低潮前约 2 h40 min～2 h55 min，涨急处于北仑海洋站低潮前约 10 min 至低潮后约 5 min。

梅山 7#站中潮期间涨潮流历时略长于落潮流历时，流速略小于大潮期间。与北仑海洋站相比，中潮期间，梅山 7#站涨潮流转落潮流处于北仑海洋站高潮前 1 h20 min～1 h40 min，落急处于北仑海洋站高潮后 40 min～1 h20 min；落潮流转涨潮流处于北仑海洋站低潮前 2 h20 min～2 h40 min，涨急处于北仑海洋站低潮 50 min～1 h10 min。

梅山 7#站小潮期间涨潮流历时略长于落潮流历时，流速与中潮接近。与北仑海洋站相比，小潮期间，梅山 7#站涨潮流转落潮流处于北仑海洋站高潮前约 1 h55 min，落急处于北仑海洋站高潮后约 35 min；落潮流转涨潮流处于北仑海洋站低潮前约 3 h15 min，涨急处于北仑海洋站低潮前约 15 min 至低潮后约 15 min。

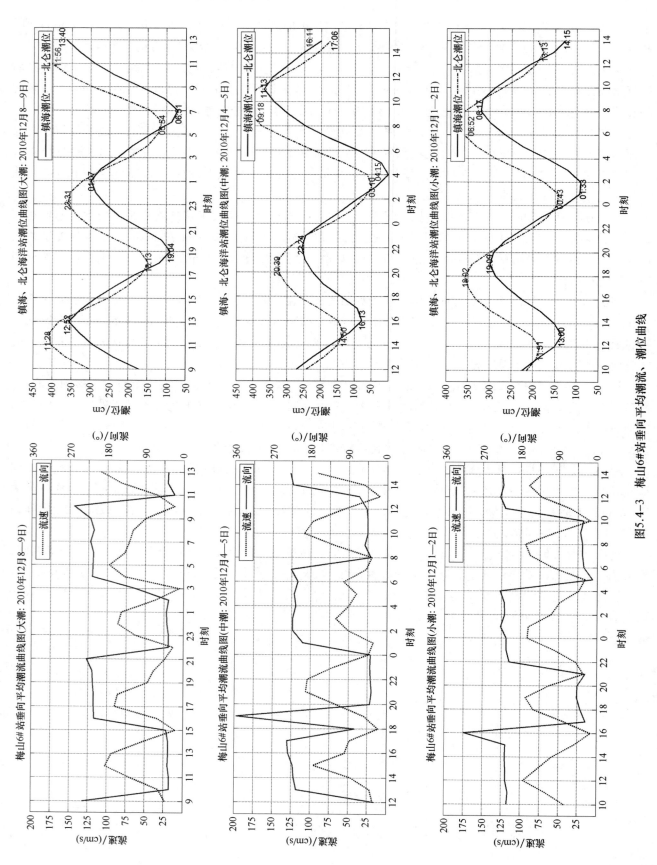

图5.4−3 梅山6#站垂向平均潮流、潮位曲线

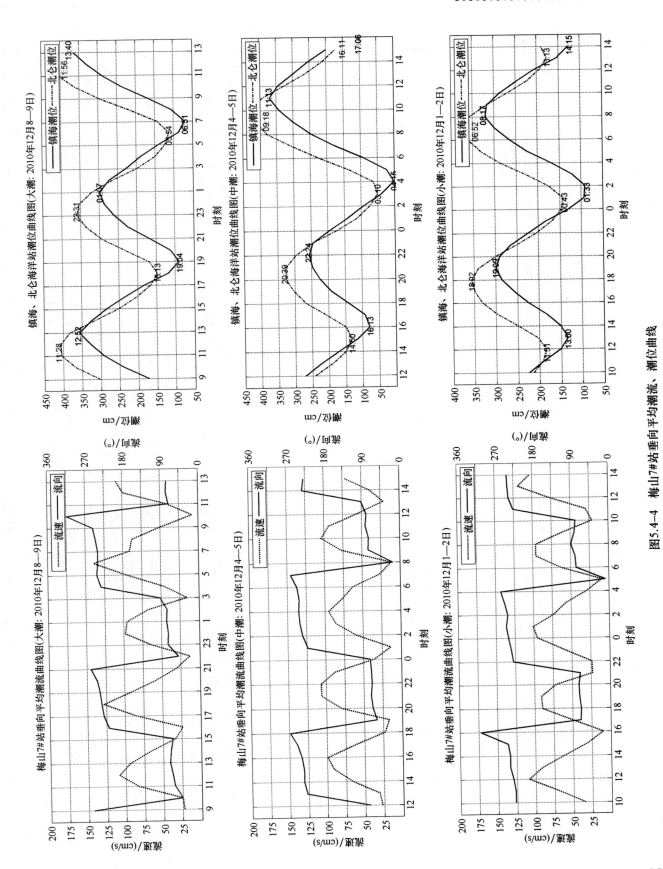

图 5.4-4　梅山 7# 站垂向平均潮流、潮位曲线

5.4.5 余流分析

根据潮流的准调和分析，可获得梅山港区各站、层和垂向平均余流的大小和方向。现将各站大、中、小潮汛测层及垂向平均余流的流速、流向的计算结果一并列入表5.4-6中，以便分析比较。

表5.4-6 港区大、中、小潮各站、层余流的统计

测站	潮汛	表层		5 m层		10 m层		15 m层		垂直平均	
		余流流速 /(cm/s)	余流流向 /(°)	余流流速 /(cm/s)	余流流向 /(°)	余流流速 /(cm/s)	余流流向 /(°)	余流流速 /(cm/s)	余流流向 /(°)	余流流速 /(cm/s)	余流流向 /(°)
梅山 4#	大潮	10	207	14	225	12	243	11	246	8	244
	中潮	15	18	5	210	1	87	2	35	3	20
	小潮	17	254	12	228	14	240	11	252	10	249
梅山 5#	大潮	17	130	6	251	5	229	5	197	7	161
	中潮	19	37	5	36	10	61	7	66	9	61
	小潮	19	235	8	212	5	176	2	186	7	194
梅山 6#	大潮	6	175	7	223	7	230	7	240	5	206
	中潮	12	5	7	42	6	61	5	44	5	39
	小潮	10	224	7	231	6	231	5	219	6	216
梅山 7#	大潮	20	188	15	215	9	218	6	214	11	201
	中潮	4	187	9	171	9	173	6	143	7	153
	小潮	17	214	15	222	11	210	9	188	11	197

由表5.4-6可知，港区测站余流分布及变化特征总体上存在着较好的规律。

（1）从余流量值来看，梅山港区水域量值较小，各层间最大余流为11~20 cm/s，各站间最大余流为7~20 cm/s，整体来看余流均偏小，如梅山4#站垂向平均余流大中小潮汛分别为8 cm/s、3 cm/s、10 cm/s，梅山5#站垂向平均余流大、中、小潮汛分别为7 cm/s、9 cm/s、7 cm/s，梅山6#站垂向平均余流大中小潮汛分别为5 cm/s、5 cm/s、6 cm/s，梅山7#站垂向平均余流大中小潮汛分别为11 cm/s、7 cm/s、11 cm/s。

（2）从余流流向分析，该港区各站余流方向较为混乱，各潮汛也不一致，但流速较小，影响不大。

（3）在余流的垂直分布上，港区各站上层余流稍大。

（4）从大、中、小潮来比较，各站余流随潮汛的改变并不明显，在量值上无明显差异。

5.4.6 潮流性质

5.4.6.1 测区潮流中主要半日分潮流的椭圆要素

测区各站潮流椭圆要素的计算，主要用于了解该站的潮流组成及其变化特征。通过各个分潮流的椭圆长半轴（最大分潮流）、短半轴（最小分潮流）、椭圆率、椭圆长轴方向（最大分潮流方向）等要素的计算，可进一步分析与比较测区潮流组成中各个分潮流运动的基本规律。

计算结果表明，主要半日分潮流 M_2、S_2 占据主导成分，在表5.4-7中给出了各站垂向平均的这两个主要分潮流的主要椭圆要素统计。

表 5.4-7　测区各站垂线平均的主要分潮流椭圆要素

分潮	椭圆要素	测站			
		M4#	M5#	M6#	M7#
M_2	最大分潮流（椭圆长半轴）/（cm/s）	66.17	65.92	73.49	86.15
	最小分潮流（椭圆短半轴）/（cm/s）	0.62	1.02	3.69	7.43
	椭圆率	-0.01	-0.02	-0.05	-0.09
	最大分潮流方向/（°）	62~242	40~220	37~217	67~247
S_2	最大分潮流（椭圆长半轴）/（cm/s）	18.0	22.02	19.88	24.22
	最小分潮流（椭圆短半轴）/（cm/s）	1.22	0.50	2.74	0.59
	椭圆率	0.07	-0.02	0.14	0.02
	最大分潮流方向/（°）	57~237	43~223	43~223	66~246

表 5.4-7 中这两个主要分潮流的椭圆率（椭圆长、短轴之比）来看，M_2 分潮流的椭圆率为 0.01~0.09，远小于 0.25；S_2 分潮流的椭圆率的绝对值为 0.02~0.14，均小于 0.25，因此，可认为主导本港区的潮流以往复流为主要特征。

由表中最大分潮流对应的方向来看，M_2 最大分潮流方向为 37°~67°和 217°~247°，S_2 最大分潮流方向为 43°~66°和 223°~246°，两个主要分潮涨、落方向基本一致，故对各站涨、落潮流的主流向具有关键的控制作用。

椭圆率符号表现主要分潮流的旋转方向，符号"+"为逆时针左旋方向，"-"为顺时针右旋方向。从表 5.4-7 的椭圆率的"+""-"符号来看，可知各站 M_2 潮流的旋转方向一致，均为负值，S_2 潮流的旋转方向各站间有差异，梅山 5#站异于其他各站为负值。

5.4.6.2　测区潮流类型

港区的潮流性质多以主要全日分潮流 K_1 与 O_1 的椭圆长半轴之和与主要半日分潮流 M_2 的椭圆长半轴之比、即（$W_{O1}+W_{K1}$）/W_{M2} 作为判据进行分类。为了考察浅海分潮流的大小与作用，往往又将 1/4 日主要浅海分潮流 M_4 与半日分潮流 M_2 的椭圆长半轴之比、即 W_{M4}/W_{M2} 作为判据进行分析。为此，在上述潮流椭圆要素计算的基础上，在表 5.4-8 中列出了港区各站潮流性质计算结果的统计。

表 5.4-8　港区各站、层潮流性质计算结果的统计

测站	表层		5 m 层		10 m 层		15 m 层		垂向平均	
	$W_{K1}+W_{O1}/W_{M2}$	W_{M4}/W_{M2}	$W_{K1}+W_{O1}/W_{M2}$	W_{M4}/W_{M2}	$W_{K1}+W_{O1}/W_{M2}$	W_{M4}/W_{M2}	$W_{K1}+W_{O1}/W_{M2}$	W_{M4}/W_{M2}	$W_{K1}+W_{O1}/W_{M2}$	W_{M4}/W_{M2}
M4#	0.33	0.12	0.14	0.08	0.12	0.09	0.12	0.10	0.12	0.10
M5#	0.27	0.14	0.14	0.17	0.14	0.19	0.15	0.18	0.10	0.19
M6#	0.13	0.11	0.13	0.10	0.13	0.11	0.13	0.16	0.12	0.12
M7#	0.12	0.08	0.11	0.10	0.12	0.09	0.12	0.08	0.12	0.08

由表 5.4-8 可得出以下结果。

（1）港区各站、层的判据（$W_{O1}+W_{K1}$）/W_{M2}，其值为 0.11~0.33，均小于 0.50，故港区的潮流性质总体上属于正规半日潮流类型；

（2）港区各站、层的比值 W_{M4}/W_{M2} 明显较大，其值为 0.08~0.19，均大于 0.04，表明港区中的浅海分潮流具有很大的比重，故梅山港区的潮流性质应归属为非正规半日浅海潮类型；

（3）从港区各站垂向平均的 $(W_{O1}+W_{K1})/W_{M2}$ 来看，其值为 0.11 ~ 0.33，而 W_{M4}/W_{M2} 也为 0.08 ~ 0.19，表明一个四分之一日的 M_4 浅海分潮流所占比重，相当于两个全日分潮流之和的比重，因而本测区半日潮流变形极大，涨、落潮流之间存在着明显的不对称性。

5.5 港区潮流模拟结果分析

梅山港区坐落于梅山岛的东岸和南岸（图 5.5–1）。梅山岛位于穿山半岛以南，其东部为佛渡水道，南部为象山港口门。港区除了已投入使用的梅山码头外，在其东岸和南岸还分别规划有梅山东作业区大型集装箱泊位和七姓涂作业区集装箱泊位。

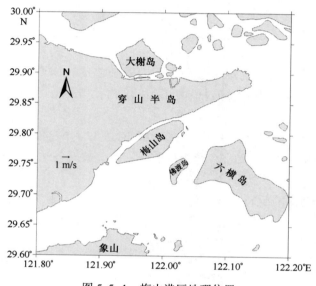

图 5.5–1　梅山港区地理位置

依照行业惯例，人为指定某一流向区间的潮流为涨潮流，与之相对的为落潮流。在梅山港区海域，依照岸线走向，在梅山岛东岸以 SW 向为涨潮流流向，NE 向为落潮流流向；在梅山岛南岸以 WSW 向为涨潮流流向，ENE 为落潮流流向。依此定义，在梅山岛沿岸涨潮伊始至涨潮后 3 h 的时间段内，来自螺头水道的海水自西向东进入崎头洋，其主流在崎头角以东转向南，并在六横岛以东、桃花岛以西流出进入外海；部分海水则在崎头角外沿穿山半岛南岸转向西南，后或经六横岛和佛渡岛之间的水道向南转出，或依次沿梅山岛东岸和南岸向西进入象山港（图 5.5–2a）。此时，螺头水道及外海都还为落潮期，而象山港内则已由落潮转为涨潮。随着外海潮位的上升，外海由落潮转为涨潮，外海水的一支经六横岛以东水道向北流入，海水在六横岛北端向西转向进入佛渡水道，再沿梅山岛东岸和南岸向西进入象山港；另有一支外海水沿六横岛南岸向西北方向前行，在佛渡岛以南转向西，汇入象山港（图 5.5–2b）。由于象山港的为半封闭海港，涨潮时其口门外水位上升较快，水位抬升形成向北的压强梯度。在正压作用下，佛渡岛与六横岛之间的潮流转向北向，并使梅山岛东岸及佛渡水道中的东南向潮流流速减小直至转向（图 5.5–2c）。梅山岛沿岸落潮伊始，象山港内仍为涨潮末期，梅山岛沿岸的落潮流海水为沿象山县东侧由北向南的外海水，海水进入佛渡水道，之后经崎头角转入螺头水道，此时螺头水道内也为涨潮流（图 5.5–2d）。约 2 h 后，象山港内海水由涨转落，来自港内的落潮海水经梅山岛南岸和东岸进入佛渡水道（图 5.5–2e）。随着外海潮位下降，螺头水道内也转为由西向东的落潮流，来自象山港的落潮海水多在佛渡岛和六横岛以南向南流入外海，较少北上，因此梅山岛沿岸及佛渡水道内潮流流速渐小直至转向（图 5.5–2f）。

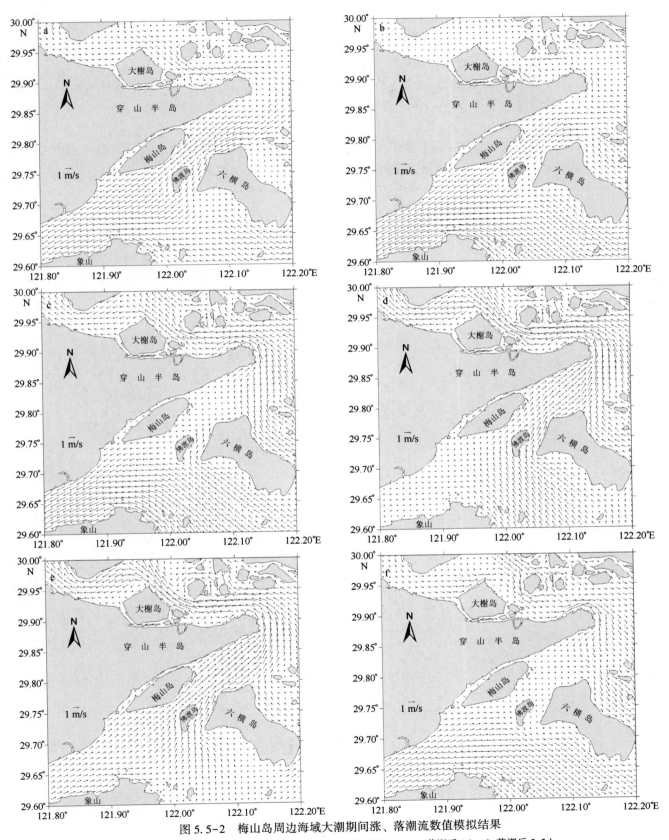

图 5.5-2　梅山岛周边海域大潮期间涨、落潮流数值模拟结果
a. 涨潮后 3 h；b. 涨潮后 4 h；c. 涨潮后 6 h；d. 落潮后 1 h；e. 落潮后 2 h；f. 落潮后 5.5 h

基于上述分析，梅山岛沿岸和佛渡水道的涨潮流海水在涨潮开始后约 3 h 内是来自螺头水道的近岸海水，更远则可追溯至杭州湾，之后转变为来自六横岛以东和东南的外海水；而落潮流在涨潮开始后约 2 h 内是来自象山县东岸北上的外海水，之后则是来自象山港内的海水。

梅山港区最大涨、落潮流多为 2~2.5 kn，涨潮流略强于落潮流（图 5.5-3）。涨潮流历时一般为 5.5~6 h，落潮流历时一般为 6.5~7 h，落潮流历时较长。涨潮流最大潮流流速一般发生在低平潮后 2.5 h，落潮流最大潮流流速一般发生在高平潮后 2~2.5 h，最小潮流流速一般发生在高平潮后 0.5 h 或低平潮后 0~0.5 h。由于东、南两岸高、低平潮出现的时间几乎一致，因此梅山岛南岸近岸最大潮流流速的出现时间约比东岸晚 0.5 h，最小潮流流速的出现时间则约晚 0.5 h 或 2 h。

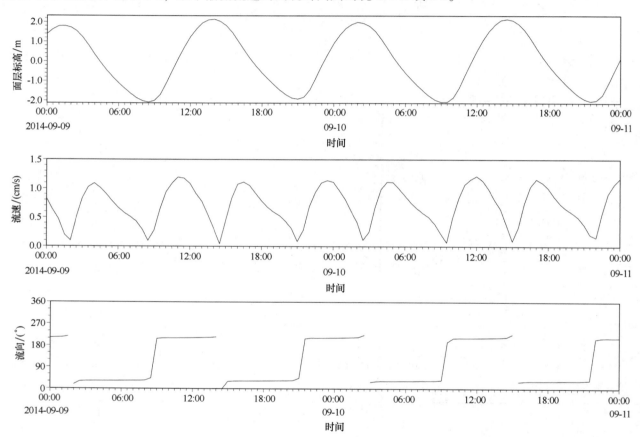

图 5.5-3　梅山港区近岸大潮期间潮流数值模拟结果

梅山港区岸线较为平坦，且潮流流速较小，沿岸潮流多随岸线方向呈往复流，虽零星有涡旋出现，但尺度和强度都很小（图 5.5-4）。

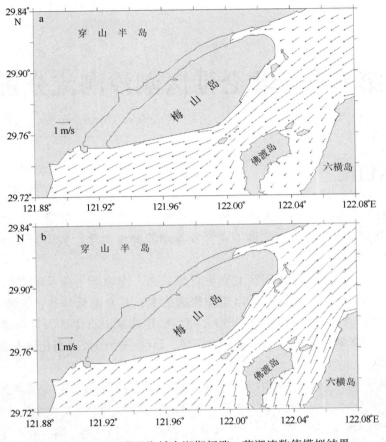

图 5.5-4　梅山港区海域大潮期间涨、落潮流数值模拟结果

a. 涨潮；b. 落潮

5.6　小结

梅山港区潮汐类型为非正规半日浅海潮港，涨落潮历时具有不对称性，平均落潮历时均长于涨潮历时，历时差约 39 min，平均潮差约 2.47 m，与北仑海洋站的潮汐特征较为接近。

梅山港区的潮流为非正规半日浅海潮的类型，涨、落潮潮流之间存在着明显的不对称性，往复流特征明显。位于航道的梅山 7#站的最大涨潮流流速明显大于其他各站，梅山港区各站最大落潮流差异较小，水平空间分布特征不显著。港区最大涨潮流主要出现于表层和 5 m 层；最大落潮流在大、中、小潮汛的分布各层均有出现，在中潮期间最大涨潮流主要出现于表层。

在本港区，各站在大、中、小潮，及分层及垂向平均，最大涨潮流流速与最大落潮流流速的关系不一致。近码头水域的梅山 4#、梅山 5#、梅山 6#站在大、中、小潮期间及上下层间均不一致，梅山 7#站主要表现为最大涨潮流流速大于最大落潮流流速。

港区位于水道的梅山 7#站附近水域相比其他各站流速较大，出现大于 2 kn 以上流速频率较大，其他几个测站 2 kn 以上流速均有出现，但频率不大。梅山港区水域余流量值也较小，余流流向较为混乱。

从潮流模拟结果来看，港区岸线较为平坦，潮流流速较小，沿岸潮流多随岸线方向呈往复流，虽零星有涡旋出现，但尺度和强度都很小。

第6章 北仑港区潮汐潮流分析

6.1 港区基本情况

北仑港区西起甬江口长跳咀、东至大榭一桥，以承担集装箱、大宗散货、石油化工品运输和散、杂货为主，是具有保税仓储、现代物流、临港工业开发等功能的现代化、多功能综合性港区。港区划分为西、中、东3个作业区。

西部作业区（图6.1-1）由三星重工至北仑电厂煤码头，为临港工业及配套码头区和液体散货码头区。目前已建主要码头有：三星重工码头，以船舶修造为主，兼有港机修造；青峙化工码头，已建5万吨级液体化工泊位2个；青峙化工码头至杨公山之间，已建戚家山石化5万吨级液体化工泊位1个，科元塑胶码头和青峙第一石场码头；杨公山东至算山岸线，已建一个杨公山石化码头和1~7#中石化镇海炼化码头，5个万吨级及以上的泊位。

图6.1-1 北仑港区西部作业区规划

中部作业区（图6.1-2）由北仑电厂码头至矿石码头，由西向东包括煤炭码头区、三期集装箱码头区、通用码头区、二期集装箱码头区。目前已建主要码头有：北仑电厂专用煤炭接卸码头，泊位3个，1#、2#泊位为5万吨级卸煤码头，3#泊位为7万吨级散装码头；三期集装箱码头区，4个10万吨级集装箱泊位；北仑山西侧，正大集团5万吨级和金光集团8万吨级粮油泊位各1个，泊位长度均为250 m；北仑山东侧，北仑水泥厂码头和北仑山多用途码头；二期集装箱码头区，规划将现有的北仑二期煤炭码头改造为集装箱泊位，形成集装箱泊位5个10万吨级集装箱专业化泊位。

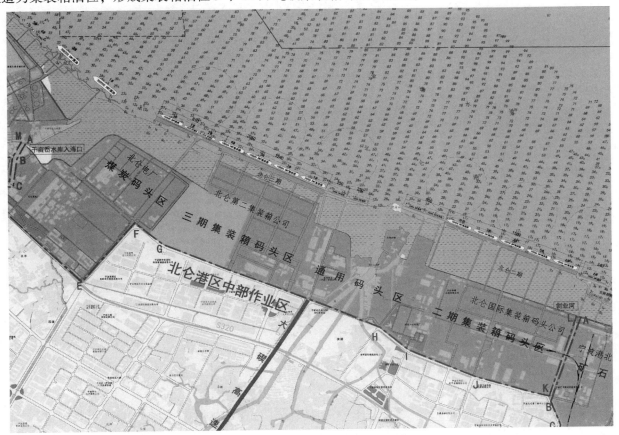

图6.1-2　北仑港区中部作业区规划

东部作业区（图6.1-3）由矿石码头至大榭一桥，主要承担宁波钢厂、台塑等临海工业企业的原材料、能源和产成品运输任务，兼顾江海联运以及社会其他企业运输需求。目前已建主要码头有：北仑一期工程码头，规划将调整为7万吨级通用泊位；宁波钢厂码头，共7个泊位，其中万吨级及以上泊位6个；台塑码头，6个2万~5万吨级液体化工泊位和1个3.5万吨级煤炭泊位；协和码头，目前处于停建状态。

图 6.1-3　北仑港区东部作业区规划

6.2　数据来源

　　为了更好地了解北仑港区潮汐潮流的特征，这里主要从北仑港区周边选择几个代表站点进行分析。潮汐特征分析选择北仑港区附近的镇海海洋站和戚家山化工码头临时潮位站，潮流特征分析选择以北仑戚家山化工码头附近的戚家山1#测站及位于9号锚地的1#测站，具体观测时间和站点如表6.2-1和图6.2-1所示。

表 6.2-1　北仑港区参考站点

测站	潮流站点	平均水深/m	资料期限
戚家山1#	29°58′19.0″N，121°47′09.4″E	21.7	2016 年 10 月 17—27 日
9 号锚地 1#	29°58′34.8″N，121°55′35.6″E	38.9	2016 年 7 月 18—29 日
镇海海洋站	29°59′N，121°45′E	—	1993—2011 年 2016 年 10 月 1—31 日
戚家山临时站	29°58′12.0″N，121°47′17.6″E	—	2016 年 10 月 1—31 日

图 6.2-1　北仑港区参考站点示意

6.3　港区潮汐特征分析

6.3.1　戚家山化工码头潮汐与镇海海洋站的关系

北仑港区的潮汐分析以镇海海洋站及戚家山化工码头临时潮位站进行分析，镇海海洋站距离北仑港区戚家山化工码头约 3.6 km。以镇海海洋站及戚家山化工码头临时潮位站的同步实测资料进行特征值统计，结果如表 6.3-1 所示。

表 6.3-1　北仑港区潮汐特征值统计

（2016 年 10 月 1—31 日）　　　　　　　　　　　　潮高基准：1985 国家高程基准

项目		戚家山临时站	镇海海洋站
潮位/cm	最高潮位	236	233
	最低潮位	-148	-153
	平均高潮位	178	178
	平均低潮位	-60	-61
潮差/cm	最大潮差	384	386
	最小潮差	76	78
	平均潮差	237	239
涨、落潮历时	平均涨潮历时	6 h18 min	6 h18 min
	平均落潮历时	6 h06 min	6 h05 min

由表 6.3-1 可知，码头临时潮位站的最高潮位和最低潮位与镇海海洋站差异很小，平均高潮和平均低潮与镇海海洋站非常接近。潮差方面，码头临时潮位站的平均潮差、最大潮差、最小潮差与同期镇海海洋站相比，差异也不大；涨落潮历时上，码头临时潮位站与镇海海洋站非常一致，均为涨潮历时略长于落潮历时，且涨落潮历时差约 12 min。

从两站的同步统计分析来看，两站的实测统计特征值一致。

6.3.2 潮汐性质

为了更好地分析港区的潮汐特征，按照潮汐调和分析方法，对戚家山临时潮位资料及镇海海洋站的长期资料进行调和分析。现将两站调和分析结果中主要显著分潮的调和常数进行摘录与对比（表 6.3-2），经过分析可看出：两站主要显著分潮振幅的量值相当接近，互差很小；两站分潮的迟角总体上也较接近，互差不大。

表 6.3-2 戚家山临时站与镇海海洋站主要分潮调和常数

分潮	戚家山临时站		镇海海洋站	
	振幅/cm	迟角/（°）	振幅/cm	迟角/（°）
M_2	98.0	316.6	95.3	321.0
S_2	37.2	358.1	36.4	0.6
N_2	18.5	300.9	17.3	299.2
K_2	10.3	354.5	10.0	366.0
K_1	32.3	212.9	30.9	215.2
O_1	20.3	164.4	20.2	171.8
P_1	8.7	217.4	8.4	219.6
Q_1	4.7	136.6	3.6	156.0
M_4	6.4	102.3	7.0	106.9
M_{S4}	5.4	153.8	5.5	160.2
M_6	3.4	256.5	3.6	261.0

为了进一步论证两站潮汐特征的一致性和满足本港区应用（港口运作和靠、离泊）需要，利用这些调和常数又进行了两站潮汐性质和航海潮信的计算，其结果如表 6.3-3 所示。

表 6.3-3 戚家山临时站与镇海海洋站潮汐性质和航海潮信的计算

序列	项目	戚家山潮位站	镇海海洋站
1	潮汐性质（$H_{K1}+H_{O1}$）/H_{M2}	0.54	0.54
2	主要半日分潮振幅比（H_{S2}/H_{M2}）	0.38	0.38
3	主要日分潮振幅比（H_{O1}/H_{K1}）	0.63	0.65
4	主要浅水分潮与主要半日分潮振幅比（M_4/M_2）	0.07	0.07
5	主要半日、全日分潮迟角差：$G（M_2）-[G（K_1）+G（O_1）]/（°）$	299.3	294.0
6	主要半日和浅海分潮迟角差：$2G（M_2）-G（M_4）/（°）$	171.0	175.1

续表

序列	项目	戚家山潮位站	镇海海洋站
7	主要浅海分潮振幅和（$M_4+MS_4+M_6$）/cm	15.2	16.1
8	半日潮龄（Brch1）	40 h49 min	38 h59 min
9	日潮龄（Rch1）	44 h12 min	39 h28 min
10	平均潮差（Mm）/cm	214	210
11	平均高潮位（ZO）/cm	100	97
12	平均低潮位（Z1）/cm	−114	−112
13	大潮平均半潮面（Sh）/cm	−11	−12
14	大潮平均高潮位（SZ0）/cm	132	128
15	大潮平均低潮位（SZ1）/cm	−155	−153
16	平均大潮差（Sg）/cm	281	273
17	平均小潮差（Np）/cm	132	128
18	小潮平均半潮面（Nh）/cm	−238	−233
19	小潮平均高潮位（NZO）/cm	64	61
20	小潮平均低潮位（NZ1）/cm	−68	−66
21	平均高潮间隙（HWI）	10 h58 min	11 h07 min
22	平均低潮间隙（LWI）	17 h16 min	17 h23 min
23	平均高潮不等（MHWQ）/cm	64	60
24	平均低潮不等（MLWQ）/cm	37	39
25	平均高高潮位（MHHW）/cm	132	127
26	平均低高潮位（MLHW）/cm	69	67
27	平均低低潮位（MLLW）/cm	−133	−131
28	平均高低潮位（MHLW）/cm	−95	−93
29	涨潮历时（ZCLS）	6 h10 min	6 h12 min
30	落潮历时（LCLS）	6 h15 min	6 h14 min

注：本表中的特征潮位均相对于平均海面为零起算。

表 6.3-3 中前 7 行内容主要是表征两站由调和常数所反映的潮汐性质，由此可见，两站的潮汐性质几乎完全一致。

（1）比值（$H_{K1}+H_{O1}$）/H_{M2} 为 0.54，略大于 0.50，两站的潮位变化具有明显的半日潮特征与规律；

（2）比值 H_{M4}/H_{M2} 为 0.07，大于 0.04，主要浅海分潮的振幅和（$H_{M4}+H_{MS4}+H_{M6}$）为 15.2 cm 和 16.1 cm，表明两站的浅海分潮均具有较大比重，两站的潮汐均归属为非正规半日浅海潮的类型；

（3）迟角差 G（M_2）−[G（K_1）+G（O_1）] 分别为 299°、294°，接近 270°，因此两站的潮汐变化均有一致的"日不等"现象，即在一个太阳日（约 24 h 50 min）内潮位的两涨、两落中，既有两个高潮的高度不等，也有两个低潮的高度不等。

表 6.3-3 中第 8~26 行内容，是由调和常数所计算的航海潮信，这些信息在港航运作中具有较大的实用意义，可供引航、调度、码头管理部门日常使用，还可作为港区对外发布的潮信依据。

6.4　港区潮流特征分析

6.4.1　最大流速统计分析

为研究北仑港区的流况变化，下面对戚家山 1#站和 9 号锚地 1#站分别就大、中、小潮汛期间的最大涨、落潮流的流速、流向分别进行统计，各站最大涨、落潮流的流速、流向结果如表 6.4-1 和表 6.4-2 所示，并以此作为港区流况的基本特征之一予以分析。

表 6.4-1　北仑港区各潮汛实测涨潮流最大流速（流向）的统计

潮汛	测站	表层		5 m 层		10 m 层		15 m 层		20 m 层		垂直平均	
		流速 /(cm/s)	流向 /(°)	流速 /(cm/s)	流向 /(°)	流速 /(cm/s)	流向 /(°)	流速 /(cm/s)	流向 /(°)	流速 /(cm/s)	流向 /(°)	流速 /(cm/s)	流向 /(°)
大潮	戚家山 1#	142	291	144	292	134	292	134	295	135	296	136	294
	9 号锚地 1#	169	239	162	230	155	223	161	260	165	263	156	261
中潮	戚家山 1#	125	290	126	290	113	292	113	290	109	292	112	292
	9 号锚地 1#	169	263	166	257	164	256	167	258	155	263	160	259
小潮	戚家山 1#	95	289	94	289	77	294	67	297	60	298	74	294
	9 号锚地 1#	148	271	141	272	138	271	132	267	135	268	132	266

表 6.4-2　北仑港区各潮汛实测落潮流最大流速（流向）的统计

潮汛	测站	表层		5 m 层		10 m 层		15 m 层		20 m 层		垂直平均	
		流速 /(cm/s)	流向 /(°)	流速 /(cm/s)	流向 /(°)	流速 /(cm/s)	流向 /(°)	流速 /(cm/s)	流向 /(°)	流速 /(cm/s)	流向 /(°)	流速 /(cm/s)	流向 /(°)
大潮	戚家山 1#	108	117	105	116	84	114	82	111	82	110	72	115
	9 号锚地 1#	144	106	138	92	133	81	123	83	120	87	127	88
中潮	戚家山 1#	102	112	97	113	74	109	67	115	66	115	56	103
	9 号锚地 1#	129	86	123	78	116	71	106	76	102	80	109	79
小潮	戚家山 1#	122	118	118	119	95	113	68	111	84	113	77	116
	9 号锚地 1#	112	83	104	76	100	78	83	75	71	74	90	76

6.4.1.1　实测最大流速的极值

由表 6.4-1 中北仑港区水域各站点的最大涨潮流流速的排列、比较可知，测区分层中的最大涨潮流极值出现于 9 号锚地 1#站大、中潮时的表层，涨潮流流速为 169 cm/s，约 3.3 kn，对应的流向分别是

239°、263°；表层外，9 号锚地 1#站中潮时的 15 m 层，涨潮流流速为 167 cm/s，约 3.2 kn，对应的流向为 258°。显然 9 号锚地附近水域最大涨潮流流速明显较大。

由表 6.4-2 可知，北仑港区最大落潮流极值为 144 cm/s，约 2.8 kn，对应流向为 106°，出现于 9 号锚地 1#站大潮时的表层，表层外，最大落潮流出现于 9 号锚地 1#站大潮时的 5 m 层，落潮流流速为 138 cm/s，约 2.7 kn，对应的流向为 92°。显然 9 号锚地附近水域最大落潮流流速也是明显较大。

各测站中，垂直平均层的最大流速极值：涨潮流为 160 cm/s（259°），出现于 9 号锚地 1#测站中潮时；落潮流为 127 cm/s（88°），出现于 9 号锚地 1#号测站大潮时。

6.4.1.2　实测最大流速的分布

根据表 6.4-1 所列的北仑港区各站点的实测最大涨潮流的特征流速，并结合北仑港区的潮流矢量图分析，在大、中、小潮汛期间，位于金塘水道的 9 号锚地 1#站的最大涨潮流流速明显大于位于戚家山化工码头水域的戚家山 1#站的最大涨潮流流速。如大潮期间垂向平均层，戚家山 1#、9 号锚地 1#站的最大涨潮流流速分别为 136 cm/s、156 cm/s；中潮期间垂向平均层，戚家山 1#、9 号锚地 1#站的最大涨潮流流速分别为 112 cm/s、160 cm/s；小潮期间垂向平均层，戚家山 1#、9 号锚地 1#站的最大涨潮流流速分别为 74 cm/s、132 cm/s。

根据表 6.4-2 所列的北仑港区各站点的实测最大落潮流的特征流速，并结合北仑港区的潮流矢量图分析：在大、中、小潮汛期间，位于金塘水道的 9 号锚地 1#站的最大落潮流流速明显大于位于戚家山化工码头水域的戚家山 1#站的最大落潮流流速。如大潮期间垂向平均层，戚家山 1#、9 号锚地 1#站的最大落潮流流速分别为 72 cm/s、127 cm/s；中潮期间垂向平均层，戚家山 1#、9 号锚地 1#站的最大落潮流流速分别为 56 cm/s、109 cm/s；小潮期间垂向平均层，戚家山 1#、9 号锚地 1#站的最大落潮流流速分别为 77 cm/s、90 cm/s。大、中、小潮汛均遵行该特点。

从表 6.4-1 和表 6.4-2 分析北仑港区最大流速的垂直分布：最大涨潮流多数出现于表层，9 号锚地 1#站观测期间大、中、小潮汛均出现于表层，戚家山 1#站在大、中潮汛主要出现于 5 m 层，小潮出现于表层；最大落潮流在大、中、小潮汛两站均出现于表层。多数表现为上、表层流速稍大，下层或近底层流速略小为特征。各站点的差异在表层至 20 m 层间差异较小，互差不大。

6.4.1.3　实测最大流速涨、落潮流的比较

将表 6.4-1 和表 6.4-2 中涨、落潮流的最大流速进行对比可知，在本测区中，无论是大、中、小潮还是分层及垂向平均，位于金塘水道的 9 号锚地 1#站均表现为最大涨潮流流速大于最大落潮流流速；而位于戚家山化工码头水域的戚家山 1#站在大、中潮汛表现为最大涨潮流流速大于最大落潮流流速，而小潮汛则相反。

如将各站各潮汛垂向平均的实测最大涨潮流流速与对应的最大落潮流流速对比可知，戚家山 1#站在大、中、小潮期间的最大涨潮流流速与最大落潮流流速差值分别为 64 cm/s、56 cm/s、-3 cm/s，9 号锚地 1#站在大、中、小潮期间的最大涨潮流流速与最大落潮流流速差值分别为 29 cm/s、51 cm/s、42 cm/s。可见北仑港区水域有较强的涨潮流，特别是大、中潮汛。

就实测最大涨、落潮流所对应的流向而言，以各站垂向平均最大流速所对应的流向予以说明：在大、中、小潮期间，戚家山 1#站的最大涨潮流流向分别为 294°、292°、294°，9 号锚地 1#站的最大涨潮流流向分别为 261°、259°、266°。在上述 3 个潮汛中，戚家山 1#站的最大落潮流流向分别为 115°、103°、116°，9 号锚地 1#站的最大落潮流流向分别为 88°、79°、76°。

由此可见，最大涨、落潮流之间的流向互差，戚家山 1#站介于 178°～189°，9 号锚地 1#站介于 173°～190°，总体上多数接近于 180°，较好地反映出最大涨、落潮流之间往复流特征。

6.4.1.4 实测最大流速随潮汛的变化

对表 6.4-1 和表 6.4-2 的数据，按潮汛进行比较后可得出如下结果。

（1）就最大涨潮流而言，戚家山 1#站随潮汛变化显著，在大、中潮汛之间的流速量值较大，且相差不大，而小潮汛时流速量值较小；9 号锚地 1#站在大、中、小潮汛最大涨潮流流速均较大，特别是大、中潮汛流速差异很小，小潮汛略小些。

（2）就最大落潮流速而言，戚家山 1#站在大潮汛流速较大，中潮汛流速较小，小潮汛流速较大，而 9 号锚地 1#站随潮汛变化显著，大潮汛最大落潮流流速较大，中潮次之，小潮较小。

可见，北仑港区 9 号锚地 1#站最大流速依月相演变规律较为显著，戚家山 1#站受局地微地形的影响显著，特别是小潮汛期间。

6.4.2 流速、流向频率统计

前面主要讨论了北仑港区两个站点具有特征意义的实测最大流速（流向）的分布与变化的基本情况，并以此为港区流场的主要特征予以阐述。但为了对整个区域出现的所有流况在总体上有一个定量了解，故对各站层所获取潮流的垂向平均流速、流向按不同级别与方位进行了出现频次和频率的统计（表 6.4-3 和表 6.4-4）。

表 6.4-3 各站垂向平均流速各级出现频次、频率的统计

测站	项目	流速范围			
		≤51 cm/s ≤1 kn	52~102 cm/s 1~2 kn	103~153 cm/s 2~3 kn	≥154 cm/s ≥3 kn
戚家山 1#	出现频次/次	322	143	17	—
	出现频率/（%）	66.8	29.7	3.5	—
9 号锚地 1#	出现频次/次	153	255	112	3
	出现频率/（%）	29.2	48.8	21.4	0.6

表 6.4-4 各站实测垂向平均流向在各方向上出现频次、频率的统计

测站	项目	方位															
		N	NNE	NE	ENE	E	ESE	SE	SSE	S	SSW	SW	WSW	W	WNW	NW	NNW
戚家山 1#	频次/次	5	2	4	10	48	154	11	1	1	0	0	2	7	215	19	3
	频率/（%）	1.0	0.4	0.8	2.1	10.0	32.0	2.3	0.2	0.2	0	0	0.4	1.5	44.6	3.9	0.6
9 号锚地 1#	频次/次	4	5	15	54	65	18	27	22	17	31	64	57	97	19	19	9
	频率/（%）	0.8	1.0	2.9	10.3	12.4	3.4	5.2	4.2	3.3	5.9	12.2	10.9	18.6	3.6	3.6	1.7

由表 6.4-3 可得出如下结果。

（1）北仑港区各站不高于 1 kn 流速的场合的频率为 29.2%~66.8%；流速为 1~2 kn 的出现场合频率为 29.7%~48.8%，流速为 2~3 kn 的出现场合频率为 3.5%~21.4%，流速大于 3 kn 的出现场合频率为 0~0.6%。

（2）从各站点具体分析，位于金塘水道的 9 号锚地 1#站所测流速较大，而位于北仑戚家山化工码头

前沿的戚家山 1#站的流速较小。戚家山 1#站所测流速多数小于 2 kn，其中小于 1 kn 的出现频率为 66.8%，流速为 1~2 kn 的出现频率为 29.3%，大于 2 kn 的流速出现次数较少，流速为 2~3 kn 的出现频率为 3.5%，大于 3 kn 的流速调查期间未出现。9 号锚地 1#站所测流速多数小于 3 kn，其中小于 1 kn 的出现频率为 29.2%，流速为 1~2 kn 的出现频率为 48.8%，流速为 2~3 kn 的出现频率为 21.4%，即流速为 1~2 kn 出现频率较高，大于 3 kn 的流速也偶有出现，频率为 0.6%。

从表 6.4-3 分析可知，位于金塘水道的 9 号锚地 1#相比而言为流速较大区域，实测最大有 3 kn 以上流速偶有出现，而位于戚家山化工码头水域的戚家山 1#站所在水域的流速主要小于 2 kn，3 kn 以上流速未出现。

表 6.4-4 给出了北仑港区各站垂直平均流向在 16 个不同方位上出现频次、频率的统计。

由表 6.4-4 可知，戚家山 1#站涨潮流在 WNW 方位上出现的频率较大，占 44.6%，其次为 NW，占 3.9%；9 号锚地 1#站涨潮流在 W 方位上出现的频率较大，占 18.6%，其次为 SW，占 12.2%；其他各向比率均较小。而各站的主要落潮流方向，戚家山 1#站落潮流在 ESE 方位上出现的频率较大，占 32.0%，其次为 E，占 10.0%；9 号锚地 1#站落潮流在 E 方位上出现的频率较大，占 12.4%，其次为 ENE，占 10.3%；其他各向频率均较小。

通过分析各站点的各向频率分布得出：戚家山 1#站的涨落流矢量分布相比较为其中，即往复流特征较为明显，而 9 号锚地 1#站的涨落流矢量较为分散。

6.4.3　涨、落潮流历时统计

为了较为准确地判别北仑港区各站涨、落潮流的历时不等现象，主要结合各站点的"流速、流向、潮位过程线图"综合分析，结果如表 6.4-5 所示，即为测区各站大、中、小潮垂线平均涨、落潮流历时的统计。

表 6.4-5　各站大、中、小潮汛垂向平均涨、落潮流历时的统计

潮汛	测站	一潮		二潮		两潮平均	
		涨潮历时	落潮历时	涨潮历时	落潮历时	涨潮历时	落潮历时
大潮	戚家山 1#	5 h30 min	7 h00 min	5 h30 min	7 h00 min	5 h30 min	7 h00 min
	9 号锚地 1#	8 h00 min	4 h00 min	8 h00 min	4 h45 min	8 h00 min	4 h22 min
中潮	戚家山 1#	7 h00 min	6 h00 min	6 h00 min	6 h00 min	6 h30 min	6 h00 min
	9 号锚地 1#	7 h15 min	4 h45 min	7 h45 min	5 h00 min	7 h30 min	4 h52 min
小潮	戚家山 1#	7 h30 min	6 h00 min	6 h00 min	6 h30 min	6 h45 min	6 h15 min
	9 号锚地 1#	8 h00 min	4 h15 min	8 h00 min	4 h45 min	8 h00 min	4 h30 min

由表 6.4-5 可知，北仑港区这两个站点的涨落潮流特征并不一致，位于金塘水道的 9 号锚地 1#站具有明显的涨潮流历时长于落潮流历时的特征，大、中、小潮汛均有，而位于北仑戚家山化工码头前沿的戚家山 1#站的涨潮流历时与落潮流历时之间的关系随大、中、小潮汛存在变化，大潮汛期间，平均涨潮流历时小于平均落潮流历时，而中、小潮汛期间，平均涨潮流历时略长于平均落潮流历时。

大潮期间戚家山 1#站的平均涨潮流历时小于平均落潮流历时，穿山港 1#站平均涨潮流历时为 5 h30 min，平均落潮流历时为 7 h，涨落历时差为 1 h30 min。中、小潮期间戚家山 1#站的平均涨潮流历时略长于平均落潮流历时，中潮期间，戚家山 1#站平均涨潮流历时为 6 h30 min，平均落潮流历时为 6 h，涨落历时差为 30 min；小潮期间，戚家山 1#站平均涨潮流历时为 6 h45 min，平均落潮流历时为 6 h15 min，

涨落历时差为 30 min。

9 号锚地 1#站在大、中、小潮期间均为平均涨潮流历时长于平均落潮流历时。大潮期间，9 号锚地 1#站平均涨潮流历时为 8 h，平均落潮流历时为 4 h22 min，涨落历时差为 3 h38 min；中潮期间，9 号锚地 1#站平均涨潮流历时为 7 h30 min，平均落潮流历时为 4 h52 min，涨落历时差为 2 h38 min；小潮期间，9 号锚地 1#站平均涨潮流历时为 8 h，平均落潮流历时为 4 h30 min，涨落历时差为 3 h30 min。

从上述分析可知，北仑港区各站点的涨落潮流历时情况各有不同，靠近北仑戚家山化工码头的戚家山 1#站可能受局地微地形环境影响较大。

6.4.4　潮位与潮流相关分析

为了更好地把握北仑港区各码头测站的潮流特征，这里将各站点的潮流情况与附近长期站的潮位联合起来进行分析，长期潮位站选择镇海海洋站。

从图 6.4-1 可知，戚家山 1#站大潮期间涨潮流流速较大，流速有超过 2 kn，有多个峰值，落潮流流速小于涨潮流流速，也有多个峰值。与镇海海洋站相比，大潮期间，戚家山 1#站涨潮流转落潮流处于镇海海洋站高潮前约 30 min，落急处于镇海海洋站高潮后 1 h20 min～5 h；落潮流转涨潮流处于镇海海洋站低潮后约 30 min，涨急处于镇海海洋站低潮后 4 h～4 h20 min。

戚家山 1#站中潮期间涨潮流流速仍较大，流速有超过 2 kn，有多个峰值，但小于大潮，落潮流流速小于涨潮流流速，这里主要就涨潮流阶段进行分析。

与镇海海洋站相比，中潮期间，戚家山 1#站涨潮流转落潮流处于镇海海洋站高潮后 40～60 min，落潮流转涨潮流处于镇海海洋站低潮后 10～50 min，涨急处于镇海海洋站低潮后约 50 min。

戚家山 1#站小潮期间涨潮流流速比中潮略小，落潮流流速与涨潮流流速差异也较小。与镇海海洋站相比，小潮期间，戚家山 1#站落潮流转涨潮流处于镇海海洋站低潮前 20 min 至低潮后 1 h10 min，涨急处于镇海海洋站低潮后 3 h40 min～5 h10 min；涨潮流转落潮流处于镇海海洋站高潮后 30 min～1 h10 min，落急处于镇海海洋站高潮后 2 h40 min～3 h。

从图 6.4-2 可知，9 号锚地 1#站大潮期间涨、落潮流流速仍较大，流速有超过 2 kn，落潮流流速略小于涨潮流流速。与镇海海洋站相比，大潮期间，9 号锚地 1#站落潮流转涨潮流处于镇海海洋站低潮后 15～35 min，涨急处于镇海海洋站低潮后 3 h45 min～4 h35 min；涨潮流转落潮流处于镇海海洋站高潮后约 2 h40 min，落急处于镇海海洋站高潮后约 3 h40 min。

9 号锚地 1#站中潮期间涨潮流流速仍较大，流速有测到超过 2 kn，有 2 个峰值，落潮流流速明显小于涨潮流流速，基本小于 1 kn。与镇海海洋站相比，中潮期间，9 号锚地 1#站落潮流转涨潮流处于镇海海洋站低潮后约 40 min，涨急处于镇海海洋站低潮后约 3 h55 min；涨潮流转落潮流处于镇海海洋站高潮后 2 h～4 h40 min，落急处于镇海海洋站高潮后 4 h～6 h40 min。

9 号锚地 1#站小潮期间涨潮流流速仍较大，流速有测到超过 2 kn，有 2 个峰值，落潮流流速明显小于涨潮流流速，基本小于 1 kn。与镇海海洋站相比，小潮期间，9 号锚地 1#站落潮流转涨潮流处于镇海海洋站低潮后 15～25 min，涨急处于镇海海洋站低潮后 3 h30 min～4 h10 min；涨潮流转落潮流处于镇海海洋站高潮后约 1 h40 min，落急处于镇海海洋站高潮后 3 h～4 h10 min。

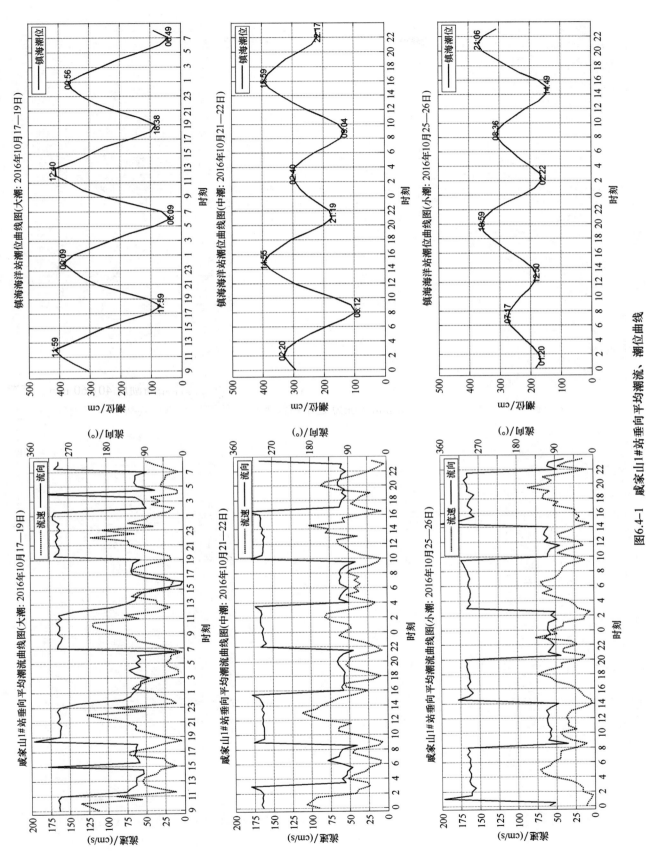

图6.4-1　戚家山1#站垂向平均潮流、潮位曲线

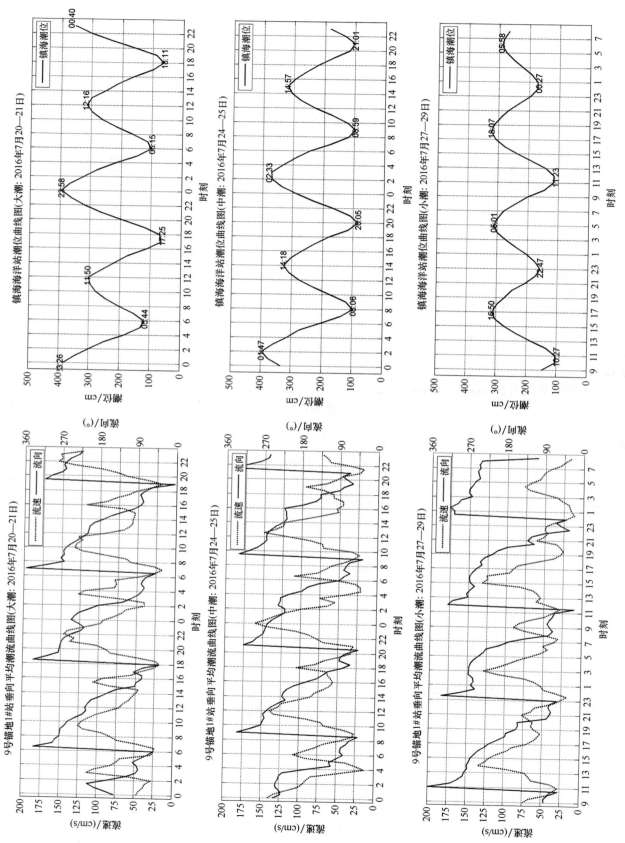

图6.4-2 9号锚地1#站垂向平均潮流、潮位曲线

6.4.5 余流分析

根据潮流的准调和分析，还可获得北仑港区各站、层和垂向平均余流的大小和方向。现将各测站大、中、小潮汛各层及垂向平均余流的流速、流向的计算结果，一并列入表6.4-6中，以供分析比较。

表6.4-6 测区大、中、小潮各站、层余流的统计

测站	潮汛	表层		5 m层		10 m层		15 m层		垂直平均	
		余流流速	余流流向	余流流速	余流流向	余流流速	余流流向	余流流速	余流流向	余流流速	余流流向
		/(cm/s)	/(°)	/(cm/s)	/(°)	/(cm/s)	/(°)	/(cm/s)	/(°)	/(cm/s)	/(°)
戚家山 1#	大潮	7	283	10	286	18	296	21	297	18	296
	中潮	10	305	11	305	16	300	22	297	18	301
	小潮	10	286	12	294	15	305	15	304	13	305
9 号锚地 1#	大潮	32	222	27	221	24	218	26	222	27	224
	中潮	37	237	24	231	34	230	33	232	34	233
	小潮	31	255	29	256	27	248	28	259	27	256

由表6.4-6可知，本测区余流分布、变化特征，总体上存在着较好的规律。

（1）从余流量值来看，北仑港区水域余流量值较大，各层间最大余流为29~37 cm/s，各站间最大余流为15~37 cm/s，其中位于金塘水道的9号锚地1#站的余流相比偏大，如9号锚地1#站垂向平均余流大、中、小潮汛分别为27 cm/s、34 cm/s、27 cm/s，而位于北仑戚家山化工码头水域的戚家山1#站的余流明显较小，如戚家山1#站垂向平均余流大、中、小潮汛分别为18 cm/s、18 cm/s、13 cm/s。

（2）从余流流向分析，该港区存在显著的涨、落潮流不对称性，余流的方向均表现为涨潮流方向，大、中、小潮汛余流方向一致，因所在地理位置不同，各站的余流方向有些差异。

（3）在余流的垂直分布上，戚家山1#站的上层余流小于下层，9号锚地1#站上、下层的余流差别较小。

（4）从大、中、小潮来比较，余流随潮汛差值不大。

6.4.6 潮流性质

6.4.6.1 测区潮流中主要半日分潮流的椭圆要素

测区各站潮流椭圆要素的计算，主要用于了解该站的潮流组成及其变化特征。通过各个分潮流的椭圆长半轴（最大分潮流）、短半轴（最小分潮流）、椭圆率、椭圆长轴方向（最大分潮流方向）等要素的计算，进一步分析与比较测区潮流组成中各个分潮流运动的基本规律。

计算结果表明，由于主要半日分潮流 M_2 和 S_2 在上述6个准调和分潮流中占据主导成分，故在表6.4-7中给出了北仑港区各站垂向平均的两个分潮流的几项主要椭圆要素的统计。

表6.4-7 测区各站垂向平均的主要半日分潮流椭圆要素统计

站名	分潮							
	M_2				S_2			
	最大分潮流（长半轴）/(cm/s)	最小分潮流（短半轴）/(cm/s)	椭圆率（K）	最大分潮流方向/(°)	最大分潮流（长半轴）/(cm/s)	最小分潮流（短半轴）/(cm/s)	椭圆率（K）	最大分潮流方向/(°)
戚家山 1#	50.78	1.03	−0.02	111~291	13.69	0.47	0.03	110~290
9 号锚地 1#	84.11	27.71	0.33	79~259	29.94	10.87	0.36	58~238

表 6.4-7 中这两个主要分潮流的椭圆率（椭圆长、短轴之比）来看，戚家山 1#站的 M_2 分潮流椭圆率和 S_2 分潮流椭圆率分别为 0.02 和 0.03，均远小于 0.25，表现出往复流特征；9 号锚地 1#站的 M_2 分潮流椭圆率和 S_2 分潮流椭圆率分别为 0.33 和 0.36，均大于 0.25，表现出旋转流特征，这与该站点所在的地理位置直接相关。

由表中最大分潮流对应的方向来看，M_2 最大分潮流方向介于 79°～111° 和 259°～291° 之间，S_2 最大分潮流方向介于 58°～110° 和 238°～290°，两个主要分潮涨、落方向基本一致，故对各站涨、落潮的主流向具有关键的控制作用。

从椭圆率的 "+" "–" 符号来看，"+" 为逆时针左旋方向，"–" 为顺时针右旋方向。9 号锚地 1#站的 M_2 和 S_2 潮流的椭圆率均为正值，戚家山 1#站的 M_2 和 S_2 潮流的椭圆率有正有负。

6.4.6.2 测区潮流类型

通常，港区的潮流性质（或类型）多以主要全日分潮流 K_1 与 O_1 的椭圆长半轴之和与主要半日分潮流 M_2 的椭圆长半轴之比、即 $(W_{O1}+W_{K1})/W_{M2}$ 作为判据进行分类。为了考察港区浅海分潮流的大小与作用，往往又将四分之一日主要浅海分潮流 M_4 与半日分潮流 M_2 的椭圆长半轴之比、即 W_{M4}/W_{M2} 作为判据进行分析。为此，在上述潮流椭圆要素计算的基础上，表 6.4-8 列出了各测站潮流性质（判据）计算结果统计。

表 6.4-8 港区各站潮流性质（判据）计算结果统计

测站	表层		5 m 层		10 m 层		15 m 层		垂直平均	
	F'	G	F'	G	F'	G	F'	G	F'	G
戚家山 1#	0.22	0.20	0.19	0.20	0.28	0.21	0.31	0.19	0.26	0.21
9 号锚地 1#	0.16	0.11	0.19	0.10	0.21	0.11	0.23	0.09	0.21	0.08

注：$F'=(W_{O1}+W_{K1})/W_{M2}$，$G=W_{M4}/W_{M2}$。

由表 6.4-8 得出如下结论。

（1）港区各站、层的判据 $(W_{O1}+W_{K1})/W_{M2}$，介于 0.16～0.31，均小于 0.50，故测区的潮流性质总体上属于正规半日潮流类型；

（2）港区各站、层的比值 W_{M4}/W_{M2} 明显较大，介于 0.08～0.21，均大于 0.04，表明测区中的浅海分潮流比重很大，故本测区的潮性质最终应归属为非正规半日浅海潮类型；

（3）从港区各站垂向平均的 $(W_{O1}+W_{K1})/W_{M2}$ 来看，其值介于 0.16～0.31，而 W_{M4}/W_{M2} 也介于 0.08～0.21，从各站来看，戚家山 1#站的四分之一日 M_4 浅海分潮流所占有的比重，与两个全日分潮流之和比重相当，而 9 号锚地 1#站相比 M_4 浅海分潮流则所占比重较小，这也与其所在的地理位置相关。

6.5　港区潮流模拟结果分析

北仑港区位于大榭岛以西的北仑区北岸，紧邻金塘水道，与金塘岛隔海相望（图 6.5-1）。

图 6.5-1　北仑港区地理位置

涨潮时，涨潮流自外海经舟山群岛、螺头水道，沿穿山半岛北岸自东向西流经金塘水道进入宁波港，最后向西北方向流入杭州湾；落潮流流径与涨潮流相反，来自杭州湾的海水沿镇海、北仑岸线进入宁波港，再沿金塘水道、螺头水道向东南穿舟山群岛进入外海（图 6.5-2）。

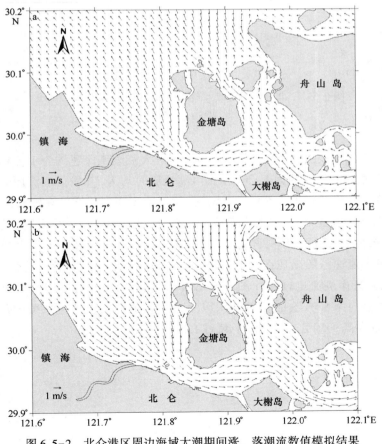

图 6.5-2　北仑港区周边海域大潮期间涨、落潮流数值模拟结果

a. 涨潮；b. 落潮

北仑港区岸线大体沿 ESE—WNN 走向，近岸涨、落潮流向多平行岸线走向，呈现往复流特征。西部潮流流速较大，向东逐渐减小（图 6.5-3）。在北仑港区西部，受大黄蟒岛、中门柱岛等诸岛阻挡和导流，岛屿后侧（参照流向）出现弱流区，岛屿两侧出现强流区，即在岛屿相邻的码头区域前沿由岸向海方向，流速呈强、弱、强交替分布的特征。

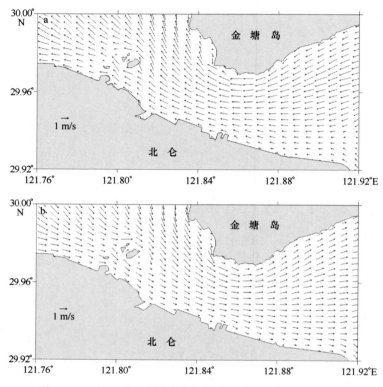

图 6.5-3　北仑港区海域大潮期间涨、落潮流数值模拟结果

a. 涨潮；b. 落潮

北仑港区东部近岸潮流较弱（图 6.5-4），大潮期间最大涨潮流流速约为 1.5 kn，最大落潮流流速约为 2 kn，落潮流略强。涨潮流历时约为 5~5.5 h，落潮流历时约为 7 h，落潮流历时较长。涨、落潮流最大流速一般分别出现在高、低平潮前 1.5 h，最小流速一般出现在高、低平潮后 1.5 h。与东部相比，北仑港区中部近岸潮流较强（图 6.5-5），最大涨潮流流速接近 3 kn，最大落潮流流速约为 2.5 kn，涨潮流略强。涨潮流历时为 6~6.5 h，落潮流历时约为 6 h，涨潮流历时较长。涨潮流最大流速一般出现在高平潮前 1~1.5 h，落潮流最大流速一般出现在低平潮前 1.5~2 h，最小流速一般出现在高平潮后 2 h 或低平潮后 1.5 h。北仑港区西部近岸潮流也较强（图 6.5-6），大潮期间涨、落潮流最大流速差异不大，都接近 3 kn。涨、落潮流历时都约为 6~6.5 h，差异也不大。涨、落潮流最大流速一般分别出现在高、低平潮前 2 h，最小流速一般出现在高平潮后 1 h 或低平潮后 1.5 h。

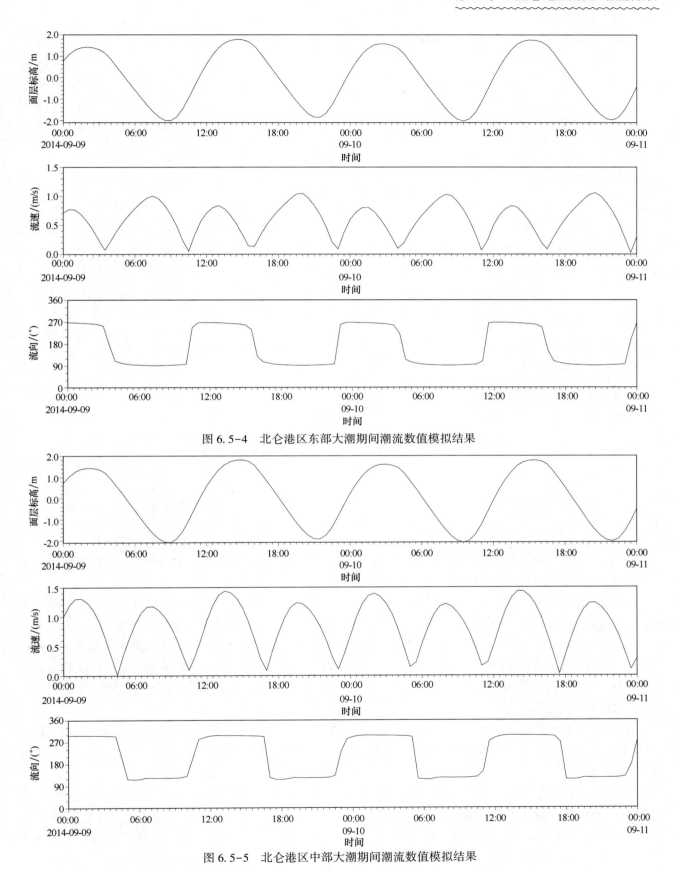

图 6.5-4　北仑港区东部大潮期间潮流数值模拟结果

图 6.5-5　北仑港区中部大潮期间潮流数值模拟结果

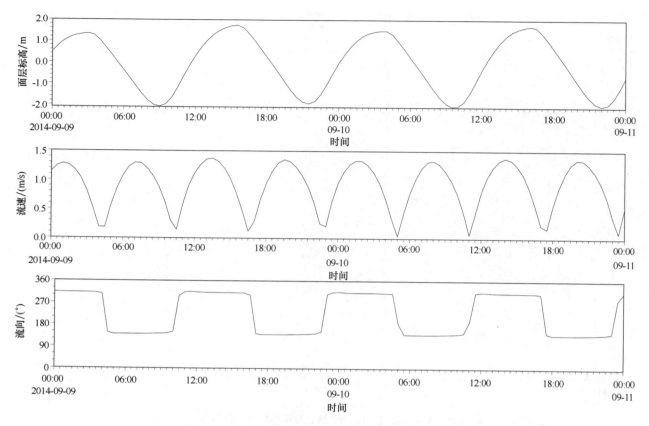

图 6.5−6　北仑港区西部大潮期间潮流数值模拟结果

6.6　小结

北仑港区潮汐类型为非正规半日浅海潮港，平均涨潮历时与平均落潮历时差异较小，涨潮历时略长于落潮历时，涨落潮历时差约 12 min，平均潮差约 2.37 m。

北仑港区的潮流为非正规半日浅海潮类型，涨、落潮潮流之间存在着明显的不对称性，其中戚家山化工码头附近水域往复流特征较为明显，而位于金塘水道 9 号锚地的涨落潮矢量较为分散。

本港区位于金塘水道 9 号锚地测站的最大涨潮流流速及最大落潮流流速明显大于戚家山化工码头附近水域，且各潮汛均具有该特点。从垂向分析，最大涨潮流及最大落潮流多数出现于表层，且各站点在表层至 20 m 层间上下差异较小，互差不大。各站的最大涨潮流流速多数大于最大落潮流流速，特别是大中潮汛表现较强的涨潮流。

本港区金塘水道测站流速实测最大有 3 kn 以上流速出现，明显大于戚家山化工码头附近水域流速。港区水域余流较大，其中位于金塘水道 9 号锚地测站的余流大于戚家山化工码头附近水域，余流方向均表现为涨潮流方向。

从潮流模拟结果分析，北仑港区岸线大体沿 ESE—WNW 走向，近岸涨、落潮流向多平行岸线走向，呈现往复流特征；西部潮流流速较大，向东逐渐减小。在北仑港区西部，受大黄蟒岛、中门柱岛等诸岛的阻挡和导流，岛屿后侧（参照流向）出现弱流区，岛屿两侧出现强流区，即在岛屿相邻的码头区域前沿由岸向海方向，流速呈强、弱、强交替分布的特征。

第7章　衢山港区潮汐潮流分析

7.1　港区基本情况

衢山港区（图7.1-1和图7.1-2）包括衢山岛、黄泽山、双子山、小衢山及鼠浪湖岛等，是以大宗干散货、液体散货运输为主，兼顾海洋产业集聚发展的综合性港区。其中鼠浪湖作业区以矿石保税中转服务为主，兼顾煤炭保税功能；黄泽山作业区主要发展石油化工品和大宗干散货运输；小衢山、双子山岛预留发展大宗干散货或液体散货运输。

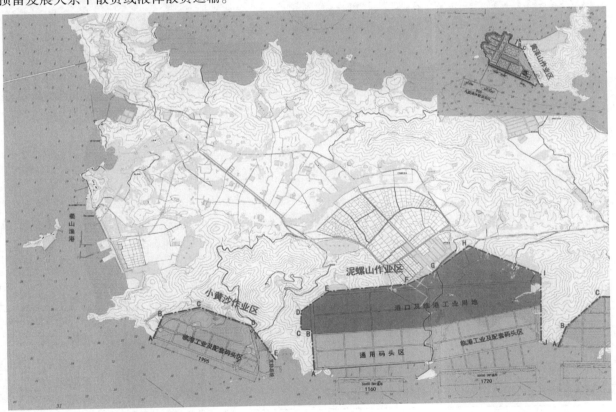

图 7.1-1　衢山港区规划（一）

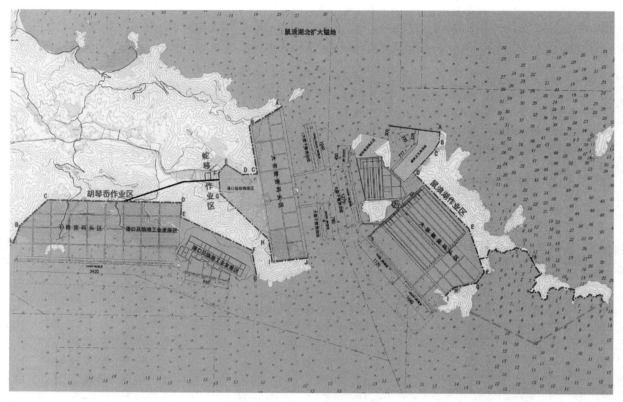

图 7.1-2　衢山港区规划（二）

7.2　数据来源

为了更好地了解衢山港区的潮汐潮流特征，潮汐分析选取了 3 个参考点，其中鼠浪湖临时潮位站位于鼠浪湖矿石中转码头的装船泊位附近水域，T1 暗标临时潮位站和 T2 万良临时站位于衢山岛周边水域，具体观测时间和站位如表 7.2-1 和图 7.2-1 所示。

表 7.2-1　衢山港区临时潮位观测站位

测站	实测站点	调查时间
鼠浪湖临时潮位站	30°24′59.0″N，122°27′03.5″E	2014 年 8 月 5—20 日
T1 暗标临时潮位站	30°25′11.9″N，122°22′57.1″E	2016 年 9 月 23 日至 10 月 8 日
T2 万良临时站	30°25′56.1″N，122°25′22.0″E	2016 年 9 月 23 日至 10 月 23 日

衢山港区潮流分析选取了 7 个参考点，K1#、K2#、K3#站位于鼠浪湖矿石中转码头的卸船泊位前沿水域，K4#、K5#站位于鼠浪湖矿石中转码头的装船泊位前沿水域，S1#、S2#站位于衢山岛南侧附近海域，岱衢洋北侧，具体观测时间和站位如表 7.2-2 和图 7.2-1 所示。

表 7.2-2　衢山港区临时潮流观测站位

测站	实测站点	平均水深/m	调查时间
K1#	30°25′49.6″N，122°26′36.0″E	26.0	
K2#	30°25′37.6″N，122°26′39.0″E	38.0	
K3#	30°25′22.6″N，122°26′43.0″E	31.0	2014 年 8 月 5—20 日
K4#	30°25′12.1″N，122°26′50.0″E	18.0	
K5#	30°24′59.0″N，122°27′03.5″E	13.0	
S1#	30°23′47.5″N，122°25′53.6″E	19.2	小潮：2016 年 9 月 23—24 日 大潮：2016 年 10 月 2—3 日
S2#	30°23′31.7″N，122°21′22.3″E	24.9	中潮：2016 年 10 月 5—6 日

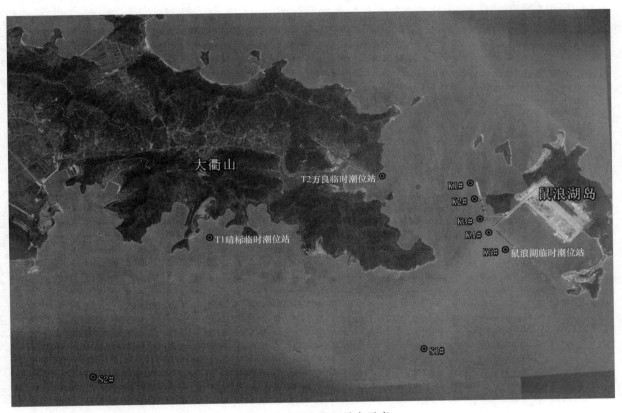

图 7.2-1　衢山港区站点示意

7.3　港区潮汐特征分析

为了确切了解衢山港区各项潮汐特征值，现将 3 个潮汐参考站的实测资料进行特征统计，结果如表
7.3-1 所示。

表 7.3-1　衢山港区临时潮位站实测潮汐特征值统计　　　　潮高基准：1985 国家高程基准

测站	特征潮位/cm					特征潮差/cm			历时	
	最高	最低	平均高潮	平均低潮	平均海面	最大	最小	平均	平均涨潮	平均落潮
鼠浪湖临时潮位站	263	−187	155	−97	39	434	70	256	6 h02 min	6 h24 min
T1 暗标临时潮位站	227	−148	158	−94	36	338	102	254	5 h56 min	6 h28 min
T2 万良临时潮位站	226	−203	158	−101	34	426	91	260	6 h00 min	6 h26 min

由表 7.3-1 得出如下结果。

（1）鼠浪湖临时潮位站的平均海平面为 39 cm；T1 暗标临时潮位站平均海平面 36 cm；T2 万良临时潮位站平均海平面 34 cm。各站基面均为 1985 国家高程基准。

（2）鼠浪湖临时潮位站最大潮差 434 cm，最小潮差 70 cm，平均潮差 256 cm；T1 暗标临时潮位站最大潮差 338 cm，最小潮差 102 cm，平均潮差 254 cm；T2 万良临时潮位站最大潮差 426 cm，最小潮差 91 cm，平均潮差 260 cm。

（3）3 个临时潮位站的平均落潮历时均长于平均涨潮历时。其中鼠浪湖临时潮位站平均涨潮历时为 6 h02 min，平均落潮历时为 6 h24 min；T1 暗标临时潮位站平均涨潮历时为 5 h56 min，平均落潮历时为 6 h28 min；T2 万良临时潮位站平均涨潮历时为 6 h，平均落潮历时为 6 h26 min。

总体而论，测区 3 个潮位站的潮汐特征值非常接近，潮差均较大，平均落潮历时长于平均涨潮历时。

从表 7.3-2 来看，衢山港区 3 个临时潮位站的主要日分潮与主太阴分潮之比接近 0.50，主要浅海与主要半日分潮振幅比接近 0.04，浅海效应明显，因此，该港区的潮汐性质为非正规半日浅海潮港。

表 7.3-2　衢山港区临时潮位站潮汐性质

测站	潮港类型 $(H_{K_1}+H_{O_1})/H_{M_2}$	主要浅海与主要半日分潮振幅比 H_{M_4}/H_{M_2}	主要浅海分潮振幅和/m $(H_{M_4}+H_{MS_4}+H_{M_6})$
鼠浪湖临时潮位站	0.40	0.04	0.10
T1 暗标临时潮位站	0.50	0.04	0.12
T2 万良临时潮位站	0.42	0.03	0.10

7.4　港区潮流特征分析

7.4.1　最大流速统计分析

为了确切了解衢山港区潮流特征情况，下面就 7 个参考站的实测资料分涨、落潮流进行最大流速、流向统计，结果如表 7.4-1 和表 7.4-2 所示。

表 7.4-1　衢山港区实测涨潮流最大流速（流向）统计

测站	表层		0.2H		0.4H		0.6H		0.8H		底层		垂向平均	
	流速 /(cm/s)	流向 /(°)	流速 /(cm/s)	流向 /(°)	流速 /(cm/s)	流向 /(°)	流速 /(cm/s)	流向 /(°)	流速 /(cm/s)	流向 /(°)	流速 /(cm/s)	流向 /(°)	流速 /(cm/s)	流向 /(°)
K1#	145	15	134	12	123	8	134	19	105	19	70	24	115	14
K2#	183	0	175	357	178	356	138	7	130	4	88	1	148	358
K3#	171	326	172	337	166	340	122	342	109	338	86	338	135	339
K4#	197	323	195	333	193	329	183	336	164	335	114	342	174	329
K5#	183	318	187	321	175	321	172	319	162	321	116	311	168	321
S1#	165	245	160	279	153	298	142	302	130	303	106	251	138	296
S2#	158	275	157	280	148	284	162	281	147	287	124	283	141	281

注：H 在本章内容中代表水深。

表 7.4-2　衢山港区实测落潮流最大流速（流向）统计

测站	表层		0.2H		0.4H		0.6H		0.8H		底层		垂向平均	
	流速 /(cm/s)	流向 /(°)	流速 /(cm/s)	流向 /(°)	流速 /(cm/s)	流向 /(°)	流速 /(cm/s)	流向 /(°)	流速 /(cm/s)	流向 /(°)	流速 /(cm/s)	流向 /(°)	流速 /(cm/s)	流向 /(°)
K1#	159	196	158	198	141	196	152	191	132	190	101	184	139	195
K2#	186	188	183	177	171	182	176	191	151	177	109	191	164	182
K3#	177	178	171	179	167	179	166	174	151	175	125	173	161	177
K4#	186	155	170	156	151	145	146	168	119	172	94	192	130	137
K5#	175	154	167	151	157	137	148	139	145	142	100	139	146	150
S1#	196	100	179	110	162	101	164	101	153	102	138	102	159	101
S2#	181	106	179	106	170	99	150	99	135	95	117	103	152	97

7.4.1.1　实测最大流速的极值

由表 7.4-1 中衢山港区水域各站点最大涨潮流流速的排列、比较可知，测区分层中的最大涨潮流极值出现于鼠浪湖矿石中转码头装船泊位 K4#站表层，涨潮流流速为 197 cm/s，约 3.8 kn，对应的流向分别是 323°；表层外，是鼠浪湖矿石中转码头的装船泊位 K4#站，出现于 5 m 层，涨潮流流速为 195 cm/s，约 3.8 kn，对应的流向为 333°。各实测参考站相比可见，鼠浪湖矿石中转码头的装船泊位附近水域最大涨潮流流速明显较大。

由表 7.4-2 可知，衢山港区最大落潮流极值为 196 cm/s，约 3.8 kn，对应流向为 100°，出现于衢山岛南侧附近海域，岱衢洋北侧 S1#站表层，表层外，最大落潮流出现于鼠浪湖矿石中转码头卸船泊位 K2#站 5 m 层，落潮流流速为 183 cm/s，约 3.6 kn，对应的流向为 177°。

各实测参考站中，垂直平均层的最大流速极值：涨潮流为 174 cm/s（329°），出现于鼠浪湖矿石中转码头装船泊位 K4#站。落潮流为 164 cm/s（182°），出现于鼠浪湖矿石中转码头卸船泊位 K2#站。

7.4.1.2 实测最大流速的分布

从表 7.4-1 所列的衢山港区各站点实测最大涨潮流的特征流速分析可知，位于鼠浪湖矿石中转码头装船泊位 K4#、K5#站的最大涨潮流流速多数大于其他各站。如垂向平均层，位于鼠浪湖矿石中转码头卸船泊位 K1#、K2#、K3#站的最大涨潮流流速分别为 115 cm/s、148 cm/s、135 cm/s，位于鼠浪湖矿石中转码头装船泊位 K4#、K5#站的最大涨潮流流速分别为 174 cm/s、168 cm/s，位于衢山岛南侧附近海域及岱衢洋北侧 S1#、S2#站最大涨潮流流速分别为 138 cm/s、141 cm/s。

从表 7.4-2 所列的衢山港区各站点实测最大落潮流的特征流速分析可知，位于鼠浪湖矿石中转码头装船泊位 K4#、K5#站的最大落潮流流速多数小于其他各站。如垂向平均层，位于鼠浪湖矿石中转码头卸船泊位 K1#、K2#、K3#站的最大落潮流流速分别为 139 cm/s、164 cm/s、161 cm/s，位于鼠浪湖矿石中转码头装船泊位 K4#、K5#站的最大涨潮流流速分别为 130 cm/s、146 cm/s，位于衢山岛南侧附近海域及岱衢洋北侧 S1#、S2#站的最大涨潮流流速分别为 159 cm/s、152 cm/s。

从表 7.4-1 和表 7.4-2 分析衢山港区的最大流速垂直分布，最大涨潮流多数出现于表层，$0.2H$、$0.4H$ 也有出现，但次数较少，且与表层差值也较小，底层流速明显较小；最大落潮流均出现于表层。整体来看，多数表现出上、中层流速稍大，下层或近底层流速略小的特征。

7.4.1.3 实测最大流速涨、落潮流的比较

将表 7.4-1 和表 7.4-2 中涨、落潮流的最大流速对比后发现，在本港区中，从分层及垂向平均，位于鼠浪湖矿石中转码头装船泊位 K4#、K5#站的表现为最大涨潮流流速大于最大落潮流流速；其他各站则主要表现为最大涨潮流流速小于最大落潮流流速。

如将各站垂向平均的实测最大涨潮流速与对应的最大落潮流速对比可知，位于鼠浪湖矿石中转码头卸船泊位 K1#、K2#、K3#站的最大涨潮流速与最大落潮流流速差值分别为 −24 cm/s、−16 cm/s、−26 cm/s，位于鼠浪湖矿石中转码头装船泊位 K4#、K5#站的最大涨潮流速与最大落潮流流速差值分别为 44 cm/s、22 cm/s，位于衢山岛南侧附近海域及岱衢洋北侧 S1#、S2#站最大涨潮流流速与最大落潮流流速差值分别为 −21 cm/s、−11 cm/s。可见鼠浪湖矿石中转码头装船泊位附近的涨潮流流速略强，其他各站则落潮流流速略强。

就实测最大涨、落潮流所对应的流向而言，以各站垂向平均最大流速所对应的流向予以说明：位于鼠浪湖矿石中转码头卸船泊位 K1#、K2#、K3#站的最大涨潮流流向分别为 14°、358°、339°，位于鼠浪湖矿石中转码头装船泊位 K4#、K5#站的最大涨潮流流向分别为 329°、321°，位于衢山岛南侧附近海域及岱衢洋北侧 S1#、S2#站的最大涨潮流流向分别为 296°、281°。位于鼠浪湖矿石中转码头卸船泊位 K1#、K2#、K3#站的最大落潮流流向分别为 195°、182°、177°，位于鼠浪湖矿石中转码头装船泊位 K4#、K5#站的最大落潮流流向分别为 137°、150°，位于衢山岛南侧附近海域及岱衢洋北侧 S1#、S2#站的最大落潮流流向分别为 101°、97°。

由此可见，最大涨、落潮流之间的流向互差，位于鼠浪湖矿石中转码头卸船泊位 K1#、K2#、K3#站介于 162°~179°，位于鼠浪湖矿石中转码头装船泊位 K4#、K5#站介于 171°~192°，位于衢山岛南侧附近海域及岱衢洋北侧 S1#、S2#站介于 184°~195°，总体上多数接近于 180°，较好地反映出最大涨、落潮流之间的往复流特征。

7.4.2 流速、流向频率统计

前面主要讨论了衢山港区各实测站点具有特征意义的实测最大流速（流向）分布与变化的基本情况，并以此为测区流场的主要特征予以阐述。但为了对整个衢山港区出现的所有流况在总体上有一个定量了

解，故对各站层所获取潮流的垂向平均流速、流向按不同级别与方位进行了出现频率统计（表 7.4-3 和表 7.4-4）。

表 7.4-3　各站垂向平均流速各级出现频率统计

测站	项目	流速范围			
		≤51 cm/s ≤1 kn	52~102 cm/s 1~2 kn	103 ~153 cm/s 2~3 kn	≥154 cm/s ≥3 kn
K1#	出现频率/（%）	67.7	24.8	7.5	—
K2#	出现频率/（%）	60.1	28.8	10.8	0.3
K3#	出现频率/（%）	69.3	26.0	4.6	0.1
K4#	出现频率/（%）	57.6	33.1	8.7	0.6
K5#	出现频率/（%）	43.5	37.6	17.8	1.1
S1#	出现频率/（%）	20.0	44.0	34.7	1.3
S2#	出现频率/（%）	26.7	33.3	38.7	1.3

由表 7.4-3 得出如下结论：

（1）衢山港区各站流速不高于 1 kn 的出现频率为 20.0%~69.3%；流速为 1~2 kn 的出现频率为 24.8%~44.0%，流速为 2~3 kn 的出现频率为 4.6%~38.7%，大于 3 kn 的流速的出现频率为 0~1.3%。

（2）从各站点具体分析，位于鼠浪湖矿石中转码头卸船泊位 K1#、K2#、K3#站的所测流速略小，位于衢山岛南侧附近海域及岱衢洋北侧 S1#、S2#站所测流速较大。K1#站所测流速多数小于 2 kn，其中小于 1 kn 出现频率为 67.7%，流速 1~2 kn 的出现频率为 24.8%，流速大于 2 kn 的出现次数较少，流速为 2~3 kn 的出现频率为 7.5%，流速大于 3 kn 的调查期间未出现。K2#站所测流速多数小于 2 kn，其中小于 1 kn 出现频率为 60.1%，流速为 1~2 kn 的出现频率为 28.8%，流速大于 2 kn 的出现次数较少，流速为 2~3 kn 的出现频率为 10.8%，流速大于 3 kn 的出现次数较少，出现频率为 0.3%。K3#站所测流速多数小于 2 kn，其中小于 1 kn 的出现频率为 69.3%，流速为 1~2 kn 的出现频率为 26.0%，流速大于 2 kn 的出现次数较少，流速为 2~3 kn 的出现频率为 4.6%，流速大于 3 kn 的出现次数较少，出现频率为 0.1%。K4#站所测流速多数小于 2 kn，其中小于 1 kn 的出现频率为 57.6%，流速为 1~2 kn 的出现频率为 33.1%，流速大于 2 kn 的出现次数较少，流速为 2~3 kn 的出现频率为 8.7%，流速大于 3 kn 的出现次数较少，出现频率为 0.6%。K5#站所测流速多数小于 2 kn，其中小于 1 kn 出现频率为 43.5%，流速为 1~2 kn 的出现频率为 37.6%，流速大于 2 kn 的出现次数较少，流速 2~3 kn 的出现频率为 17.8%，流速大于 3 kn 的出现较少，出现频率为 1.1%。S1#站所测流速多数小于 3 kn，其中流速小于 1 kn 的出现频率为 20.0%，流速为 1~2 kn 的出现频率为 44.0%，流速为 2~3 kn 的出现频率为 34.7%，流速大于 3 kn 的出现较少，出现频率为 1.3%，其中流速为 1~2 kn 的出现频率较高。S2#站所测流速多数小于 3 kn，其中流速小于 1 kn 的出现频率为 26.7%，流速为 1~2 kn 的出现频率为 33.3%，流速为 2~3 kn 的出现频率为 38.7%，流速大于 3 kn 的出现较少，出现频率为 1.3%，其中流速为 2~3 kn 出现频率较高。

从上述分析可知，位于衢山岛南侧附近海域及岱衢洋北侧 S1#、S2#站相比而言为流速较大区域，实测最大有 3 kn 以上流速偶有出现，多数流速为 1~3 kn。

表 7.4-4　各站实测垂向平均流向在各方向上出现频率统计

测站	项目	方位															
		N	NNE	NE	ENE	E	ESE	SE	SSE	S	SSW	SW	WSW	W	WNW	NW	NNW
K1#	频率/（%）	13.1	22.3	3.7	0.9	0.2	0.8	0.5	1.1	4.6	36.6	6.3	1.8	1.3	0.9	2.7	3.2
K2#	频率/（%）	26.3	2.7	0	0	0	0.1	0	0.4	23.0	10.0	5.0	7.0	5.2	3.3	6.4	10.6
K3#	频率/（%）	12.2	1.9	1.1	0.4	0.2	1.6	1.8	18.1	10.5	2.9	2.0	5.0	2.7	4.8	8.5	26.3
K4#	频率/（%）	7.9	1.8	2.3	0.6	0.8	0.9	3.6	29.5	4.0	0.2	0.5	0.4	1.1	4.0	11.1	31.3
K5#	频率/（%）	2.4	1.0	0.6	0.7	1.9	4.4	20.0	11.1	1.4	0	0	0.9	0.7	4.4	35.8	13.8
S1#	频率/（%）	1.3	1.3	0	1.3	14.7	29.3	2.7	2.7	1.3	0	1.3	1.3	5.3	29.3	5.3	2.7
S2#	频率/（%）	1.3	1.3	1.3	2.7	24.0	22.7	0	0	0	0	0	0	2.7	38.7	2.7	2.7

表 7.4-4 给出了衢山港区各站垂直平均流向在 16 个不同方位上出现频率的统计。

由表 7.4-4 可知，K1#站涨潮流在 NNE 方位上出现的频率较大，占 22.3%，其次为 N，占 13.1%；K2#站涨潮流在 N 方位上出现的频率较大，占 26.3%，其次为 NNW，占 10.6%；K3#站涨潮流在 NNW 方位上出现的频率较大，占 26.3%，其次为 N，占 12.2%；K4#站涨潮流在 NNW 方位上出现的频率较大，占 31.3%，其次为 NW，占 11.1%；K5#站涨潮流在 NW 方位上出现的频率较大，占 35.8%，其次为 NNW，占 13.8%；S1#站涨潮流在 WNW 方位上出现的频率较大，占 29.3%，其次为 W、NW，占 5.3%；S2#站涨潮流在 WNW 方位上出现的频率较大，占 38.7%，其次为 W、NW、NNW，占 2.7%，其他各向频率均较小。

分析各站的主要落潮流方向，K1#站落潮流在 SSW 方位上出现的频率较大，占 36.6%，其次为 SW，占 6.3%；K2#站落潮流在 S 方位上出现的频率较大，占 23.0%，其次为 SSW，占 10.0%；K3#站落潮流在 SSE 方位上出现的频率较大，占 18.1%，其次为 S，占 10.5%；K4#站落潮流在 SSE 方位上出现的频率较大，占 29.5%，其次为 S，占 4.0%；K5#站落潮流在 SE 方位上出现的频率较大，占 20.0%，其次为 SSE，占 11.1%；S1#站落潮流在 ESE 方位上出现的频率较大，占 29.3%，其次为 E，占 14.7%；S2#站落潮流在 E 方位上出现的频率较大，占 24.0%，其次为 ESE，占 22.7%；其他各向频率均较小。

再分析各站点的各向频率分布，多数站点的涨落流矢量分布相比较为集中，即往复流特征较为明显。

7.4.3　涨、落潮流历时统计

为了较为准确地判别衢山港区各测站涨、落潮流的历时，表 7.4-5 为港区各站垂向平均涨、落潮流历时统计。

表 7.4-5　各站大潮汛垂向平均涨、落潮流历时统计

测站	垂向平均	
	涨潮历时	落潮历时
K1#	5 h55 min	6 h30 min
K2#	5 h33 min	6 h52 min
K3#	5 h59 min	6 h26 min

续表

测站	垂向平均	
	涨潮历时	落潮历时
K4#	6 h26 min	5 h59 min
K5#	6 h42 min	5 h43 min
S1#	5 h50 min	6 h42 min
S2#	5 h53 min	6 h32 min

由表7.4-5可知，衢山港区各站点的涨落潮流特征并不一致，位于鼠浪湖矿石中转码头的卸船泊位K1#、K2#、K3#站和位于衢山岛南侧附近海域及岱衢洋北侧S1#、S2#站具有的涨潮流历时略小于落潮流历时的特点，位于鼠浪湖矿石中转码头装船泊位K4#、K5#站则表现出涨潮流历时略长于落潮流历时的特点。

从表7.4-5可知，K1#站的平均涨潮流历时小于平均落潮流历时，平均涨潮流历时为5 h55 min，平均落潮流历时为6 h30 min，涨落历时差为35 min；K2#站的平均涨潮流历时小于平均落潮流历时，平均涨潮流历时为5 h33 min，平均落潮流历时为6 h52 min，涨落历时差为1 h19 min；K3#站的平均涨潮流历时小于平均落潮流历时，平均涨潮流历时为5 h59 min，平均落潮流历时为6 h26 min，涨落历时差为27 min；K4#站的平均涨潮流历时略大于平均落潮流历时，平均涨潮流历时为6 h26 min，平均落潮流历时为5 h59 min，涨落历时差为27 min；K5#站的平均涨潮流历时略大于平均落潮流历时，平均涨潮流历时为6 h42 min，平均落潮流历时为5 h43 min，涨落历时差为59 min；S1#站的平均涨潮流历时小于平均落潮流历时，平均涨潮流历时为5 h50 min，平均落潮流历时为6 h42 min，涨落历时差为52 min；S2#站的平均涨潮流历时小于平均落潮流历时，平均涨潮流历时为5 h53 min，平均落潮流历时为6 h32 min，涨落历时差为39 min。

从上述分析可知，位于鼠浪湖矿石中转码头装船泊位K4#、K5#站的涨潮流历时略长，其他则略小，可能与各站点的所在地理位置有关。

7.4.4　余流分析

根据潮流的准调和分析，获取衢山港区各站、层和垂向平均余流的大小和方向。现将各实测参考站各层及垂向平均余流流速、流向计算结果一并列入表7.4-6中，以供分析比较。

表7.4-6　测区各站余流统计

测站	表层		0.6H层		底层		垂向平均	
	余流流速/(cm/s)	余流流向/(°)	余流流速/(cm/s)	余流流向/(°)	余流流速/(cm/s)	余流流向/(°)	余流流速/(cm/s)	余流流向/(°)
K1#	14	223	12	216	9	213	12	215
K2#	14	262	12	238	8	227	11	243
K3#	5	168	7	261	4	234	5	270
K4#	5	206	10	131	6	108	9	135
K5#	15	131	13	139	9	136	13	139

测站	表层		0.6H 层		底层		垂向平均	
	余流流速 /(cm/s)	余流流向 /(°)	余流流速 /(cm/s)	余流流向 /(°)	余流流速 /(cm/s)	余流流向 /(°)	余流流速 /(cm/s)	余流流向 /(°)
S1#	24	91	9	119	3	184	12	108
S2#	25	67	13	68	4	66	16	70

由表 7.4−6 可知，本测区余流分布、变化特征，总体上存在着较好的规律。

（1）从余流量值来看，衢山港区水域量值较小，各层间最大余流为 9~25 cm/s，各站间最大余流为 7~25 cm/s，其中位于衢山岛南侧附近海域及岱衢洋北侧 S1#、S2#站的表层余流相比偏大，如 S1#、S2#站表层余流分别为 24 cm/s、25 cm/s，其他均较小。

（2）从余流流向分析，K1#、K2#、K3#站的余流方向主要表现为涨潮流方向，其余各站主要表现为落潮流方向。

（3）在余流的垂直分布上，S1#、S2#站的表层余流较大，其他各站余流均较小，但也多数表现为上层大于下层。

7.4.5 潮流性质

通常情况下，潮流性质（或类型）多以主要全日分潮流 K_1 与 O_1 的椭圆长半轴之和与主要半日分潮流 M_2 的椭圆长半轴之比、即 $(W_{O1}+W_{K1})/W_{M2}$ 作为判据进行分类。为了考察衢山港区浅海分潮流的大小与作用，下面将四分之一日主要浅海分潮流 M_4 与半日分潮流 M_2 的椭圆长半轴之比、即 W_{M4}/W_{M2} 作为判据进行分析。为此，在上述潮流椭圆要素计算的基础上，表 7.4−7 列出了港区各站潮流性质（判据）计算结果统计。

表 7.4−7 港区各站潮流性质（判据）计算结果统计

测站	表层		0.6H 层		底层		垂向平均	
	F'	G	F'	G	F'	G	F'	G
K1#	0.44	0.12	0.37	0.17	0.36	0.18	0.38	0.14
K2#	0.39	0.16	0.37	0.14	0.38	0.09	0.38	0.11
K3#	0.24	0.16	0.29	0.14	0.44	0.08	0.27	0.12
K4#	0.47	0.04	0.43	0.07	0.43	0.14	0.40	0.07
K5#	0.29	0.07	0.27	0.07	0.30	0.05	0.29	0.06
S1#	0.15	0.07	0.08	0.08	0.20	0.08	0.10	0.07
S2#	0.27	0.07	0.11	0.07	0.30	0.09	0.14	0.07

注：$F'=(W_{O1}+W_{K1})/W_{M2}$，$G=W_{M4}/W_{M2}$。

由表 7.4−7 得出如下结论。

（1）港区各站、层的判据 $(W_{O1}+W_{K1})/W_{M2}$，介于 0.10~0.47，均小于 0.50，故港区的潮流性质总体上属于正规半日潮流类型；

（2）港区各站、层的比值 W_{M4}/W_{M2} 明显较大，介于 0.04~0.18，均不低于 0.04，表明港区各站中的浅海分潮流具有很大比重，故本港区的潮流性质最终应归属为非正规半日浅海潮类型。

7.5　港区潮流模拟结果分析

衢山港区主要由衢山岛及其以东的鼠浪湖岛和以北的黄泽山组成，码头主要分布于衢山岛的南岸和东岸、鼠浪湖岛西南岸和黄泽山西岸。衢山岛位于舟山群岛中北部，处长江、钱塘江入海口外缘，其南侧为岱衢洋，北侧为黄泽洋，西侧为杭州湾口，东侧为东海开阔海域（图 7.5-1）。

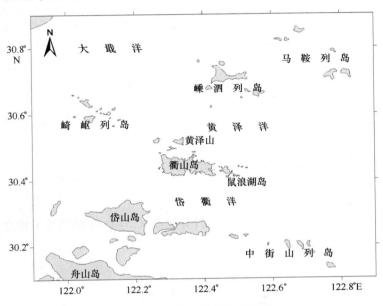

图 7.5-1　衢山港区地理位置

涨潮时，外海潮流沿舟山群岛以东自南向北前行，在到达 30°N 附近时向西北近岸转向，在穿越舟山群岛后进入杭州湾；落潮时，来自杭州湾的海水向东和东南穿越舟山群岛后向南转向进入外海（图 7.5-2）。

从数值模拟结果看，衢山港区北侧的黄泽洋和南侧的岱衢洋潮流都呈典型的往复流特征，涨潮流向都为 WNW 向，落潮流向都为 ESE 向，南侧潮流流速较北侧大。岱衢洋大潮期间最大潮流流速一般为 3 kn，涨、落潮流最大流速差异不大。涨、落潮历时也差异不大，一般为 6~6.5 h（图 7.5-3）。涨、落潮流最大流速一般分别出现在高、低平潮前 1~1.5 h，最小流速一般出现在高、低平潮后 1.5~2 h。黄泽洋大潮期间涨潮流流速一般不超过 3 kn，落潮流流速一般不超过 2 kn，涨潮流较强（图 7.5-4）。涨潮历时也较长，一般为 6~6.5 h，落潮流历时一般约为 6 h。涨潮流最大流速一般分别出现在高平潮前 1~1.5 h，落潮流最大流速一般分别出现在低平潮前 1.5~2 h，最小流速一般出现在高平潮后 2 h 或低平潮后 1.5 h。衢山港区西侧整体呈往复流，略带旋转特征，涨潮流一般为 W—WN 向，落潮流一般为 E—ES 向，大潮期间流速一般不超过 3 kn，涨、落潮流最大流速差异不大（图 7.5-5）。涨潮流历时一般约为 6 h，落潮流历时一般约为 6.5 h，落潮流历时较长。涨、落潮流最大流速一般分别出现在高、低平潮前 1~1.5 h，最小流速一般出现在高、低平潮后 1~1.5 h。衢山港区东侧开阔海域潮流呈典型的旋转流特征，流向随时间时刻变化，潮流椭圆长轴为 SE—NW 向，椭圆短轴为 NE—SW 向（图 7.5-6）。大潮期间最大流速一般不超过 2.5 kn，最小流速一般约为 1 kn。涨潮流历时一般为 6 h，落潮流历时一般为 6.5 h，落潮流历时较长。涨潮流最大流速一般分别出现在高平潮前 0.5 h，落潮流最大流速一般分别出现在低平潮前 1 h，

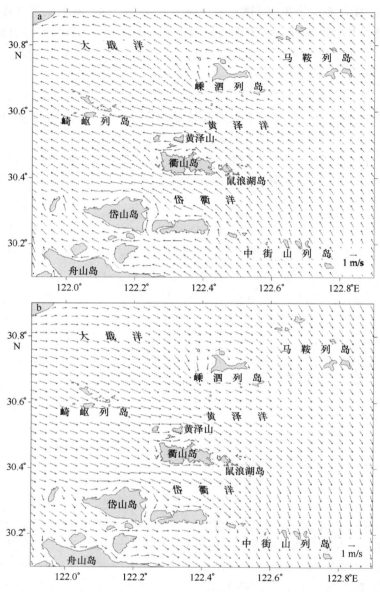

图 7.5-2 衢山港区周边海域大潮期间涨、落潮流数值模拟结果

a. 涨潮；b. 落潮

最小流速一般出现在高、低平潮后 2.5 h。

图 7.5-7 为衢山港区海域大潮期间涨、落潮流数值模拟结果。潮流在港区近岸多随岸线和地形呈往复流特征，衢山岛南北两岸涨潮流多为 W 向或 NW 向流，落潮流多为 E 向或 SE 向流；东西两岸涨潮流多为 N 向流，落潮流多为 S 向流。随着离岸距离的增加，潮流流向趋向于 SE—NW 向。各岛屿岸线曲折，多海湾，但湾内水深较浅、潮流较弱，因此没有显著的潮流涡旋出现。

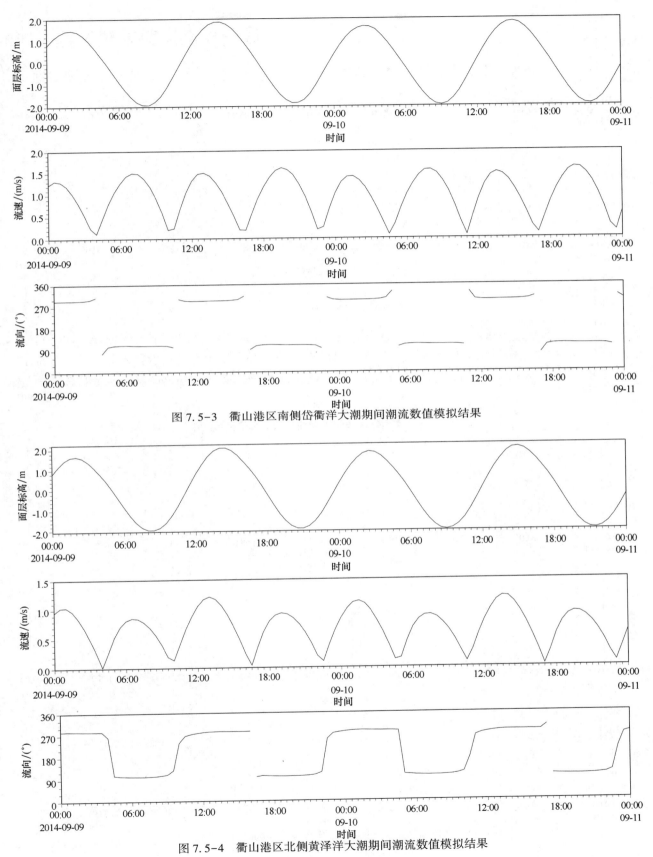

图 7.5-3 衢山港区南侧岱衢洋大潮期间潮流数值模拟结果

图 7.5-4 衢山港区北侧黄泽洋大潮期间潮流数值模拟结果

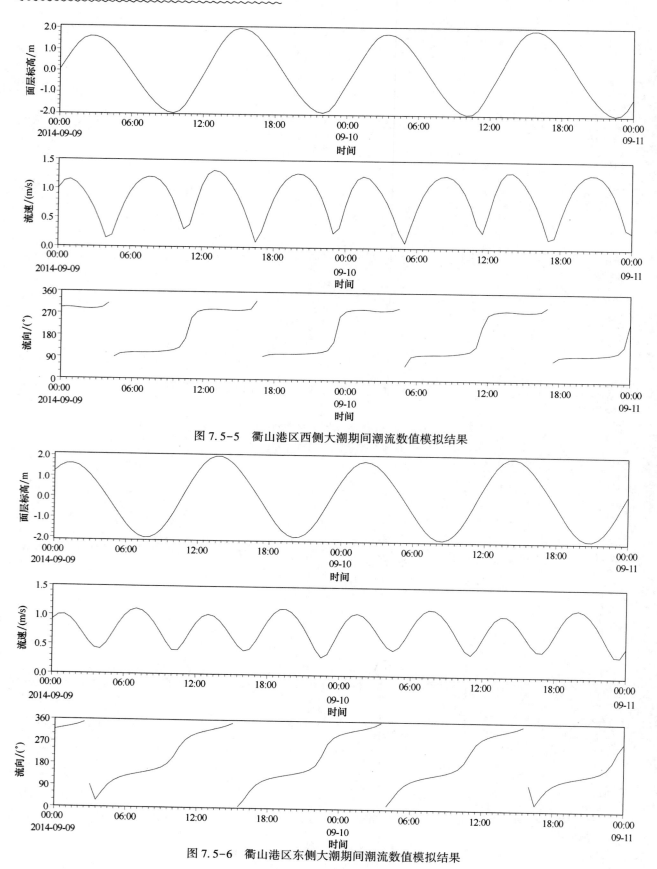

图 7.5-5　衢山港区西侧大潮期间潮流数值模拟结果

图 7.5-6　衢山港区东侧大潮期间潮流数值模拟结果

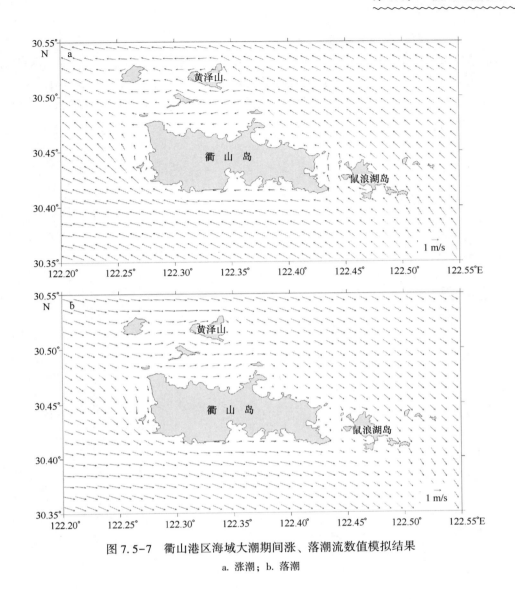

图 7.5-7　衢山港区海域大潮期间涨、落潮流数值模拟结果

a. 涨潮；b. 落潮

7.6　小结

衢山港区潮汐类型为非正规半日浅海潮港，涨落潮具有不对称性，平均落潮历时长于平均涨潮历时，历时差 22~32 min，平均潮差 2.54~2.60 m。

衢山港区的潮流为非正规半日浅海潮的类型，涨、落潮潮流之间存在着明显的不对称性，往复流特征明显。从测站分析，位于鼠浪湖矿石中转码头装船泊位的最大涨潮流流速多数大于其他测站，位于该水域的最大落潮流流速也多数小于其他各站。垂向分布来看，最大涨落潮流多数出现于表层。涨落潮流对比来看，位于鼠浪湖矿石中转码头装船泊位测站的最大涨潮流流速大于最大落潮流流速，其他各站则相反。

位于衢山岛南侧附近海域及岱衢洋北侧测站相比而言为流速较大区域，实测最大有 3 kn 以上流速偶有出现，多数流速为 1~3 kn。港区余流以位于衢山岛南侧附近海域及岱衢洋北侧测站的表层余流相比偏大，其他均较小。从余流流向分析，位于鼠浪湖矿石中转码头卸船泊位水域测站余流的方向主要表现为涨潮流方向，其余各站主要表现为落潮流方向。

从数值模拟结果看，衢山港区近岸多随岸线和地形呈往复流特征，衢山岛南北两岸涨潮流多为 W 向或 NW 向流，落潮流多为 E 向或 SE 向流；东西两岸涨潮流多为 N 向流，落潮流多为南向流。随着离岸距离的增加，潮流流向趋向于 SE—NW 向。各岛屿岸线曲折，多海湾，但湾内水深较浅、潮流较弱，因此没有显著的潮流涡旋出现。

第8章 岑港港区潮汐潮流分析

8.1 港区基本情况

岑港港区（图8.1-1）位于本岛西部，洋螺山灯桩与冷坑嘴以北至马目山咀地区，包括册子、里钓、外钓等岛屿，是以木材、粮食等散杂货及石油化工品运输为主的综合性港区，划分为老塘山、外钓、册

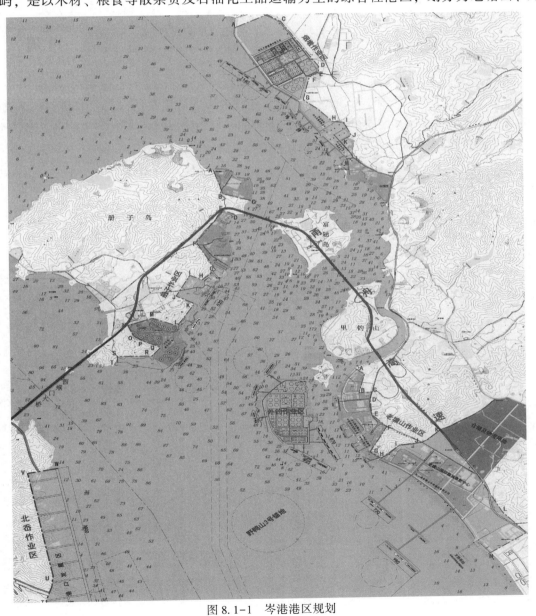

图 8.1-1 岑港港区规划

子和烟墩 4 个作业区。

老塘山作业区自西向东已建成 2.5 万吨级和 3 000 吨级煤炭泊位各 1 个；1.5 万吨级散货泊位 1 个和 5 000 吨级散货泊位 2 个；老塘山三期 5 万吨级兼靠 8 万吨的泊位 2 个；老塘山五期散货泊位 12 万吨级、3.5 万吨级和万吨级各 1 个。规划将老塘山三期和五期码头前沿向南延伸，布置 5 万吨级及以上泊位 3 个。

外钓作业区为液体散货码头区，主要服务区域船舶燃供及油品贸易的运输需求，规划布置 30 万吨级原油码头 3 个，10 万吨级原油泊位 2 个，2 万吨级原油泊位 1 个；万吨级以下油品泊位 6 个。

册子作业区以原油中转运输服务为主。小道头湾建设有船厂 15 万吨级舾装码头，船厂以南，建成舟山实华 30 万吨级原油泊位 1 个，规划现有原油码头西南方向布置 1 个 30 万吨级原油泊位，东北方向布置 5 万吨级通用泊位 2 个。

烟墩作业区位于狮子山西南的烟墩附近，规划为临港工业及配套码头区，自南向北已建成金泰石化万吨级和 5 000 吨级成品油泊位各 1 个；纳油污水处理 3 000 吨级液体化工泊位 2 个；天禄能源 5 000 吨级成品油泊位 2 个和配套通用泊位 1 个。

8.2 数据来源

为了较好地了解岑港港区的潮汐潮流特征，潮汐分析选择定海水文站作为参考站点，潮流分析选取了 3 个参考点，A1#、A2#、A3#站点位于舟山岛西南侧的老塘山港区散货减载平台前沿，册子水道东侧，具体观测时间和站位如表 8.2-1 和图 8.2-1 所示。

表 8.2-1 岑港港区参考站位

测站	实测站点	平均水深/m	调查时间
A1#	30°01′45.2″N，121°59′14.0″E	19.0	小潮：2011 年 4 月 11—12 日
A2#	30°01′36.6″N，121°59′22.9″E	19.0	中潮：2011 年 4 月 15—16 日
A3#	30°01′28.0″N，121°59′31.8″E	10.0	大潮：2011 年 4 月 19—20 日
定海水文站	30°0′22.2″N，122°03′19.2″E	—	1992—2011 年

图 8.2-1 岑港港区站点示意

8.3　港区潮汐特征分析

为了确切了解岑港港区的潮汐特征值，这里以位于定海水文站的实测资料进行特征统计，结果如表 8.3-1 所示。

表 8.3-1　岑港港区潮汐特征值统计　　　　　潮高基准：1985 国家高程基准

测站	特征潮位/cm					特征潮差/cm		历时	
	最高	最低	平均高潮	平均低潮	平均海面	最大	平均	平均涨潮	平均落潮
定海水文站	317	−209	124	−78	24	418	202	5 h43 min	6 h44 min

由表 8.3-1 得出如下结果：

（1）定海水文站的平均海平面为 24 cm（基面：1985 国家高程基准），最大潮差为 418 cm，平均潮差为 202 cm。

（2）该站的平均落潮历时长于平均涨潮历时，其平均涨潮历时为 5 h43 min，平均落潮历时为 6 h44 min，约差 1 h。

基于定海水文站的逐时潮位资料，通过调和分析得到 M_2、S_2、N_2、K_2、K_1、O_1、P_1、Q_1、M_4、MS_4、M_6、Sa、SSa 共 13 个主要分潮的调和常数，如表 8.3-2 所示。

表 8.3-2　定海水文站的调和常数

分潮	定海水文站	
	H/cm	G/（°）
M_2	93.94	288.53
S_2	37.80	331.76
N_2	16.62	268.88
K_2	9.42	312.90
K_1	28.71	204.43
O_1	18.72	176.20
P_1	8.36	213.37
Q_1	3.19	157.15
M_4	5.98	108.94
MS_4	4.16	159.83
M_6	3.43	268.69
Sa	15.70	241.82
SSa	3.41	29.8
资料年限	1992—2011 年	
$(H_{K1}+H_{O1})/H_{M2}$	0.505	
H_{M4}/H_{M2}	0.064	

从表 8.3-2 来看，定海水文站的主要日分潮与主太阴分潮略大于 0.50，主要浅海与主要半日分潮振幅比大于 0.04，浅海效应明显，因此，岑港港区的潮汐性质为非正规半日浅海潮港。

8.4 港区潮流特征分析

8.4.1 最大流速统计分析

对岑港港区的 3 个参考站点 A1#、A2#、A3#分大、中、小潮汛分别进行统计分析，结果如表 8.4-1 和表 8.4-2 所示。选取其中 2011 年 4 月 11—12 日（农历初九至初十）为小潮，2011 年 4 月 15—16 日（农历十三至十四日）为中潮，2011 年 4 月 19—20 日（农历十七至十八日）为大潮。

表 8.4-1 岑港港区各站点实测涨潮流最大流速（流向）统计

潮汛	测站	表层		0.2H		0.4H		0.6H		0.8H		底层		垂向平均	
		流速 /(cm/s)	流向 /(°)	流速 /(cm/s)	流向 /(°)	流速 /(cm/s)	流向 /(°)	流速 /(cm/s)	流向 /(°)	流速 /(cm/s)	流向 /(°)	流速 /(cm/s)	流向 /(°)	流速 /(cm/s)	流向 /(°)
大潮	A1#	128	331	136	312	144	310	136	300	128	308	88	292	129	309
	A2#	116	337	107	327	115	318	112	324	112	319	96	315	107	327
	A3#	120	326	118	333	114	326	110	321	104	314	82	311	109	323
中潮	A1#	88	324	88	307	98	309	96	310	88	300	68	315	88	307
	A2#	86	314	86	311	98	319	94	320	92	315	75	318	85	316
	A3#	86	316	88	306	94	314	96	312	88	304	70	296	88	310
小潮	A1#	85	329	79	325	88	326	88	318	78	309	59	268	77	323
	A2#	88	314	92	319	94	323	100	330	80	319	76	317	89	322
	A3#	86	342	78	339	80	335	76	315	74	310	68	311	76	314

注：H 在本章内容中代表水深。

表 8.4-2 岑港港区各站点实测落潮流最大流速（流向）统计

潮汛	测站	表层		0.2H		0.4H		0.6H		0.8H		底层		垂向平均	
		流速 /(cm/s)	流向 /(°)	流速 /(cm/s)	流向 /(°)	流速 /(cm/s)	流向 /(°)	流速 /(cm/s)	流向 /(°)	流速 /(cm/s)	流向 /(°)	流速 /(cm/s)	流向 /(°)	流速 /(cm/s)	流向 /(°)
大潮	A1#	166	130	173	121	161	132	194	126	176	121	132	117	168	122
	A2#	162	132	159	140	164	138	160	141	144	147	122	144	152	141
	A3#	158	127	158	114	145	133	162	132	143	152	124	128	147	134
中潮	A1#	138	127	138	129	144	126	152	125	138	121	96	130	137	124
	A2#	143	133	143	134	142	132	140	132	129	130	104	138	131	133
	A3#	136	127	140	128	144	127	150	126	140	120	93	130	137	125
小潮	A1#	96	117	94	124	92	130	102	128	88	129	56	128	90	127
	A2#	80	125	82	149	75	137	76	126	82	129	72	131	74	132
	A3#	81	99	78	131	90	116	92	127	90	132	82	136	82	130

8.4.1.1　实测最大流速的极值

由表 8.4-1 中岑港港区水域各站点的最大涨潮流流速的排列、比较可知，测区分层中的最大涨潮流极值出现于 A1#站大潮时的 0.4H，涨潮流流速为 144 cm/s，约 2.8 kn，对应流向为 310°。由表 8.4-2 可知，岑港港区最大落潮流极值为 194 m/s，约 3.8 kn，对应流向为 126°，出现于 A1#站大潮时的 0.6H。

各测站中，垂直平均层的最大流速极值：涨潮流为 129 cm/s（309°），出现于 A1#站大潮时，落潮流为 168 cm/s（122°），出现于 A1#站大潮时。整体来看，这 3 站中以 A1#站大潮期间流速较大。

8.4.1.2　实测最大流速的分布

根据表 8.4-1 所列的岑港港区各站点实测最大涨潮流的特征流速分析，在大潮期间 A1#站的最大涨潮流流速明显大于其他两站，中潮时各站差异不显著，小潮时 A2#站的最大涨潮流流速略大于其他两站。如大潮期间垂向平均层，A1#、A2#、A3#站的最大涨潮流流速分别为 129 cm/s、107 cm/s、109 cm/s；中潮期间垂向平均层，A1#、A2#、A3#站的最大涨潮流流速分别为 88 cm/s、85 cm/s、88 cm/s；小潮期间垂向平均层，A1#、A2#、A3#站的最大涨潮流流速分别为 77 cm/s、89 cm/s、76 cm/s。

根据表 8.4-2 所列的岑港港区各站点的实测最大落潮流的特征流速分析，在大潮期间 A1#站的最大落潮流流速明显大于其他两站，中潮时各站差异不显著，小潮时 A1#站的最大落潮流流速多数略大于其他两站。如大潮期间垂向平均层，A1#、A2#、A3#站的最大落潮流流速分别为 168 cm/s、152 cm/s、147 cm/s；中潮期间垂向平均层，A1#、A2#、A3#站的最大落潮流流速分别为 137 cm/s、131 cm/s、137 cm/s；小潮期间垂向平均层，A1#、A2#、A3#站的最大落潮流流速分别为 94 cm/s、74 cm/s、82 cm/s。

从表 8.4-1 和表 8.4-2 分析各站最大流速的垂直分布，最大涨潮流多数出现于 0.6H 以上，其中 A1#站观测期间大、中潮汛均出现于 0.4H，小潮汛出现于 0.6H，A2#站大潮汛出现于表层，中潮出现于 0.4H，小潮出现于 0.6H，A3#站在大、小潮汛出现于表层，中潮出现于 0.6H；最大落潮流大、中、小潮汛主要出现于 0.6H，表层、0.2H、0.4H 也有出现，但较少，其中 A1#站大、中、小潮汛均出现于 0.6H，A2#站大潮出现于 0.4H，中潮出现于表层和 0.2H，小潮出现于 0.2H，A3#站大、中、小潮汛也均出现于 0.6H。多数表现为上、表层流速稍大，近底层流速略小。各站点的差异在表层至 0.8H 层间较小，互差不大。

8.4.1.3　实测最大流速涨、落潮流的比较

将表 8.4-1 和表 8.4-2 中涨、落潮流的最大流速进行对比可以看出，在本港区中，在大、中潮期间，各站分层及垂向平均表现为最大涨潮流流速小于最大落潮流流速；小潮期间，各站层之间最大涨潮流流速与最大落潮流流速差异较小。

如将各站各潮汛垂向平均的实测最大涨潮流流速与对应的最大落潮流流速对比可知，A1#站在大、中、小潮期间的最大涨潮流流速与最大落潮流流速差值分别为−39 cm/s、−49 cm/s、−13 cm/s，A2#站在大、中、小潮期间的最大涨潮流流速与最大落潮流流速差值分别为−45 cm/s、−46 cm/s、15 cm/s，A3#站在大、中、小潮期间的最大涨潮流流速与最大落潮流流速差值分别为−38 cm/s、−49 cm/s、−6 cm/s。可见岑港港区这几个站点在大、中潮汛期间有较强的落潮流，小潮汛期间涨落潮流相当。

就实测最大涨、落潮流所对应的流向而言，以各站垂向平均最大流速所对应的流向予以说明：在大、中、小潮期间，A1#站的最大涨潮流流向分别为 309°、307°、323°，A2#站的最大涨潮流流向分别为 327°、316°、322°，A3#站的最大涨潮流流向分别为 323°、310°、314°。在上述 3 个潮汛中，A1#站的最大落潮流流向分别为 122°、124°、127°，A2#站的最大落潮流流向分别为 141°、133°、132°，A3#站的最大落潮流流向分别为 134°、125°、130°。

由此可见，最大涨、落潮流之间的流向互差，A1#站介于 183°～196°，A2#站介于 183°～190°，A3#站

介于 184°~189°总体上多数接近于 180°，较好地反映出最大涨、落潮流之间的往复流特征。

8.4.1.4　实测最大流速随潮汛的变化

对表 8.4-1 和表 8.4-2 的数据，按潮汛进行比较后可得出如下结果。

（1）就最大涨潮流而言，A1#、A2#站随潮汛变化显著，即大潮汛最大涨潮流流速较大，中潮汛次之，小潮汛较小，但是在大中潮汛之间差值较大，而中小潮汛之间差异略小，A3#站则表现为大潮期间最大涨潮流流速明显大于中潮，而中小潮期间差异不明显，有时表现为小潮汛最大涨潮流流速略大于中潮汛。

（2）就最大落潮流而言，A1#、A2#、A3#站随潮汛变化显著，即大潮汛最大落潮流流速较大，中潮汛次之，小潮汛较小，具体来看，大、中潮汛之间最大落潮流流速差异较小，中、小潮汛之间最大落潮流流速差异则大些。

可见，岑港港区的 3 个参考点最大涨落潮流流速依月相的演变规律较为显著。

8.4.2　流速、流向频率统计

前面主要讨论了岑港港区 3 个站点具有特征意义的实测最大流速（流向）的分布与变化的基本情况，并以此为测区流场的主要特征予以阐述。但为了对整个区域出现的所有流况在总体上有一个定量了解，故对各站层所获取潮流的垂向平均流速、流向按不同级别与方位进行了出现频次和频率统计（表 8.4-3 和表 8.4-4）。

表 8.4-3　各站垂向平均流速各级出现频次、频率统计

测站	项目	流速范围			
		≤51 cm/s ≤1 kn	52~102 cm/s 1~2 kn	103~153 cm/s 2~3 kn	≥154 cm/s ≥3 kn
A1#	出现频次/次	33	34	6	2
	出现频率/（%）	44.0	45.3	8.0	2.7
A2#	出现频次/次	35	30	9	1
	出现频率/（%）	46.7	40.0	12.0	1.3
A3#	出现频次/次	30	37	8	0
	出现频率/（%）	40.0	49.3	10.7	0

由表 8.4-3 得出如下结论。

（1）岑港港区各站不高于 1 kn 流速的出现频率为 40.0%~46.7%；流速为 1~2 kn 的出现频率为 40.0%~49.3%，流速为 2~3 kn 的出现频率为 8.0%~12.0%，大于 3 kn 的流速的出现频率为 0~2.7%。

（2）从各站点具体分析，A1#站所测流速较大，其次为 A2#站，A3#站所测流速略小。A1#站所测流速多数小于 2 kn，其中小于 1 kn 出现频率为 44.0%，流速为 1~2 kn 的出现频率为 45.3%，大于 2 kn 的流速出现次数较少，流速为 2~3 kn 的出现频率为 8.0%，大于 3 kn 的流速调查期间出现频率为 2.7%。A2#站所测流速也多数小于 2 kn，其中小于 1 kn 出现频率为 46.7%，流速为 1~2 kn 的出现频率为 40.0%，大于 2 kn 的流速出现次数较少，流速为 2~3 kn 的出现频率为 12.0%，大于 3 kn 的流速调查期间出现频率为 1.3%。A3#站所测流速多数小于 2 kn，其中小于 1 kn 的出现频率为 40.0%，流速为 1~2 kn 的出现频

率为 49.3%，大于 2 kn 的流速出现次数较少，流速为 2~3 kn 的出现频率为 10.7%，大于 3 kn 的流速调查期间未出现。

从表 8.4-3 分析可知，位于老塘山港区散货减载平台的右侧水域 A1#、A2# 站相比而言为流速较大测站，实测最大 3 kn 以上的流速偶有出现，而左侧水域 A3# 站流速略小些。

表 8.4-4　各站实测垂向平均流向在各方向上出现频次、频率统计

测站	项目	方位															
		N	NNE	NE	ENE	E	ESE	SE	SSE	S	SSW	SW	WSW	W	WNW	NW	NNW
A1#	频次/次	0	1	1	1	4	28	10	0	0	0	0	0	0	1	24	5
	频率/（%）	0	1.3	1.3	1.3	5.3	37.3	13.3	0	0	0	0	0	0	1.3	32.0	6.7
A2#	频次/次	4	2	0	0	3	8	28	3	0	0	0	0	0	0	19	8
	频率/（%）	5.3	2.7	0	0	4.0	10.7	37.3	4.0	0	0	0	0	0	0	25.3	10.7
A3#	频次/次	1	1	2	1	3	25	13	0	0	0	0	0	0	1	22	6
	频率/（%）	1.3	1.3	2.7	1.3	4.0	33.3	17.3	0	0	0	0	0	0	1.3	29.3	8.0

表 8.4-4 给出了岑港港区各站垂直平均流向在 16 个不同方位上出现频次、频率的统计。

由表 8.4-4 可知，A1# 站涨潮流在 NW 方位上出现的频率较大，占 32.0%，其次为 NNW，占 6.7%；A2# 站涨潮流在 NW 方位上出现的频率较大，占 25.3%，其次为 NNW，占 10.7%；A3# 站涨潮流在 NW 方位上出现的频率较大，占 29.3%，其次为 NNW，占 8.0%；其他各向频率均较小。而各站的主要落潮流方向，A1# 站落潮流在 ESE 方位上出现的频率较大，占 37.3%，其次为 SE，占 13.30%；A2# 站落潮流在 SE 方位上出现的频率较大，占 37.3%，其次为 ESE，占 10.7%；A3# 站落潮流在 ESE 方位上出现的频率较大，占 33.3%，其次为 SE，占 17.3%；其他各向频率均较小。

再分析各站点的各向频率分布：各站的涨落流矢量分布相比较为其中，即往复流特征较为明显。

8.4.3　涨、落潮流历时统计

为了较为准确地判别岑港港区各测站涨、落潮流的历时特征，表 8.4-5 为港区各站大、中、小潮垂向平均涨、落潮流历时统计。

表 8.4-5　各站大、中、小潮汛垂向平均涨、落潮流历时统计

潮汛	测站	平均涨潮流历时	平均落潮流历时
大潮	A1#	5 h04 min	7 h12 min
	A2#	5 h15 min	7 h10 min
	A3#	5 h07 min	7 h08 min
中潮	A1#	5 h09 min	7 h03 min
	A2#	5 h09 min	7 h02 min
	A3#	4 h50 min	7 h18 min
小潮	A1#	5 h36 min	7 h31 min
	A2#	5 h33 min	7 h28 min
	A3#	5 h29 min	7 h31 min

由表8.4-5可知，岑港港区这3个站点的涨落潮流特征均表现为平均落潮流历时明显长于平均涨潮流历时，大中小潮汛均有该特点。

A1#站在大、中、小潮期间均为平均落潮流历时长于平均涨潮流历时。大潮期间，A1#站平均涨潮流历时为5 h04 min，平均落潮流历时为7 h12 min，涨落历时差约2 h；中潮期间，A1#站平均涨潮流历时为5 h09 min，平均落潮流历时为7 h03 min，涨落历时差约2 h；小潮期间，A1#站平均涨潮流历时为5 h36 min，平均落潮流历时为7 h31 min，涨落历时差为约2 h。

A2#站在大、中、小潮期间均为平均落潮流历时长于平均涨潮流历时。大潮期间，A2#站平均涨潮流历时为5 h15 min，平均落潮流历时为7 h10 min，涨落历时差约2 h；中潮期间，A2#站平均涨潮流历时为5 h09 min，平均落潮流历时为7 h02 min，涨落历时差为约2 h；小潮期间，A2#站平均涨潮流历时为5 h33 min，平均落潮流历时为7 h28 min，涨落历时差约2 h。

A3#站在大、中、小潮期间也均为平均落潮流历时长于平均涨潮流历时。大潮期间，A3#站平均涨潮流历时为5 h07 min，平均落潮流历时为7 h08 min，涨落历时差约2 h；中潮期间，A3#站平均涨潮流历时为4 h50 min，平均落潮流历时为7 h18 min，涨落历时差为约2 h30 min；小潮期间，A3#站平均涨潮流历时为5 h29 min，平均落潮流历时为7 h31 min，涨落历时差约2 h。

从上述分析可知，各站点的涨落历时均表现为平均落潮流历时长于平均涨潮流历时，大约长2 h。

8.4.4　余流分析

根据潮流的准调和分析，还可获得岑港港区各站、层和垂向平均余流的大小和方向。现将各测站大、中、小潮汛测层及垂向平均余流的流速、流向计算结果一并列入表8.4-6中，以供分析比较。

表8.4-6　港区大、中、小潮各站、层余流统计

测站	层次	大潮		中潮		小潮	
		流速 /(cm/s)	流向 /(°)	流速 /(cm/s)	流向 /(°)	流速 /(cm/s)	流向 /(°)
A1#	表层	36.8	82	35.7	90	20.0	86
	0.2H	30.3	99	30.8	94	19.6	100
	0.4H	27.8	104	25.6	105	14.5	109
	0.6H	27.0	114	23.3	100	9.8	106
	0.8H	25.0	122	22.2	118	8.6	144
	底层	20.4	125	15.4	118	6.7	174
	垂向平均	27.0	107	25.2	102	12.2	109
A2#	表层	24.6	109	22.6	111	14.6	106
	0.2H	25.4	111	20.6	111	12.8	101
	0.4H	22.4	116	16.8	112	11.5	83
	0.6H	22.8	125	14.8	118	8.2	81
	0.8H	19.8	136	12.0	123	6.5	87
	底层	17.7	143	11.1	129	2.3	91
	垂向平均	21.8	121	14.8	116	9.2	92

续表

测站	层次	大潮		中潮		小潮	
		流速 /(cm/s)	流向 /(°)	流速 /(cm/s)	流向 /(°)	流速 /(cm/s)	流向 /(°)
A3#	表层	27.3	98	27.6	88	14.8	92
	0.2H	28.8	96	24.2	93	17.8	95
	0.4H	24.5	106	20.5	97	13.3	94
	0.6H	24.6	114	16.9	101	13.2	108
	0.8H	22.8	125	15.2	109	9.0	126
	底层	19.8	130	11.8	112	7.2	158
	垂向平均	24.3	109	17.8	99	12.3	104

由表 8.4-6 可知，港区测区余流分布、变化特征，总体上存在着较好的规律。

（1）从余流量值来看，岑港港区水域余流量值较大，各层间最大余流为 20.4~36.8 cm/s，各站间最大余流为 25.4~36.8 cm/s，其中 A1#站的余流相比略偏大，如 A1#站垂向平均余流大、中、小潮汛分别为 27.0 cm/s、25.2 cm/s、12.2 cm/s，A2#站垂向平均余流大、中、小潮汛分别为 21.8 cm/s、14.8 cm/s、9.2 cm/s，A3#站垂向平均余流大、中、小潮汛分别为 24.3 cm/s、17.8 cm/s、12.3 cm/s。

（2）从余流流向分析，该港区存在显著的涨、落潮流不对称性，余流方向均表现为落潮流方向，大、中、小潮汛余流方向一致。

（3）在余流的垂直分布上，各站多数表现为上层余流略大于下层，大、中、小潮汛均有该特点。

（4）从大、中、小潮来比较，余流随潮汛变化，多数表现为大潮较大，中潮次之，小潮较小，其中大、中潮汛差异较小。

8.4.5　潮流性质

8.4.5.1　港区潮流中主要半日分潮流的椭圆要素

潮流椭圆要素的计算，主要用于了解潮流组成及其变化特征。通过计算各个分潮流的椭圆长半轴（最大分潮流）、短半轴（最小分潮流）、椭圆率、椭圆长轴方向（最大分潮流方向）等要素的计算，可进一步分析与比较港区潮流组成中各个分潮流运动的基本规律。

计算结果表明，主要半日分潮流 M_2 和 S_2 在 6 个准调和分潮流中占据主导成分，故在表 8.4-7 中给出了岑港港区各站垂向平均的这两个分潮流几项主要椭圆要素统计。

表 8.4-7 中这两个主要分潮流的椭圆率（椭圆长、短轴之比）来看，A1#站的 M_2 分潮流的椭圆率和 S_2 分潮流椭圆率分别为 0.03 和 0.05，A2#站的 M_2 分潮流的椭圆率和 S_2 分潮流椭圆率分别为 0.03 和 0.04，A3#站的 M_2 分潮流的椭圆率和 S_2 分潮流椭圆率分别为 0.03 和 0.04，均远小于 0.25，表现出往复流特征。

由表 8.4-7 中最大分潮流对应的方向来看，M_2 最大分潮流方向介于 126°~138° 和 306°~318°，S_2 最大分潮流方向介于 126°~138° 和 306°~318°，两个主要分潮涨、落方向基本一致，故对各站涨、落潮的主流向具有关键的控制作用。

表 8.4-7　各站垂向平均的主要半日分潮流椭圆要素统计

站名	分潮							
	M_2				S_2			
	最大分潮流（长半轴）/(cm/s)	最小分潮流（短半轴）/(cm/s)	椭圆率（K）	最大分潮流方向/(°)	最大分潮流（长半轴）/(cm/s)	最小分潮流（短半轴）/(cm/s)	椭圆率（K）	最大分潮流方向/(°)
A1#	98.9	3.4	0.03	126~306	29.6	1.5	0.05	126~306
A2#	100.2	2.6	0.03	138~318	30.2	1.1	0.04	138~318
A3#	99.7	3.1	0.03	128~308	30.0	1.3	0.04	128~308

从椭圆率的"＋""－"符号来看，"＋"为逆时针左旋方向，"－"为顺时针右旋方向。A1#、A2#、A3#站的 M_2 和 S_2 潮流的椭圆率均为正值。

8.4.5.2　测区潮流类型

通常情况下，港区的潮流性质（或类型）多以主要全日分潮流 K_1 与 O_1 的椭圆长半轴之和与主要半日分潮流 M_2 的椭圆长半轴之比、即 $(W_{O1}+W_{K1})/W_{M2}$ 作为判据进行分类。为了考察港区浅海分潮流的大小与作用，往往又将四分之一日主要浅海分潮流 M_4 与半日分潮流 M_2 的椭圆长半轴之比、即 W_{M4}/W_{M2} 作为判据进行分析。为此，在上述潮流椭圆要素计算的基础上，表 8.4-8 列出了港区各站潮流性质（判据）计算结果统计。

表 8.4-8　港区各站潮流性质（判据）计算结果统计

站号	表层		0.2H		0.4H		0.6H		0.8H		底层		垂向平均	
	F	G	F	G	F	G	F	G	F	G	F	G	F	G
A1#	0.14	0.06	0.18	0.03	0.15	0.04	0.18	0.03	0.17	0.02	0.15	0.04	0.16	0.03
A2#	0.07	0.04	0.04	0.04	0.04	0.05	0.04	0.05	0.04	0.04	0.04	0.05	0.03	0.04
A3#	0.13	0.04	0.10	0.04	0.11	0.06	0.11	0.06	0.15	0.06	0.09	0.05	0.10	0.05

注：$F'=(W_{O1}+W_{K1})/W_{M2}$，$G=W_{M4}/W_{M2}$。

由表 8.4-8 得出如下结果。

（1）港区各站、层的判据 $(W_{O1}+W_{K1})/W_{M2}$，介于 0.04~0.18，均小于 0.50，故测区的潮流性质总体上属于正规半日潮流的类型；

（2）港区各站、层的比值 W_{M4}/W_{M2} 明显较大，介于 0.02~0.06，接近 0.04，表明测区中的浅海分潮流较为显著，故港区的潮流性质最终应归属为非正规半日浅海潮类型；

（3）从港区各站垂向平均的 $(W_{O1}+W_{K1})/W_{M2}$ 来看，其值介于 0.03~0.16，而 W_{M4}/W_{M2} 也介于 0.03~0.05，从各站来看，A2#站的四分之一日的 M_4 浅海分潮流所占有的比重，与两个全日分潮流之和的比重相当，而 A1#站和 A3#站两个全日分潮流之和比重相比较大些。

8.5　港区潮流模拟结果分析

　　岑港港区主要由册子岛东岸、舟山岛西岸及之间的外钓山等岛屿组成（图8.5-1）。涨潮时（图8.5-2a），海水自浙江外海穿舟山群岛东部，经螺头水道沿大榭岛东北岸向西北进入横水洋，之后分为两支，一支向西经金塘水道、宁波港进入灰鳖洋；另一支则向北通过册子水道，被册子岛一分为二，东支先后经桃夭门和富翅门、菰茨航门进入灰鳖洋，西支经西堠门进入灰鳖洋。灰鳖洋的海水继续向西北进入杭州湾。落潮流海水流径与涨潮流相反（图8.5-2b），来自杭州湾的海水在北下过程中于灰鳖洋分为两支，一支在金塘岛以西、镇海沿岸以东经宁波港、金塘水道进入横水洋；另一支在金塘岛以东、册子岛两侧分别经西堠门和菰茨航门，过册子水道进入横水洋。横水洋海域的落潮流再经螺头水道穿舟山群岛东部进入外海。

　　从数值模拟结果看，舟山岛西岸北部烟墩作业区以西的菰茨航门潮流往复特征明显（图8.5-3），涨潮流呈西北向，落潮流呈东南向，大潮期间最大潮流流速一般为3 kn左右，涨、落潮流最大流速差异不大。落潮流历时稍长，约6.5 h，涨潮流历时约6 h。涨、落潮流最大流速一般分别出现在高、低平潮前2 h，最小流速一般出现在高平潮后1 h或低平潮后1.5 h。外钓山作业区西侧水道潮流随地形呈南北向往复流（图8.5-4），最大潮流流速一般为2.5 kn左右，落潮流稍强。涨、落潮流历时差异不大，都为6~6.5 h。涨潮流最大流速一般出现在高平潮前1.5 h，落潮流最大流速一般出现在低平潮前2 h，最小流速一般出现在高平潮后2 h或低平潮后1.5 h。舟山岛西岸中部老塘山作业区以西、外钓山以南海域潮流整体呈SE—NW走向，略带旋转（图8.5-5）。大潮期间最大潮流流速一般为3 kn左右，涨、落潮流最大流速差异不大。涨潮流历时约5.5~6 h，落潮流历时约6.5 h，落潮流历时长于涨潮流历时。涨潮流最大流速一般出现在高平潮前1~1.5 h，落潮流最大流速一般出现在低平潮前3 h，最小流速一般出现在高、低平潮后1 h。

　　涨潮伊始，册子水道东西两侧沿岸区域先于水道中部起涨，之后水道中部和金塘岛一侧的流速逐渐增大，而舟山岛一侧的流速则在维持一段时间后逐渐减小并先于水道中部和西侧转向，因此册子水道内东侧落潮流时间较长，而西侧涨潮流时间较长。港区码头前沿附近基本都为往复流，仅在册子岛东北角于涨潮期间存在一逆时针旋转的涡旋，但强度不大（图8.5-6）。

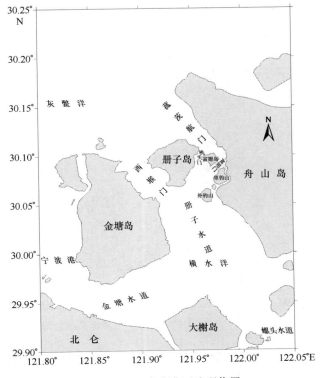

图 8.5-1　岑港港区地理位置

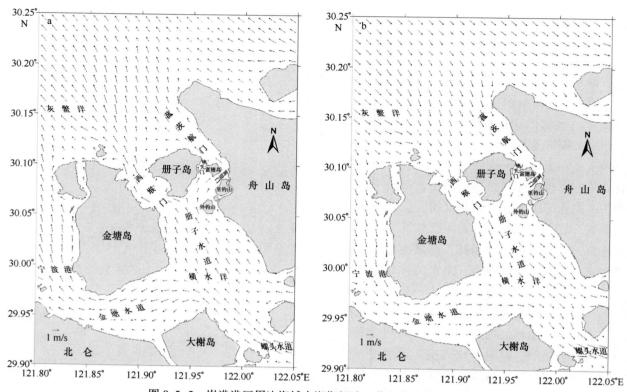

图 8.5-2　岑港港区周边海域大潮期间涨、落潮流数值模拟结果

a. 涨潮；b. 落潮

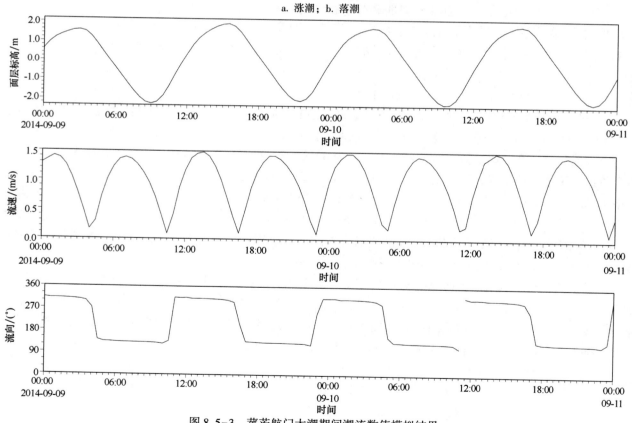

图 8.5-3　菰茨航门大潮期间潮流数值模拟结果

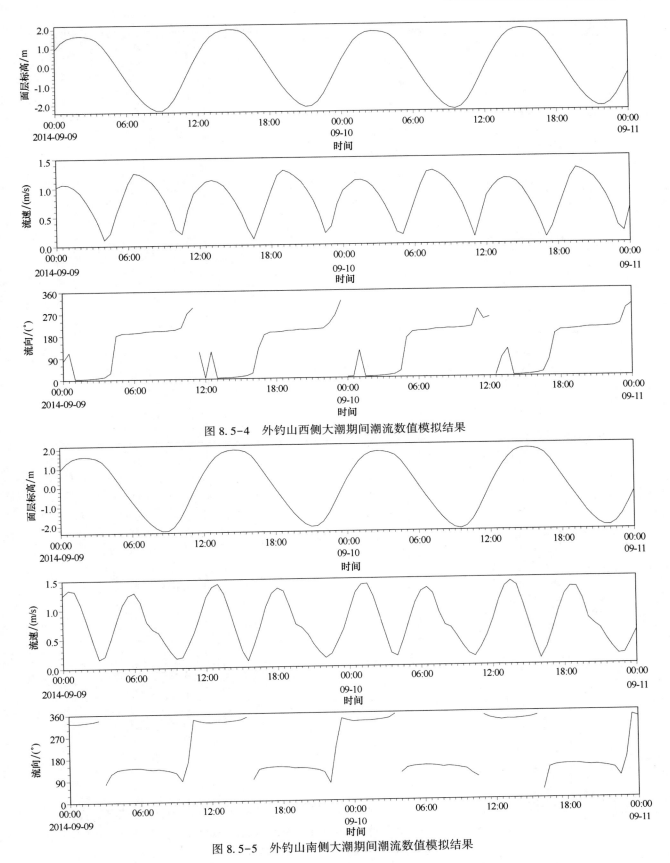

图 8.5-4 外钓山西侧大潮期间潮流数值模拟结果

图 8.5-5 外钓山南侧大潮期间潮流数值模拟结果

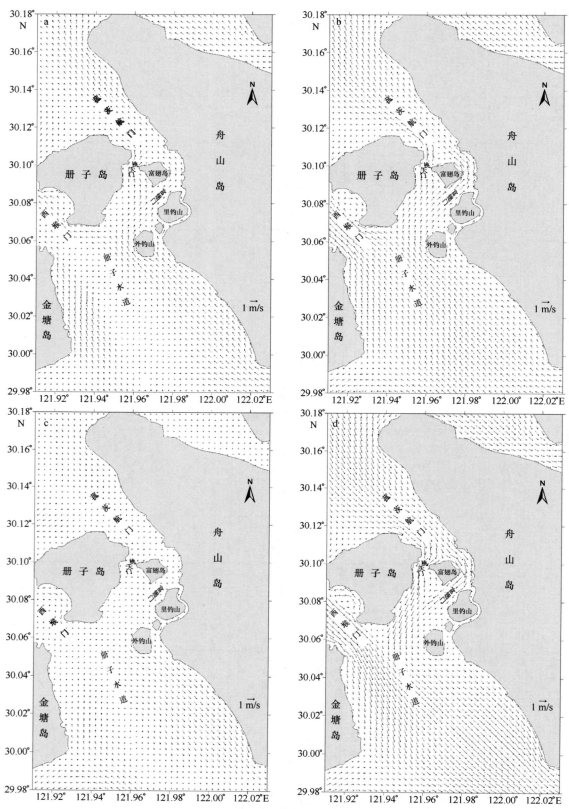

图 8.5−6　岑港港区海域大潮期间涨、落潮流数值模拟结果

a 涨潮伊始；b. 涨急；c. 落潮伊始；d. 落急

8.6　小结

岑港港区潮汐类型为非正规半日浅海潮港，涨落潮具有不对称性，平均落潮历时长于涨潮历时，历时差约 1 h，平均潮差约 2.02 m。

岑港港区的潮流为非正规半日浅海潮的类型，涨、落潮潮流之间存在着明显的不对称性，往复流特征明显。从最大涨落潮流流速的水平空间分布来看，各潮汛不一致。垂向分布多数表现为上、表层流速稍大，近底层流速略小为特征，且各站点在表层至 0.8H 层间互差不大。从最大涨、落潮流流速的对比来看，在大潮、中潮期间，各站分层及垂向平均表现为最大涨潮流流速小于最大落潮流流速；小潮期间各站层之间差异较小。

岑港港区位于老塘山港区散货减载平台右侧水域的测站相比而言为流速较大测站，实测最大 3 kn 以上流速偶有出现，而左侧水域流速略小些。

岑港港区水域余流量值较大，从余流流向分析，该港区存在显著的涨、落潮流不对称性，余流的方向均表现为落潮流方向。在垂直分布上，各站多数表现为的上层余流略大于下层。

从数值模拟结果看，港区码头前沿附近基本都为往复流，而舟山岛西岸中部老塘山作业区以西、外钓山以南海域潮流整体呈 SE—NW 走向，略带旋转，另在册子岛东北角于涨潮期间存在一逆时针旋转的涡旋，但强度不大，册子水道内东侧落潮流时间较长，而西侧涨潮流时间较长。

第 9 章 金塘港区潮汐潮流分析

9.1 港区基本情况

金塘港区（图 9.1-1）范围包括金塘岛以及北部的大菜花岛，划分为木岙、大浦口、上岙、张家岙、

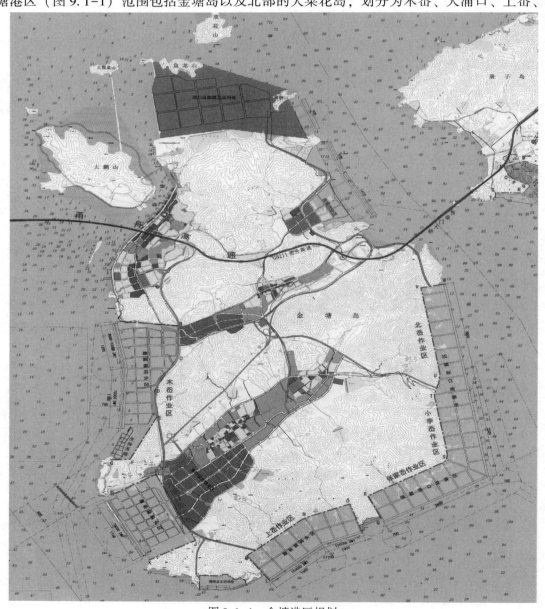

图 9.1-1 金塘港区规划

小李岙和北岙 6 个规模化作业区，是以集装箱运输为主发展现代物流业，兼顾海洋产业集聚发展的综合性港区。目前，金塘岛东南侧的大浦口作业区，已建成 7 万吨级集装箱泊位 2 个，规划将码头前沿向南延伸，形成码头岸线 1 760 m，布置 7 万～10 万吨级集装箱泊位 3 个。

9.2　数据来源

为了较好了解金塘港区的潮汐潮流特征，潮汐分析选取了 4 个临时站点，1 个临时站位于金塘岛北侧的近岸水域，2 个临时潮位站位于金塘岛南侧水域，木岙站位于金塘岛西侧中部，潮流分析选取了 7 个参考点，SW1#、SW2#、SW3#、SW4#位于金塘岛北部水域，T1#、T2#、T3#位于金塘岛南部的上岙集装箱码头前沿水域，具体观测时间和站位如表 9.2-1 和图 9.2-1 所示。

表 9.2-1　金塘港区参考站位

站号	实测站点		水深/m	调查时间
SW1#	30°03′58.93″N	121°48′28.54″E	9.3	
SW2#	30°05′03.70″N	121°50′42.12″E	6.8	大潮：2012 年 3 月 22—23 日
SW3#	30°06′11.05″N	121°52′09.78″E	9.8	小潮：2012 年 3 月 15—16 日
SW4#	30°05′12.57″N	121°53′44.79″E	39.5	
T1#	29°58′01.83″N	121°52′58.76″E	—	小潮：2007 年 12 月 2—3 日
T2#	29°58′41.42″N	121°53′57.05″E	—	
T3#	29°58′53.62″N	121°55′22.60″E	—	大潮：2007 年 12 月 10—11 日
金塘北临时站	30°04′37.6″N	121°50′55.4″E	—	2012 年 3 月 9 日至 4 月 5 日
金塘南临时站 1#	29°58′25.0″N	121°52′38.0″E	—	2007 年 12 月 2—11 日
金塘南临时站 2#	29°59′06.0″N	121°53′56.0″E	—	2007 年 12 月 3—11 日
金塘木岙站	30°02′N	121°50′E	—	2008 年 8 月

图 9.2-1　金塘港区站点示意

9.3 港区潮汐特征分析

为了确切了解金塘港区各项潮汐特征值，现将 4 个临时潮位站的实测资料进行了特征统计，结果如表 9.3-1 所示。

表 9.3-1 金塘港区临时潮位站实测潮汐特征值统计

	项目	金塘北临时站	金塘木岙站	金塘南临时站 1#	金塘南临时站 2#
潮位 /cm	最高潮位	206	236	490	407
	最低潮位	−193	−187	170	092
	平均高潮位	114	155	430	352
	平均低潮位	−116	−80	235	155
	平均海平面	6	46	336	255
潮差 /cm	最大潮差	347	399	316	311
	最小潮差	56	—	120	119
	平均潮差	230	235	195	197
涨、落潮历时	平均涨潮历时	6 h12 min	6 h22 min	6 h06 min	6 h06 min
	平均落潮历时	6 h12 min	6 h11 min	6 h12 min	6 h13 min
	基准面	85 国家高程	85 国家高程	水尺零点	水尺零点
	资料长度	2012 年 3 月 9 日至 4 月 5 日	2008 年 8 月	2007 年 12 月 2—11 日	2007 年 12 月 3—11 日

由表 9.3-1 得出如下结论。

（1）金塘北临时站的平均海平面为 6 cm（基面：85 国家高程）；金塘木岙站的平均海平面为 46 cm（基面：85 国家高程）；金塘南临时站 1#平均海平面 336 cm（基面：水尺零点），金塘南临时站 2#平均海平面 255 cm（基面：水尺零点）。

（2）金塘北临时站最大潮差 347 cm，最小潮差 56 cm，平均潮差 230 cm；金塘木岙站最大潮差 399 cm，平均潮差 235 cm；金塘南临时站 1#最大潮差 316 cm，最小潮差 120 cm，平均潮差 195 cm；金塘南临时站最大潮差 311 cm，最小潮差 119 cm，平均潮差 197 cm。

（3）金塘北临时站的平均落潮历时与平均涨潮历时基本相等，金塘木岙站平均落潮历时略长于平均涨潮历时，金塘南两个临时站均为平均涨潮历时略小于平均落潮历时。其中金塘北临时站平均涨潮历时为 6 h12 min，平均落潮历时为 6 h12 min；金塘南临时站 1#站平均涨潮历时为 6 h06 min，平均落潮历时为 6 h12 min；金塘南临时站 2#站平均涨潮历时为 6 h06 min，平均落潮历时为 6 h13 min。

总体而论，测区金塘岛南北岸 3 个临时潮位站的潮汐特征值略有差异。从潮差来看，北岸潮差大于南岸潮差；从涨落潮历时分析，北岸的平均落潮历时与平均涨潮历时基本相等，南岸平均涨潮历时略小于平均落潮历时。

从表 9.3-2 来看，金塘港区 3 个临时潮位站的主要日分潮与主太阴分潮之比接近 0.50，主要浅海与主要半日分潮振幅比大于 0.04，浅海效应明显，因此，该港区的潮汐性质为非正规半日浅海潮港。

表 9.3-2　金塘港区临时潮位站潮汐性质

测站	潮港类型 $(H_{K_1}+H_{O_1})/H_{M_2}$	主要浅海与主要半日分潮振幅比 H_{M_4}/H_{M_2}	主要浅海分潮振幅和/cm $(H_{M_4}+H_{MS_4}+H_{M_6})$
金塘北临时站	0.51	0.06	15
金塘木岙站	0.52	0.08	19

9.4　港区潮流特征分析

9.4.1　最大流速统计分析

对金塘港区的 7 个参考站点分大、小潮汛进行统计分析，结果如表 9.4-1 和表 9.4-2 所示。其中位于金塘岛北边的 4 个站 SW1#、SW2#、SW3#、SW4#分别选取 2012 年 3 月 22—23 日（农历三月初一至三月初二）为大潮，2012 年 3 月 15—16 日（农历二月廿三至二月廿四日）为小潮，位于金塘岛南边的 3 个站 T1#、T2#、T3#分别选取 2007 年 12 月 2—3 日（农历十月廿三至十月廿四日）为小潮，2007 年 12 月 10—11 日（农历十一月初一至十一月初二）为大潮。

表 9.4-1　金塘港区各潮汛实测涨潮流最大流速（流向）统计

潮汛	测站	表层 流速 /(cm/s)	表层 流向 /(°)	0.2H 流速 /(cm/s)	0.2H 流向 /(°)	0.4H 流速 /(cm/s)	0.4H 流向 /(°)	0.6H 流速 /(cm/s)	0.6H 流向 /(°)	0.8H 流速 /(cm/s)	0.8H 流向 /(°)	底层 流速 /(cm/s)	底层 流向 /(°)	垂向平均 流速 /(cm/s)	垂向平均 流向 /(°)
大潮	SW1#	186	334	175	336	154	324	132	325	109	326	97	328	141	324
	SW2#	134	12	139	353	127	352	126	352	115	352	95	353	124	354
	SW3#	178	292	152	282	136	285	122	292	115	283	109	69	133	286
	SW4#	145	339	152	337	153	334	176	321	150	333	114	333	150	331
	T1#	153	245	140	245	—	—	137	254	145	244	146	234	139	245
	T2#	124	246	138	242	—	—	136	248	144	228	147	243	119	239
	T3#	148	204	150	237	—	—	146	234	134	208	112	226	136	217
小潮	SW1#	135	328	129	329	116	332	96	327	83	326	71	324	104	329
	SW2#	112	352	99	352	93	349	84	350	73	349	66	350	87	350
	SW3#	112	352	99	352	93	349	84	350	73	349	66	350	87	350
	SW4#	106	358	155	313	98	338	117	14	123	357	120	353	90	332
	T1#	86	242	85	244	—	—	115	241	124	235	132	228	95	243
	T2#	99	251	85	238	—	—	79	246	69	238	96	239	68	245
	T3#	99	251	85	238	—	—	79	246	69	238	96	239	68	245

注：H 在本章内容中代表水深。

表 9.4-2　金塘港区各潮汐实测落潮流最大流速（流向）统计

潮汐	测站	表层		0.2H		0.4H		0.6H		0.8H		底层		垂向平均	
		流速/(cm/s)	流向/(°)	流速/(cm/s)	流向/(°)	流速/(cm/s)	流向/(°)	流速/(cm/s)	流向/(°)	流速/(cm/s)	流向/(°)	流速/(cm/s)	流向/(°)	流速/(cm/s)	流向/(°)
大潮	SW1#	230	134	203	134	185	138	158	140	135	127	108	143	169	139
	SW2#	135	170	135	174	136	176	132	165	119	176	108	168	128	172
	SW3#	186	100	168	105	163	101	150	90	134	92	109	81	150	95
	SW4#	97	129	100	127	105	127	90	135	92	148	87	145	95	134
	T1#	109	85	101	77	—	—	87	54	92	56	99	67	88	61
	T2#	126	57	90	55	—	—	101	65	87	60	100	72	97	63
	T3#	122	63	118	62	—	—	112	67	100	61	88	62	109	66
小潮	SW1#	153	148	138	142	130	139	102	147	78	154	70	152	107	141
	SW2#	108	176	99	176	95	170	80	170	71	169	64	172	85	171
	SW3#	140	99	126	118	104	112	72	138	65	158	56	79	83	106
	SW4#	137	117	105	117	134	127	123	126	96	111	129	87	96	121
	T1#	119	86	106	74	—	—	64	48	59	31	55	53	70	69
	T2#	86	55	85	41	—	—	56	73	44	352	41	354	52	47
	T3#	116	64	104	72	—	—	72	74	80	77	56	67	83	71

9.4.1.1　实测最大流速的极值

由表 9.4-1 中金塘港区水域各站点最大涨潮流流速的排列、比较可知，港区各站层中的最大涨潮流极值出现于金塘北部的 SW1#站大潮时的表层，涨潮流流速为 186 cm/s，约 3.6 kn，对应流向为 334°；表层外，仍是 SW1#站，为大潮时 0.2H 层，涨潮流流速为 175 cm/s，约 3.4 kn，对应流向为 336°。可见，位于金塘北部的 SW1#站附近水域最大涨潮流流速明显较大。

由表 9.4-2 可知，金塘港区最大落潮流极值为 230 cm/s，约 4.5 kn，对应流向为 134°，也出现于金塘北部的 SW1#站大潮时的表层，表层外，最大落潮流出现于 SW1#站，也是大潮时 0.2H 层，落潮流流速为 203 cm/s，约 3.9 kn，对应流向为 134°。可见几站相比，位于金塘北部的 SW1#站附近水域最大落潮流流速也是明显较大。

各测站中，垂直平均层的最大流速极值：涨潮流为 150 cm/s（331°），出现于 SW4#站大潮时。落潮流为 169 cm/s（139°），出现于 SW1#站大潮时。

9.4.1.2　实测最大流速的分布

根据表 9.4-1 所列的金塘港区各站点的实测最大涨潮流的特征流速，并结合港区的潮流矢量图分析，在大、小潮汐期间，金塘岛南北测站的特点不是很显著，各层之间差异不明显。

根据表 9.4-2 所列的金塘港区各站点的实测最大落潮流的特征流速，并结合港区的潮流矢量图分析，在大潮汐期间，位于金塘岛北面的 SW1#、SW2#、SW3#站的最大落潮流流速明显大于其他各站，而小潮期间差异较小，没有大潮期间显著。如大潮期间垂向平均层，位于金塘岛北的 SW1#、SW2#、SW3#、SW4#站的最大落潮流流速分别为 169 cm/s、128 cm/s、150 cm/s、95 cm/s，位于金塘岛南的 T1#、T2#、T3#站的最大落潮流流速分别为 88 cm/s、97 cm/s、109 cm/s；小潮期间垂向平均层，位于金塘岛北的

SW1#、SW2#、SW3#、SW4#站的最大落潮流流速分别为 107 cm/s、85 cm/s、83 cm/s、96 cm/s，位于金塘岛南的 T1#、T2#、T3#站的最大落潮流流速分别为 70 cm/s、52 cm/s、83 cm/s。

从表 9.4-1 和表 9.4-2 分析金塘港区最大流速的垂直分布，最大涨潮流多数出现于表层，0.2H 也有，其他出现较少；最大落潮流大小潮汛各站多数出现于表层，其他出现于 0.4H。具体分析，金塘岛北的 SW1#、SW2#、SW3#、SW4#站多数表现出上、表层流速稍大，下层或近底层流速略小的特征，最大涨、落潮流流速均具有该特点；而金塘岛南的 T1#、T2#、T3#站最大涨潮流垂向表现为表层、底层流速均较大，大小潮均有该特点，最大落潮流垂向表现出大潮期间表层、底层流速较大，小潮期间则是上、表层流速稍大，下层或近底层流速略小的特征。

9.4.1.3　实测最大流速涨、落潮流的比较

将表 9.4-1 和表 9.4-2 中涨、落潮流的最大流速进行对比可以看出，位于金塘岛北的 SW1#、SW2#、SW3#站多数表现为最大落潮流流速强于最大涨潮流流速，SW4#多数表现为最大涨潮流流速大于最大落潮流流速，位于金塘岛南的 T1#、T2#、T3#站也多数表现为最大涨潮流流速大于最大落潮流流速，大潮时差异大些，小潮差异小些。

如将各站各潮汛垂向平均的实测最大涨潮流流速与对应的最大落潮流流速对比可知，SW1#站在大、小潮期间的最大涨潮流流速与最大落潮流流速差值分别为−28 cm/s、−3 cm/s，SW2#站在大、小潮期间的最大涨潮流流速与最大落潮流流速差值分别为−4 cm/s、2 cm/s，SW3#站在大、小潮期间的最大涨潮流流速与最大落潮流流速差值分别为−17 cm/s、4 cm/s，SW4#站在大、小潮期间的最大涨潮流流速与最大落潮流流速差值分别为 55 cm/s、−6 cm/s，T1#站在大、小潮期间的最大涨潮流流速与最大落潮流流速差值分别为 51 cm/s、25 cm/s，T2#站在大、小潮期间的最大涨潮流流速与最大落潮流流速差值分别为 22 cm/s、16 cm/s，T3#站在大、小潮期间的最大涨潮流流速与最大落潮流流速差值分别为 27 cm/s、−15 cm/s。可见金塘岛北有较强的落潮流，金塘岛南有较强的涨潮流，特别是在大潮汛期间。

就实测最大涨、落潮流所对应的流向而言，以各站垂向平均最大流速所对应的流向予以说明：在大、小潮期间，SW1#站的最大涨潮流流向分别为 324°、329°，SW2#站的最大涨潮流流向分别为 354°、350°，SW3#站的最大涨潮流流向分别为 286°、350°，SW4#站的最大涨潮流流向分别为 331°、332°，T1#站的最大涨潮流流向分别为 245°、243°，T2#站的最大涨潮流流向分别为 239°、245°，T3#站的最大涨潮流流向分别为 217°、245°。在上述两个潮汛中，SW1#站的最大落潮流流向分别为 139°、141°，SW2#站的最大落潮流流向分别为 172°、171°，SW3#站的最大落潮流流向分别为 95°、106°，SW4#站的最大落潮流流向分别为 134°、121°，T1#站的最大落潮流流向分别为 61°、69°，T2#站的最大落潮流流向分别为 63°、47°，T3#站的最大落潮流流向分别为 66°、71°。

由此可见，最大涨、落潮流之间的流向互差，SW1#站介于 185°~188°，SW2#站介于 179°~182°，SW3#站介于 191°~244°，SW4#站介于 197°~211°，T1#站介于 174°~184°，T2#站介于 176°~198°，T3#站介于 151°~174°。总体上多数接近于 180°，较好地反映出最大涨、落潮流之间的往复流特征。

9.4.1.4　实测最大流速随潮汛的变化

对表 9.4-1 和表 9.4-2 的数据，按潮汛进行比较后得出如下结论。

（1）就最大涨潮流而言，各站随潮汛变化显著，表现为大潮汛期间最大涨潮流流速较大，小潮汛期间最大涨潮流流速略小。

（2）就最大落潮流速而言，除 SW4#站外，其他各站均为大潮汛流速较大，小潮汛流速较小。

可见，金塘港区各站的最大流速依月相的演变规律较为显著，仅位于金塘北的 SW4#在落潮期间差异不明显。

9.4.2 流速、流向频率统计

前面主要讨论了金塘港区测点具有特征意义的实测最大流速（流向）的分布与变化的基本情况，并以此为港区流场的主要特征予以阐述。但为了对港区出现的所有流况在总体上有一个定量了解，故对各站层所获取潮流的垂向平均流速、流向按不同级别与方位进行了出现频次和频率的统计（表9.4–3 和表9.4–4）。

表9.4–3　各站垂向平均流速各级出现频次、频率统计

测站	项目	流速范围			
		≤51 cm/s ≤1 kn	52~102 cm/s 1~2 kn	103~153 cm/s 2~3 kn	≥154 cm/s ≥3 kn
SW1#	出现频次/次	10	27	11	2
	出现频率/（%）	20.0	54.0	22.0	4.0
SW2#	出现频次/次	22	26	2	0
	出现频率/（%）	44.0	52.0	4.0	0
SW3#	出现频次/次	18	22	10	0
	出现频率/（%）	36.0	44.0	20.0	0
SW4#	出现频次/次	30	19	1	0
	出现频率/（%）	60.0	38.0	2.0	0
T1#	出现频次/次	36	37	11	0
	出现频率/（%）	43	44	13	0
T2#	出现频次/次	39	37	8	0
	出现频率/（%）	46	44	10	0
T3#	出现频次/次	69	42	15	0
	出现频率/（%）	55	33	12	0

由表9.4–3得出如下结论。

（1）金塘港区各站流速不高于1 kn 流速的场合达20.0%~60.0%的比率；流速1~2 kn 的出现场合有33.0%~54.0%的比率，流速2~3 kn 的出现场合有2.0%~22.0%的比率，流速大于3 kn 的出现场合有0~4.0%的比率。

（2）从各站点具体分析，位于金塘岛北的SW1#、SW3#流速较大，其他各站流速小些。SW1#站所测流速多数小于3 kn，其中小于1 kn 出现频率为20.0%，流速为1~2 kn 的出现频率为54.0%，流速为2~3 kn 的出现频率为22.0%，大于3 kn 的流速偶有出现，频率为4.0%。SW2#站所测流速多数小于2 kn，其中小于1 kn 出现频率为44.0%，流速为1~2 kn 的出现频率为52.0%，大于2 kn 出现较少，流速为2~3 kn 的出现频率为4.0%，大于3 kn 的流速调查期间未出现。SW3#站所测流速小于3 kn，其中小于1 kn 出现频率为36.0%，流速为1~2 kn 的出现频率为44.0%，流速为2~3 kn 的出现频率为20.0%，大于3 kn 调查期间未出现。SW4#站所测流速多数小于2 kn，其中小于1 kn 的出现频率为60.0%，流速为1~2 kn

的出现频率为 38.0%，大于 2 kn 的出现较少，流速为 2~3 kn 的出现频率为 2.0%，大于 3 kn 的流速调查期间未出现。T1#站所测流速多数小于 2 kn，其中小于 1 kn 的出现频率为 43.0%，流速为 1~2 kn 的出现频率为 44.0%，大于 2 kn 的出现较少，流速为 2~3 kn 的出现频率为 13.0%，大于 3 kn 的流速调查期间未出现。T2#站所测流速多数小于 2 kn，其中小于 1 kn 的出现频率为 46.0%，流速为 1~2 kn 的出现频率为 44.0%，大于 2 kn 的出现较少，流速为 2~3 kn 的出现频率为 10.0%，大于 3 kn 的流速调查期间未出现。T3#站所测流速多数小于 2 kn，其中小于 1 kn 的出现频率为 55.0%，流速为 1~2 kn 的出现频率为 33.0%，大于 2 kn 出现较少，流速为 2~3 kn 的出现频率为 12.0%，大于 3 kn 的流速调查期间未出现。

从表 9.4-3 分析可知，位于金塘岛北的 SW1#站相比而言为流速较大区域，实测最大有 3 kn 以上的流速偶有出现，而 SW2#、SW4#站的流速则相对较小。

表 9.4-4　各站实测垂向平均流向在各方向上出现频次、频率统计

测站	项目	方位															
		N	NNE	NE	ENE	E	ESE	SE	SSE	S	SSW	SW	WSW	W	WNW	NW	NNW
SW1#	频次/次	2	0	1	1	2	3	15	3	0	1	2	1	0	1	8	10
	频率/（%）	4.0	0	2.0	2.0	4.0	6.0	30.0	6.0	0	2.0	4.0	2.0	0	2.0	16.0	20.0
SW2#	频次/次	19	1	0	0	0	0	0	6	17	1	0	0	0	0	1	5
	频率/（%）	38.0	2.0	0	0	0	0	0	12.0	34.0	2.0	0	0	0	0	2.0	10.0
SW3#	频次/次	0	2	0	2	19	8	2	1	0	0	0	2	2	12	0	0
	频率/（%）	0	4.0	0	4.0	38.0	16.0	4.0	2.0	0	0	0	4.0	4.0	24.0	0	0
SW4#	频次/次	7	9	6	7	9	16	14	1	0	1	1	1	1	5	10	10
	频率/（%）	7.1	9.2	6.1	7.0	9.2	16.3	14.3	1.0	0	1.0	1.0	1.0	1.0	5.1	10.2	10.2
T1#	频次/次	0	0	4	22	2	0	0	2	1	2	4	35	3	0	0	0
	频率/（%）	0	0	5.3	29.3	2.7	0	0	2.7	1.3	2.7	5.3	46.7	4.0	0	0	0
T2#	频次/次	0	1	13	10	0	2	1	1	0	1	12	27	5	0	1	0
	频率/（%）	0	1.3	17.3	13.3	0	2.7	1.3	1.3	0	1.3	16.0	36.0	6.7	0	1.3	0
T3#	频次/次	0	2	5	16	4	1	3	4	2	3	23	8	0	0	3	1
	频率/（%）	0	2.7	6.7	21.3	5.3	1.3	4.0	5.3	2.7	4.0	30.7	10.7	0	0	4.0	1.3

表 9.4-4 给出了金塘港区各站垂直平均流向在 16 个不同方位上出现频次、频率的统计。

由表 9.4-4 可知 SW1#站涨潮流在 NNW 方位上出现的比率较大，占 20.0%，其次为 NW，占 16.0%；SW2#站涨潮流在 N 方位上出现的比率较大，占 38.0%，其次为 NNW，占 10.0%；SW3#站涨潮流在 WNW 方位上出现的比率较大，占 24.0%，其次为 WSW、W，占 4.0%；SW4#站涨潮流在 NW、NNW 方位上出现的比率较大，占 10.2%，其次为 NNE，占 9.2%；T1#站涨潮流在 WSW 方位上出现的比率较大，占 46.7%，其次为 SW，占 5.3%；T2#站涨潮流在 WSW 方位上出现的比率较大，占 36.0%，其次为 SW，占 16.0%；T3#站涨潮流在 SW 方位上出现的比率较大，占 30.7%，其次为 WSW，占 10.7%，其他各向比率均较小。

而各站的主要落潮流方向，SW1#站落潮流在 SE 方位上出现的比率较大，占 30.0%，其次为 ESE、

SSE，占 6.0%；SW2#站落潮流在 S 方位上出现的比率较大，占 34.0%，其次为 SSE，占 12.0%；SW3#站落潮流在 E 方位上出现的比率较大，占 38.0%，其次为 ESE，占 16.0%；SW4#站落潮流在 ESE 方位上出现的比率较大，占 16.3%，其次为 SE，占 14.3%；T1#站落潮流在 ENE 方位上出现的比率较大，占 29.3%，其次为 NE，占 5.3%；T2#站落潮流在 NE 方位上出现的比率较大，占 17.3%，其次为 ENE，占 13.3%；T3#站落潮流在 ENE 方位上出现的比率较大，占 21.3%，其次为 NE，占 6.7%；其他各向比率均较小。

再分析各站点的各向频率分布：SW4#站的涨落流矢量分布较为分散，其他各站往复流特征较为明显。

9.4.3　涨、落潮流历时统计

为了较为准确地判别金塘港区各测站涨、落潮流历时，表 9.4-5 为港区各站大、小潮垂向平均涨、落潮流历时统计。

表 9.4-5　各站大、中、小潮汛垂向平均涨、落潮流历时统计

测站	大潮		小潮	
	平均涨潮流历时	平均落潮流历时	平均涨潮流历时	平均落潮流历时
SW1#	5 h22 min	6 h37 min	6 h14 min	6 h17 min
SW2#	5 h17 min	6 h03 min	6 h20 min	5 h38 min
SW3#	4 h52 min	7 h33 min	4 h16 min	8 h13 min
SW4#	5 h40 min	6 h26 min	5 h32 min	5 h16 min
T1#	7 h00 min	4 h51 min	7 h57 min	4 h40 min
T2#	6 h19 min	5 h15 min	8 h49 min	3 h59 min
T3#	7 h21 min	4 h46 min	7 h02 min	6 h04 min

由表 9.4-5 可知，金塘港区各站点的涨落潮流特征并不一致，位于金塘北的 SW1#、SW2#、SW3#、SW4#站在大潮期间表现为平均落潮流历时长于平均涨潮流历时，小潮汛时各有不同，而位于金塘南的 T1#、T2#、T3#站在大、小潮汛均表现为平均涨潮流历时长于平均落潮流历时。

大潮期间 SW1#站的平均涨潮流历时小于平均落潮流历时，SW1#站平均涨潮流历时为 5 h22 min，平均落潮流历时为 6 h37 min，涨落历时差为 1 h15 min；小潮期间，SW1#站平均涨潮流历时为 6 h14 min，平均落潮流历时为 6 h17 min，涨落潮流历时相当。

SW2#站在大潮期间为平均涨潮流历时小于平均落潮流历时，SW2#站平均涨潮流历时为 5 h17 min，平均落潮流历时为 6 h03 min，涨落历时差约 40 min；小潮期间，SW2#站平均涨潮流历时为 6 h20 min，平均落潮流历时为 5 h38 min，平均涨潮流历时略长于平均落潮流历时，与大潮期间不一致。

SW3#站在大、小潮期间均为平均涨潮流历时小于平均落潮流历时，SW3#站平均涨潮流历时为 4 h52 min，平均落潮流历时为 7 h33 min，涨落历时差约 2 h40 min；小潮期间，SW3#站平均涨潮流历时为 4 h16 min，平均落潮流历时为 8 h13 min，涨落历时差约 4 h。

SW4#站在大潮期间为平均涨潮流历时小于平均落潮流历时，SW4#站平均涨潮流历时为 5 h40 min，平均落潮流历时为 6 h26 min，涨落历时差约 50 min；小潮期间，SW4#站平均涨潮流历时为 5 h32 min，平均落潮流历时为 5 h16 min，平均涨潮流历时略长于平均落潮流历时。

T1#站在大、小潮期间均为平均涨潮流历时长于平均落潮流历时，T1#站平均涨潮流历时为 7 h，平均落潮流历时为 4 h26 min，涨落历时差约 2 h30 min；小潮期间，T1#站平均涨潮流历时为 7 h57 min，平均落潮流历时为 4 h40 min，涨落历时差约 3 h20 min。

　　T2#站在大、小潮期间均为平均涨潮流历时长于平均落潮流历时，T2#站平均涨潮流历时为 6 h19 min，平均落潮流历时为 5 h15 min，涨落历时差约 1 h；小潮期间，T2#站平均涨潮流历时为 8 h49 min，平均落潮流历时为 3 h59 min，涨落历时差约 4 h50 min。

　　T3#站在大、小潮期间均为平均涨潮流历时长于平均落潮流历时，T3#站平均涨潮流历时为 7 h21 min，平均落潮流历时为 4 h46 min，涨落历时差约 2 h30 min；小潮期间，T3#站平均涨潮流历时为 7 h02 min，平均落潮流历时为 6 h04 min，涨落历时差约 1 h。

　　从上述分析可知，金塘岛北各站点的涨落历时情况各潮汛不一致，大潮期间平均落潮流历时长于平均涨潮流历时，小潮期间可能受局地干扰比重增大，使得各站点的涨落历时关系不一致，而金塘岛南各站点的均遵循平均涨潮流历时长于平均落潮流历时，大、小潮均一致。

9.4.4　余流分析

　　根据潮流的准调和分析，还可获得金塘港区各站、层和垂向平均余流的大小和方向。现将各测站大、中、小潮汛测层及垂向平均余流的流速、流向计算结果一并列入表 9.4-6 中，以供分析比较。

表 9.4-6　测区大、中、小潮各站、层余流统计

测站	层次	大潮		小潮	
		流速 /(cm/s)	流向 /(°)	流速 /(cm/s)	流向 /(°)
SW1#	表层	26	114	9	160
	0.2H	26	110	9	133
	0.4H	22	110	7	115
	0.6H	18	104	6	91
	0.8H	14	99	4	41
	底层	11	99	4	15
	平均	20	108	5	111
SW2#	表层	12	127	7	110
	0.2H	9	146	3	149
	0.4H	9	154	3	153
	0.6H	5	154	3	164
	0.8H	5	181	3	151
	底层	6	161	2	98
	平均	7	152	3	143
SW3#	表层	30	81	22	119
	0.2H	29	80	22	107
	0.4H	27	78	17	110
	0.6H	25	72	11	116
	0.8H	22	60	7	94
	底层	20	44	5	76
	平均	25	72	14	107

测站	层次	大潮		小潮	
		流速 /(cm/s)	流向 /(°)	流速 /(cm/s)	流向 /(°)
SW4#	表层	17	53	10	83
	0.2H	17	38	12	84
	0.4H	18	26	10	70
	0.6H	13	358	9	60
	0.8H	11	345	7	35
	底层	8	344	6	35
	平均	13	12	9	63
T1#	表层	32	252	5	99
	0.6H	37	240	3	318
	底层	36	234	3	125
	平均	36	242	1	285
T2#	表层	43	232	4	61
	0.6H	30	234	6	355
	底层	27	236	14	12
	平均	34	234	5	29
T3#	表层	38	222	9	283
	0.6H	30	237	5	297
	底层	18	226	3	54
	平均	23	235	3	289

由表9.4-6可知，本港区余流分布及变化特征，总体上存在着较好的规律。

（1）从余流量值来看，金塘港区水域余流量值较大，各层间最大余流为20~43 cm/s，各站间最大余流为12~43 cm/s，其中位于金塘岛北的SW1#、SW3#站的余流相比偏大，位于金塘岛南的T1#、T2#、T3#站的余流也均较大。如SW1#站垂向平均余流大、小潮汛分别为20 cm/s、5 cm/s；SW2#站的余流明显较小，SW2#站垂向平均余流大、小潮汛分别为7 cm/s、3 cm/s；T1#站垂向平均余流大、小潮汛分别为36 m/s、1 cm/s。

（2）从余流流向分析，金塘岛北各站余流的方向多数表现为落潮流方向，大、小潮汛余流方向受地形影响存在差异，其中SW4#站变化较多，金塘岛南大潮期间各站余流方向多数为涨潮流方向，小潮期间余流较小。

（3）在余流的垂直分布上，各站的上层余流略大，底层余流略小，总体随深度呈递减趋势。

（4）从大、小潮来比较，余流随潮汛差值略大，大潮期间余流明显大于小潮期间，如垂向平均大潮期间，SW1#、SW2#、SW3#、SW4#、T1#、T2#、T3#站余流分别为20 cm/s、7 cm/s、25 cm/s、13 cm/s、36 cm/s、34 cm/s、23 cm/s，而小潮期间SW1#、SW2#、SW3#、SW4#、T1#、T2#、T3#站余流分别为5 cm/s、3 cm/s、14 cm/s、9 cm/s、1 cm/s、5 cm/s、3 cm/s。

9.4.5　潮流性质

9.4.5.1　测区潮流中主要半日分潮流的椭圆要素

各站潮流椭圆要素的计算，主要用于了解潮流组成及其变化特征。通过各个分潮流的椭圆长半轴（最大分潮流）、短半轴（最小分潮流）、椭圆率、椭圆长轴方向（最大分潮流方向）等要素的计算，可进一步分析与比较潮流组成中各个分潮流运动的基本规律。

计算结果表明，主要半日分潮流 M_2 和 S_2 在6个准调和分潮流中占据主导成分，故在表9.4-7中给出了金塘港区各站垂向平均的这两个分潮流几项主要椭圆要素统计。

表9.4-7　测区各站垂向平均的主要半日分潮流椭圆要素统计

站名	分潮							
	M_2				S_2			
	最大分潮流（长半轴）/(cm/s)	最小分潮流（短半轴）/(cm/s)	椭圆率（K）	最大分潮流方向/(°)	最大分潮流（长半轴）/(cm/s)	最小分潮流（短半轴）/(cm/s)	椭圆率（K）	最大分潮流方向/(°)
SW1#	108.2	22.8	-0.21	143~323	46.5	9.8	-0.21	143~323
SW2#	72.7	1.5	0.02	172~352	31.2	0.7	0.02	172~352
SW3#	76.5	0.2	0.00	98~278	32.9	0.1	0.01	98~278
SW4#	46.4	10.7	-0.23	144~324	20.0	4.6	-0.23	144~324
T1#	82.7	4.2	0.05	64~244	37.6	2.1	0.06	63~243
T2#	75.8	3.5	0.05	61~241	34.3	1.1	0.03	54~234
T3#	64.0	7.0	0.11	58~238	23.5	8.3	0.35	48~228

从表9.4-7中这两个主要分潮流的椭圆率（椭圆长、短轴之比）来看，SW1#站的 M_2 分潮流椭圆率和 S_2 分潮流椭圆率分别为0.21和0.21，SW2#站的 M_2 分潮流椭圆率和 S_2 分潮流椭圆率分别为0.02和0.02，SW3#站的 M_2 分潮流椭圆率和 S_2 分潮流椭圆率分别为0.00和0.01，SW4#站的 M_2 分潮流椭圆率和 S_2 分潮流椭圆率分别为0.23和0.23，T1#站的 M_2 分潮流椭圆率和 S_2 分潮流椭圆率分别为0.05和0.06，T2#站的 M_2 分潮流椭圆率和 S_2 分潮流椭圆率分别为0.05和0.03，T3#站的 M_2 分潮流椭圆率和 S_2 分潮流椭圆率分别为0.11和0.35，多数小于0.25，表现出往复流特征，其中SW1#、SW4#站接近0.25，流向略为分散，这也与站点分布有关。

从最大分潮流对应的方向来看，M_2 最大分潮流方向介于58°~171°和238°~352°，S_2 最大分潮流方向介于48°~172°和228°~352°，两个主要分潮涨、落方向基本一致，故对各站涨、落潮的主流向具有关键的控制作用。

从椭圆率的"+""-"符号来看，"+"为逆时针左旋方向，"-"为顺时针右旋方向。SW1#、SW4#站的 M_2 和 S_2 潮流的椭圆率均为负值，其他站的 M_2 和 S_2 潮流的椭圆率均为正值。

9.4.5.2　测区潮流类型

通常，港区各站的潮流性质（或类型）多以主要全日分潮流 K_1 与 O_1 的椭圆长半轴之和与主要半日分潮流 M_2 的椭圆长半轴之比、即（$W_{O1}+W_{K1}$）$/W_{M2}$ 作为判据进行分类。为了考察浅海分潮流的大小与作用，往往又将四分之一日主要浅海分潮流 M_4 与半日分潮流 M_2 的椭圆长半轴之比，即 W_{M4}/W_{M2} 作为判据进行分析。为此，在上述潮流椭圆要素计算基础上，表9.4-8列出了各站潮流性质（判据）计算结果统计。

表9.4-8　测区各站潮流性质（判据）计算结果统计

站号	表层		0.2H		0.4H		0.6H		0.8H		底层		垂向平均	
	F	G	F	G	F	G	F	G	F	G	F	G	F	G
SW1#	0.18	0.04	0.18	0.05	0.17	0.05	0.18	0.05	0.17	0.05	0.16	0.05	0.17	0.05
SW2#	0.10	0.13	0.12	0.13	0.16	0.15	0.16	0.10	0.16	0.10	0.19	0.09	0.15	0.12
SW3#	0.44	0.20	0.37	0.18	0.36	0.17	0.34	0.19	0.34	0.20	0.29	0.23	0.35	0.19
SW4#	0.37	0.31	0.40	0.23	0.35	0.22	0.51	0.30	0.64	0.29	0.78	0.29	0.41	0.26
T1#	0.28	0.08	—	—	—	—	0.16	0.08	—	—	0.15	0.19	0.17	0.05
T2#	0.40	0.08	—	—	—	—	0.26	0.15	—	—	0.28	0.24	0.25	0.11
T3#	0.27	0.12	—	—	—	—	0.34	0.16	—	—	0.28	0.10	0.28	0.12

注：$F' = (W_{O1} + W_{K1}) / W_{M2}$，$G = W_{M4} / W_{M2}$。

由表9.4-8得出如下结论。

（1）港区各站、层的判据 $(W_{O1} + W_{K1}) / W_{M2}$，介于$0.10\sim0.78$，多数小于0.50，故测区的潮流性质总体上属于正规半日潮流的类型；

（2）港区各站、层的比值 W_{M4} / W_{M2} 明显较大，介于$0.04\sim0.31$，均大于0.04，表明测区中的浅海分潮流具有很大比重，故港区的潮性质最终应归属为非正规半日浅海潮的类型。

9.5　港区潮流模拟结果分析

金塘岛位于舟山群岛西部，是舟山群岛中的第四大岛，与舟山岛隔海相望。金塘岛东侧为横水洋和册子水道，西侧为宁波港，北侧为灰鳖洋，南侧为金塘水道，地理位置如图9.5-1所示。

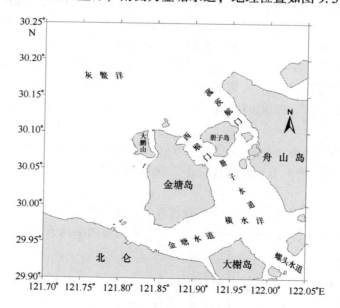

图9.5-1　金塘港区地理位置

涨潮时（图 9.5-2a），海水自浙江外海穿舟山群岛东部，经螺头水道沿大榭岛东北岸向西北进入横水洋，之后分为两支，一支在金塘岛南边经金塘水道向西，依次进入宁波港、灰鳖洋；另一支在金塘岛东边通过册子水道向北绕过册子岛进入灰鳖洋。灰鳖洋的海水继续向西北进入杭州湾。落潮流海水流径与涨潮流相反（图 9.5-2b），来自杭州湾的海水在北下过程中于灰鳖洋分为两支，一支在金塘岛以西、镇海沿岸以东经宁波港、金塘水道进入横水洋；另一支在金塘岛以东、册子岛两侧分别经西堠门和菰茨航门，过册子水道进入横水洋。横水洋海域的落潮流再经螺头水道穿舟山群岛东部进入外海。

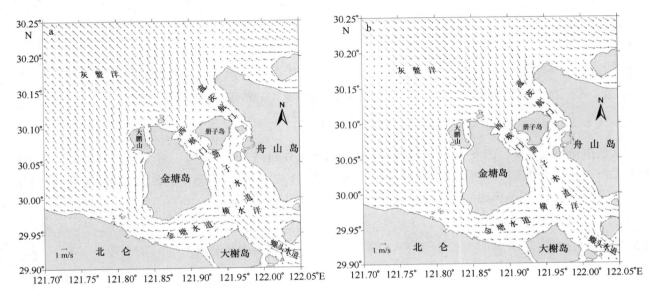

图 9.5-2　金塘港区周边海域大潮期间涨、落潮流数值模拟结果
a. 涨潮；b. 落潮

根据规划，金塘港区分布于金塘岛各段岸线，主要包括东岸的西堠作业区、北岙作业区和小李岙作业区，南岸的上岙作业区和张家岙作业区，以及西岸的木岙作业区和大浦口作业区（具体见图 9.1-1）。

9.5.1　金塘岛东岸海域

金塘岛东岸以西堠门大桥为界可看作南北两段。南段包括北岙作业区和小李岙作业区，岸线较为平坦；北段包括西堠作业区，岸线较为曲折。

东岸潮流总体呈往复流特征（图 9.5-3），其走向基本平行于岸线，涨潮流为偏北向，落潮流为偏南向。在较为曲折北段岸线，涨潮时，西堠作业区的两侧各存在一个逆时针涡旋，尺度皆为 1 km 左右，涡旋随涨潮开始而出现，随涨潮结束而消失；落潮时，西堠作业区西北侧存在一个顺时针涡旋，尺度与涨潮涡旋相仿，随落潮开始而出现，随落潮结束而消失，而东南侧涡旋特征不明显。

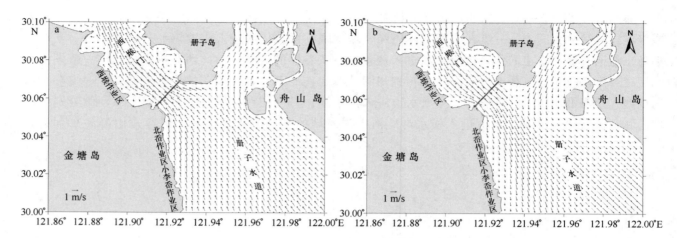

图 9.5-3 金塘港区东岸海域大潮期间涨、落潮流数值模拟结果

a. 涨急；b. 落急

从数值模拟结果看（图 9.5-4），金塘岛东岸南段大潮期间最大潮流流速一般为 3.5 kn 左右，涨潮流稍强于落潮流。落潮流历时稍长，约为 6.5 h，涨潮流历时约为 6 h。涨、落潮流最大流速一般分别出现在高、低平潮前 2 h，最小流速一般出现在高平潮后 1 h 或低平潮后 1.5 h。

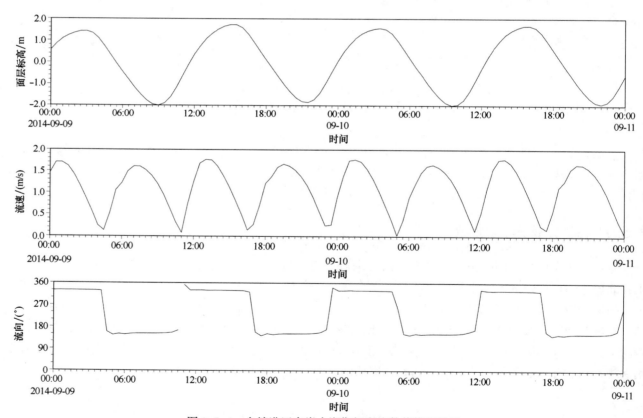

图 9.5-4 金塘港区东岸大潮期间潮流数值模拟结果

9.5.2 金塘岛南岸海域

金塘岛南岸潮流大体呈往复流特征（图 9.5-5），近岸流向平行于岸线，涨潮流为 WSW 走向，落潮流为 ENE 走向。随着离岸距离的增大，潮流方向有转向 E—W 的趋势，且旋转特征加强，越靠近东端，这种趋势越为明显。

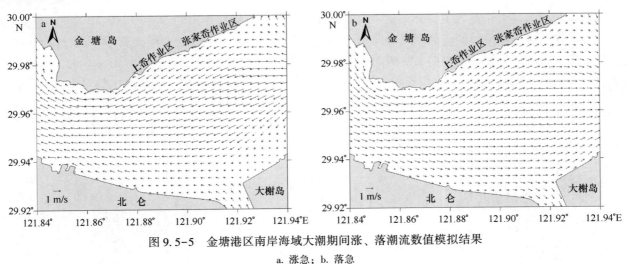

图 9.5-5 金塘港区南岸海域大潮期间涨、落潮流数值模拟结果
a. 涨急；b. 落急

根据数值模拟结果（图 9.5-6），金塘岛南岸大潮期间最大涨潮流流速一般为 3 kn 左右，最大落潮流

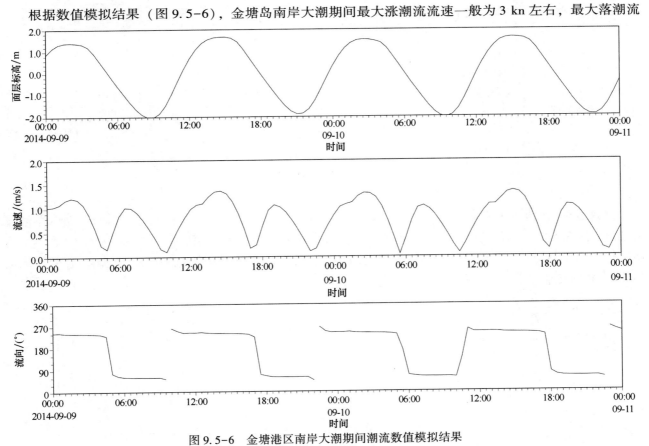

图 9.5-6 金塘港区南岸大潮期间潮流数值模拟结果

流速一般为 2 kn 左右，涨潮流强于落潮流。涨潮流历时一般为 7~7.5 h，落潮流历时一般为 5 h，涨潮流历时较长。涨潮流最大流速一般出现在高平潮附近，落潮流最大流速一般出现在低平潮前 2~2.5 h，最小流速一般出现在高平潮后 2.5~3 h 或低平潮后 1 h。

9.5.3　金塘岛西岸海域

金塘岛西岸的码头作业区主要分布在岸线的中段和南段，包括规划中的木岙作业区和大浦口作业区。其中，木岙作业区近岸海域潮流随岸线走向为 S—N 向的往复流（图 9.5-7），涨潮流为 N 向，落潮流为 S 向，随着离岸距离的增加，潮流向 EW 两向偏转，到了离岸大约 5 km 处，涨潮流转为 NW 向，落潮流转为 SE 向；大浦口作业区近岸海域潮流随岸线大体呈 SE—NW 走向，涨潮流为 NW 向，落潮流为 SE 向。

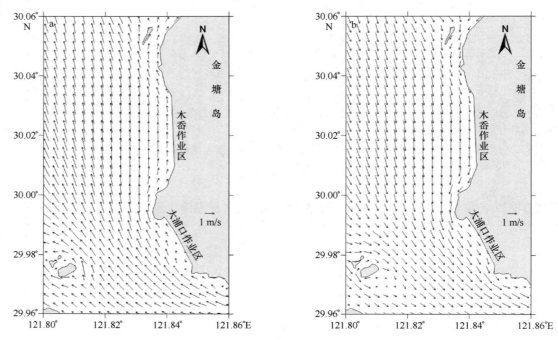

图 9.5-7　金塘港区西岸海域大潮期间涨、落潮流数值模拟结果
a. 涨急；b. 落急

由数值模拟结果可见（图 9.5-8），金塘岛西岸大潮期间最大涨潮流流速一般不到 3 kn，最大落潮流流速可超过 3.5 kn，落潮流强于涨潮流。涨潮流历时一般为 5.5~6 h，落潮流历时一般为 6.5 h，落潮流历时较长。涨潮流最大流速一般出现在高平潮前 2.5 h 附近，落潮流最大流速一般分别出现在低平潮前 1.5 h，最小流速一般出现在高平潮后 1 h 或低平潮后 1.5~2 h。

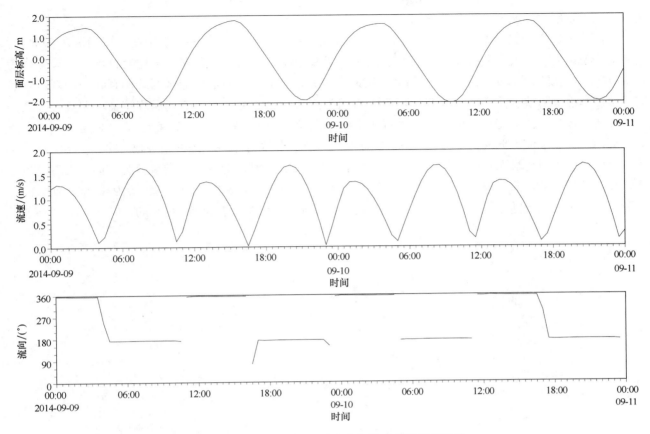

图 9.5-8　金塘港区西岸大潮期间潮流数值模拟结果

9.6　小结

　　金塘港区潮汐类型为非正规半日浅海潮港。从金塘岛南北岸的 4 个临时潮位站分析，潮汐特征值略有差异，从涨落潮历时分析，北岸的平均落潮历时与平均涨潮历时基本相等，南岸平均涨潮历时只略小于平均落潮历时，历时差约 6 min，从潮差来看，北岸潮差大于南岸潮差，北岸测站潮差为 2.30~2.35 m，南岸测站潮差为 1.95~1.97 m。

　　金塘港区的潮流为非正规半日浅海潮类型，往复流特征明显，涨、落潮潮流之间存在着明显的不对称性，因各站点地理位置不同也存在差异。

　　金塘港区各站点的实测最大涨潮流流速特征不显著，各层之间差异不明显，而最大落潮流流速表现为大潮期间金塘岛北面测站明显大于其他各站，小潮期间差异较小。最大流速的垂直分布来看，最大涨、落潮流多数出现于表层，其他出现较少。对比涨、落潮流的最大流速不难看出，金塘岛北的测站多数表现为最大落潮流流速大于最大涨潮流流速，金塘岛南多数表现为最大涨潮流流速大于最大落潮流流速。

　　位于金塘岛北的 SW1# 相比而言为流速较大区域，实测最大有 3 kn 以上流速偶有出现，其他各测站均略小。从余流量值分析，金塘港区水域余流量值较大，各层间最大余流为 20~43 cm/s，各站间最大余流为 12~43 cm/s，其中位于金塘岛北的 SW1#、SW3# 站的余流相比偏大，位于金塘岛南的 T1#、T2#、T3# 站的余流也均较大，主要是大潮期间。

　　金塘岛北各站余流的方向多数表现为落潮流方向，金塘岛南大潮期间各站余流方向多数为涨潮流方向，小潮期间余流较小。余流随深度呈递减趋势，各站的上层余流略大，底层余流略小，且随潮汛差值略大，大潮期间余流明显大于小潮期间。

从潮流模拟来看，金塘岛东岸潮流总体呈往复流特征，其走向基本平行于岸线，涨潮流为偏北向，落潮流为偏南向；在较为曲折北段岸线，涨潮时，西堠作业区的两侧各存在一个逆时针涡旋，尺度皆为1 km 左右，涡旋随涨潮开始而出现，随涨潮结束而消失；落潮时，西堠作业区西北侧存在一个顺时针涡旋，尺度与涨潮涡旋相仿，随落潮开始而出现，随落潮结束而消失，而东南侧涡旋特征不明显。金塘岛南岸潮流大体呈往复流特征，近岸流向平行于岸线，涨潮流为 WSW 走向，落潮流为 ENE 走向，随着离岸距离的增大，潮流方向转向 E—W 方向，旋转特征加强，越靠近东端，这种趋势越为明显。金塘岛西岸的木岙作业区近岸海域潮流随岸线走向为 S—N 向的往复流，涨潮流为 N 向，落潮流为 S 向，随着离岸距离增加，潮流向 EW 两向偏转，到了离岸大约 5 km 处，涨潮流转为 NW 向，落潮流转为 SE 向；而大浦口作业区近岸海域潮流随岸线大体呈 SE—NW 走向，涨潮流为 NW 向，落潮流为 SE 向。

第 10 章　六横港区潮汐潮流分析

10.1　港区基本情况

六横港区（图 10.1-1）范围包含六横岛、凉潭岛以及周边西白莲、金钵盂、虾峙岛、东白莲、湖泥岛、佛渡岛等岛屿岸线，规划包括双塘作业区、聚源作业区、东浪嘴作业区、涨起港作业区、凉潭作业区及周边岛屿港点，是以集装箱、煤炭、石油化工品公共运输为主，兼顾海洋产业集聚发展的综合性港区，其中凉潭岛为矿石中转运输服务。

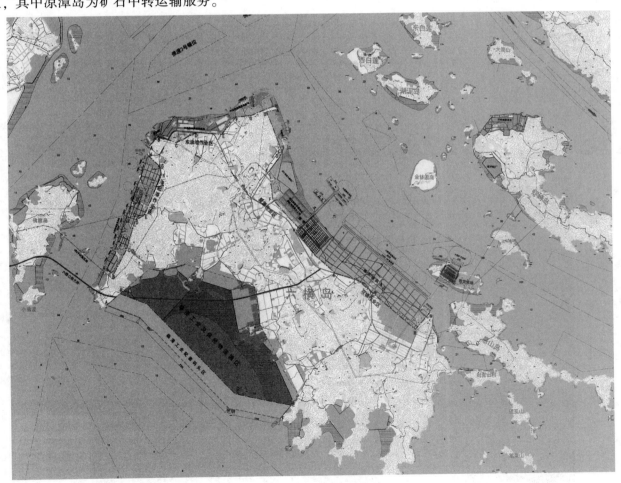

图 10.1-1　六横港区规划

双塘作业区是以发展近、远洋集装箱运输为主的作业区，规划布置 7 万吨级集装箱泊位 14 个。

聚源作业区，从二湾—上大峧段岸线约 1 530 m，已建 1 万~5 万吨级石油化工泊位 2 个；上大峧—煤码头段岸线约 3 170 m，已建成浙能中煤电厂卸煤泊位 15 万吨级和 5 万吨级各 1 座，装煤泊位 3.5 万吨级、2 万吨级、5 000 吨级各 1 座；在其东侧，反 "F" 形煤炭泊位 5 万吨级及以上泊位 3 个和万吨级泊位 1 个。

东浪嘴作业区，六横岛北侧的响水礁至二湾自然岸线为装备制造及配套码头区，以中远为主体形成规模化的船舶修造服务基地。

涨起港作业区，火烧山嘴至响水礁的 4 800 m 自然岸线，作为液体散货码头区，规划新布置大型液体散货泊位 12 个。

凉潭作业区为散货泊位区，已建武港矿石泊位 25 万吨级和 5 万吨级各 1 个，以及万吨级 2 个。

10.2 数据来源

为了较好了解六横港区的潮汐潮流特征，潮汐分析选取了 2 个参考点，一个为凉潭岛附近的临时潮位站，位于六横岛东侧条帚门水道中的凉潭岛北岸 25 万吨级铁矿石接卸泊位，一个为定海水文站，位于舟山本岛南岸，具体观测时间和站位如表 10.2-1 和图 10.2-1 所示。

表 10.2-1 六横港区潮位观测站位

测站	实测站点	调查时间
凉潭岛临时潮位站	29°43′49.0″N，122°12′26″E	2011 年 11 月 11 日至 12 月 11 日
定海水文站	30°00′22″N，122°03′17″E	2011 年 11 月 11 日至 12 月 11 日

图 10.2-1 六横港区潮位站点示意

六横港区潮流分析主要选取了 3 个参考点，W1#、W2#、W3#位于凉潭岛北岸 25 万吨级铁矿石接卸泊位前沿水域，具体观测时间和站位如表 10.2-2 和图 10.2-2 所示。

表 10.2-2　六横港区临时潮流观测站位

测站	实测站点	平均水深/m	调查时间
W1#	29°43′53.5″N，122°12′15.7″E	32.0	
W2#	29°43′48.4″N，122°12′29.0″E	30.5	2011 年 11 月 29 日至 12 月 13 日
W3#	29°43′52.8″N，122°12′23.3″E	44.9	

图 10.2-2　六横港区站点示意

10.3　港区潮汐特征分析

为了确切了解六横港区各项潮汐特征值，现将 2 个潮汐参考站的同期实测资料进行特征统计，结果如表 10.3-1 所示。

表 10.3-1　衢山港区临时潮位站实测潮汐特征值统计

潮高基准：1985 国家高程基准

测站	特征潮位/cm					特征潮差/cm			历时	
	最高	最低	平均高潮	平均低潮	平均海面	最大	最小	平均	平均涨潮	平均落潮
凉潭岛临时潮位站	232	−176	151	−83	32	408	106	234	5 h53 min	6 h31 min
定海水文站	196	−195	131	−77	31	375	94	208	5 h50 min	6 h35 min

由表 10.3-1 得出如下结果。

（1）凉潭岛临时潮位站的平均海平面为 32 cm；定海水文站平均海平面 31 cm。各站基面均为 1985 国家高程基准。

（2）凉潭岛临时潮位站最大潮差 408 cm，最小潮差 106 cm，平均潮差 234 cm；定海水文站最大潮差 375 cm，最小潮差 94 cm，平均潮差 208 cm。

（3）两个潮位站的平均落潮历时均长于涨潮历时。其中凉潭岛临时潮位站平均涨潮历时为 5 h53 min，平均落潮历时为 6 h31 min；定海水文站平均涨潮历时为 5 h50 min，平均落潮历时为 6 h35 min。

总体而论，两个潮位站的平均海面基本一致，凉潭岛临时潮位站平均潮差大于定海水文站，凉潭岛临时潮位站平均高潮大于定海水文站，凉潭岛临时潮位站平均低潮小于定海水文站，另两站的平均落潮历时略长于平均涨潮历时。

表 10.3-2　六横港区潮汐性质和航海潮信

项目	测站	
	定海水文站	凉潭岛临时潮位站
潮汐性质（$H_{K1}+H_{O1}$）/H_{M2}	0.51	0.43
主要半日分潮振幅比（H_{S2}/H_{M2}）	0.41	0.44
主要日分潮振幅比（H_{O1}/H_{K1}）	0.60	0.64
主要浅水分潮与主要半日分潮振幅比（H_{M4}/H_{M2}）	0.07	0.04
主要半日、全日分潮迟角差 G（M2）$-$［G（K1）$+G$（O1）］/（°）	267	246
主要半日和浅海分潮迟角差：$2G$（M2）$-G$（M4）/（°）	120	57
主要浅海分潮振幅和（$H_{M4}+H_{MS4}+H_{M6}$）/cm	14.5	9.1
半日潮龄（Brch1）	40 h02 min	43 h59 min
日潮龄（Bch1）	35 h26 min	36 h53 min
平均潮差（M_m）/cm	202	235
平均半潮面（Htl）/cm	−3	3
平均高潮位（Z0）*/cm	98	120
平均低潮位（Z1）*/cm	−104	−115
平均高潮间隙（HWI）	10 h00 min	8 h51 min
平均低潮间隙（LWI）	16 h41 min	15 h21 min
平均高潮不等（MHWQ）/cm	47	36
平均低潮不等（MLWQ）/cm	49	55
平均高高潮位（MHHW）*/cm	121	138
平均低高潮位（MLHW）*/cm	74	102
平均低低潮位（MLLW）*/cm	−129	−142
平均高低潮位（MHLW）*/cm	−79	−87
涨潮历时（ZCLS）	5 h47 min	5 h53 min
落潮历时（LCLS）	6 h37 min	6 h31 min

注：*表示本表中的特征潮位均相对于平均海面为零起算。

从表 10.3-2 来看，六横港区两个临时潮位站的主要日分潮与主太阴分潮之比接近 0.50，主要浅海与主要半日分潮振幅比大于 0.04，浅海效应明显，因此，该港区的潮汐性质为非正规半日浅海潮港。

其中，从 G（M2）$-$［G（K1）$+G$（O1）］和 $2G$（M2）$-G$（M4）迟角差分析，该区域存在显著的高潮不等和低潮不等特征。

10.4　港区潮流特征分析

10.4.1　最大流速统计分析

对六横港区的 3 个参考站点 W1#、W2#、W3#分大、中、小潮汛分别进行统计分析，结果如表 10.4-1 和表 10.4-2 所示。选取其中 2011 年 12 月 3—4 日（农历初九至初十）为小潮，2011 年 12 月 7—8 日（农历十三至十四日）为中潮，2011 年 12 月 10—11 日（农历十六至十七日）为大潮。

表 10.4-1　六横港区各站点实测涨潮流最大流速（流向）统计

潮汛	测站	表层		5 m 层		10 m 层		15 m 层		20 m 层		垂直平均	
		流速 /(cm/s)	流向 /(°)	流速 /(cm/s)	流向 /(°)	流速 /(cm/s)	流向 /(°)	流速 /(cm/s)	流向 /(°)	流速 /(cm/s)	流向 /(°)	流速 /(cm/s)	流向 /(°)
大潮	W1#	59	290	49	280	58	286	58	275	61	302	57	293
	W2#	66	322	60	307	58	312	62	317	61	304	62	315
	W3#	113	293	95	276	133	270	108	269	105	264	101	280
中潮	W1#	52	314	51	312	64	302	62	284	64	298	61	307
	W2#	63	280	53	303	74	297	59	322	59	328	53	285
	W3#	103	247	112	281	108	263	103	266	99	262	60	279
小潮	W1#	41	327	48	317	52	342	50	314	45	330	37	312
	W2#	35	303	36	346	40	264	42	277	44	264	33	289
	W3#	103	271	113	268	102	276	90	266	101	270	73	260

表 10.4-2　六横港区各站点实测落潮流最大流速（流向）统计

潮汛	测站	表层		5 m 层		10 m 层		15 m 层		20 m 层		垂直平均	
		流速 /(cm/s)	流向 /(°)	流速 /(cm/s)	流向 /(°)	流速 /(cm/s)	流向 /(°)	流速 /(cm/s)	流向 /(°)	流速 /(cm/s)	流向 /(°)	流速 /(cm/s)	流向 /(°)
大潮	W1#	147	110	151	119	129	106	144	110	135	108	137	112
	W2#	132	116	126	114	145	112	127	133	114	108	97	115
	W3#	125	112	144	102	133	105	125	108	117	100	119	101
中潮	W1#	148	116	142	110	136	115	125	117	128	96	132	112
	W2#	132	120	118	128	131	121	122	117	111	124	104	118
	W3#	115	103	115	105	108	115	106	107	102	96	107	103
小潮	W1#	92	110	99	121	96	116	87	102	86	100	83	104
	W2#	109	112	104	127	91	123	93	135	79	119	83	127
	W3#	108	120	115	100	78	104	85	99	80	97	84	110

10.4.1.1　实测最大流速的极值

由表 10.4-1 可知，六横港区水域各站点的最大涨潮流流速的排列、比较可知，测区分层中的最大涨潮流极值出现于 W3#站大潮时的 10 m 层，涨潮流流速为 133 cm/s，约 2.6 kn，对应的流向分别是 270°。三站相比，大、中、小潮以 W3#站的最大涨潮流流速明显较大。

由表 10.4-2 可知，六横港区最大落潮流极值为 151 cm/s，约 2.9 kn，对应流向为 119°，出现于 W1#站大潮时的 5 m 层。三站相比，大、中潮汛以 W1#站最大落潮流流速明显较大。

各测站中，垂直平均层的最大流速极值：涨潮流为 101 cm/s（280°），出现于 W3#站大潮时。落潮流为 137 cm/s（112°），出现于 W1#站大潮时。

10.4.1.2　实测最大流速的分布

根据表 10.4-1 所列的六横港区各站点的实测最大涨潮流的特征流速分析，在大、中、小潮汛期间，多为 W3#站的最大涨潮流流速大于 W1#、W2#站的最大涨潮流流速，各层均有该特点。如大潮期间垂向平均层，W1#、W2#、W3#站的最大涨潮流流速分别为 57 cm/s、62 cm/s、101 cm/s；中潮期间垂向平均层，W1#、W2#、W3#站的最大涨潮流流速分别为 61 cm/s、53 cm/s、60 cm/s，各站差异不明显；小潮期间垂向平均层，W1#、W2#、W3#站的最大涨潮流流速分别为 37 cm/s、33 cm/s、73 cm/s。

根据表 10.4-2 所列的六横港区各站点实测最大落潮流的特征流速分析，在大、中潮汛期间，W1#站的最大落潮流流速大于 W2#、W3#站的最大落潮流流速，小潮期间 W3#站的最大落潮流流速上层较大于其他两站。如大潮期间垂向平均层，W1#、W2#、W3#站的最大落潮流流速分别为 137 cm/s、97 cm/s、119 cm/s；中潮期间垂向平均层，W1#、W2#、W3#站的最大落潮流流速分别为 132 cm/s、104 cm/s、107 cm/s；小潮期间垂向平均层，W1#、W2#、W3#站的最大落潮流流速分别为 83 cm/s、83 cm/s、84 cm/s。各层之间多数遵循该特点。

从表 10.4-1 和表 10.4-2 分析六横港区各站点的最大流速垂直分布，最大涨潮流多数出现于 10 m 层，但最大涨潮流流速在表层至 20 m 层之间流速差异较小；最大落潮流多数出现于表层和 5 m 层，但最大落潮流流速在表层至 20 m 层之间流速差异也不大。从最大落潮流也可看出，表层流速稍大，下层或近底层流速略小的特征。

10.4.1.3　实测最大流速涨、落潮流的比较

将表 10.4-1 和表 10.4-2 中涨、落潮流的最大流速进行对比看出，W1#、W2#两站，无论是大、中、小潮，还是分层及垂向平均，均表现为最大涨潮流流速远小于最大落潮流流速；而 W3#站在大、中潮汛时与 W1#、W2#特征一致，也是最大涨潮流流速远小于最大落潮流流速，小潮汛时差异就极小。

如将各站各潮汛垂向平均的实测最大涨潮流流速与对应的最大落潮流流速对比可知，W1#站在大、中、小潮期间的最大涨潮流流速与最大落潮流流速差值分别为 −80 cm/s、−71 cm/s、−46 cm/s，W2#站在大、中、小潮期间的最大涨潮流流速与最大落潮流流速差值分别为 −35 cm/s、−51 cm/s、−50 cm/s，W3#站在大、中、小潮期间的最大涨潮流流速与最大落潮流流速差值分别为 −18 cm/s、−47 cm/s、−11 cm/s。可见六横港区的 W1#、W2#、W3#站所在水域有较强的落潮流，特别是大、中潮汛。

就实测最大涨、落潮流所对应的流向而言，以各站垂向平均最大流速所对应的流向予以说明：在大、中、小潮期间，W1#站的最大涨潮流流向分别为 293°、307°、312°，W2#站的最大涨潮流流向分别为 315°、285°、289°，W3#站的最大涨潮流流向分别为 280°、279°、260°。在上述 3 个潮汛中，W1#站的最大落潮流流向分别为 112°、112°、104°，W2#站的最大落潮流流向分别为 115°、118°、127°，W3#站的最大落潮流流向分别为 101°、103°、110°。

由此可见，最大涨、落潮流之间的流向互差，W1#站介于 181°~208°，W2#站介于 162°~200°，W3#

站介于 150°~179°，总体上多数接近于 180°，较好地反映出最大涨、落潮流之间的往复流特征。

10.4.1.4 实测最大流速随潮汛的变化

对表 10.4-1 和表 10.4-2 中的数据，按潮汛进行比较后可得出如下结论。

（1）就最大涨潮流而言，W1#站在大、中潮汛之间的流速量值相差极小，而小潮汛时流速量值较小；W2#站随潮汛变化，但在大、中潮汛期间差异较小，小潮汛更小；W3#站在大、中、小潮汛期间差异均较小。

（2）就最大落潮流速而言，W1#、W2#站随潮汛变化，但在大、中潮汛期间差异较小，小潮汛更小；W3#随潮汛变化显著，表现为大潮最大落潮流速偏大，中潮次之，小潮偏小。

可见，六横港区各测站依月相的演变规律较为显著。

10.4.2 流速、流向频率统计

前面主要讨论了六横港区两个站点具有特征意义的实测最大流速（流向）的分布与变化的基本情况，并以此为测区流场的主要特征予以阐述。但为了对整个区域出现的所有流况在总体上有一个定量了解，故对各站层所获取潮流的垂向平均流速、流向按不同级别与方位进行了出现频次和频率的统计（表 10.4-3 和表 10.4-4）。

表 10.4-3 各站垂向平均流速各级出现频率统计

测站	项目	流速范围			
		≤51 cm/s ≤1 kn	52~102 cm/s 1~2 kn	103~153 cm/s 2~3 kn	≥154 cm/s ≥3 kn
W1#	出现频率/（%）	74.2	21.6	4.2	—
W2#	出现频率/（%）	74.0	25.4	0.6	—
W3#	出现频率/（%）	70.7	25.7	3.6	—

由表 10.4-3 可得出如下结论。

（1）六横港区各站流速不高于 1 kn 的场合达 70.7%~74.2% 的频率；流速为 1~2 kn 的出现场合有 21.6%~25.7% 的频率，流速为 2~3 kn 的出现场合有 0.6%~4.2% 的频率，大于 3 kn 的流速调查期间未出现。

（2）从各站点具体分析，3 个站点的所测流速差异不大。W1#站所测流速多数小于 2 kn，其中小于 1 kn 出现频率为 74.2%，流速为 1~2 kn 的出现频率为 21.6%，大于 2 kn 的流速出现次数较少，流速为 2~3 kn 的出现频率为 4.2%。W2#站所测流速多数小于 2 kn，其中小于 1 kn 的出现频率为 74.0%，流速为 1~2 kn 的出现频率为 25.4%，流速为 2~3 kn 的出现频率为 0.6%。W3#站所测流速多数小于 2 kn，其中小于 1 kn 的出现频率为 70.7%，流速为 1~2 kn 的出现频率为 25.7%，流速为 2~3 kn 的出现频率为 3.6%。

从表 10.4-3 分析可知，测站区域大于 3 kn 以上流速调查期间未出现，多数小于 2 kn。

表 10.4-4 各站垂向平均流向在各方向上出现频率统计

测站	项目	方位															
		N	NNE	NE	ENE	E	ESE	SE	SSE	S	SSW	SW	WSW	W	WNW	NW	NNW
W1#	频率/（%）	0.3	0.6	1.5	1.8	7.2	40.0	15.0	4.6	1.2	2.1	0.7	2.2	3.8	8.2	8.4	2.2
W2#	频率/（%）	0	1.2	1.3	1.3	5.1	33.6	25.6	3.7	1.5	0.3	0.7	1.3	3.9	7.1	10.2	3.0
W3#	频率/（%）	0.9	0.6	0.7	1.6	7.5	26.3	8.3	4.2	2.0	2.5	2.1	5.3	17.2	16.0	2.3	2.2

表 10.4-4 给出了六横港区各站垂直平均流向在 16 个不同方位上出现频次、频率的统计。

由此可知，W1#站涨潮流在 NW 方位上出现的频率较大，占 8.4%，其次为 WNW，占 8.2%；W2#站涨潮流在 NW 方位上出现的频率较大，占 10.2%，其次为 WNW，占 7.1%；W3#站涨潮流在 W 方位上出现的频率较大，占 17.2%，其次为 WNW，占 16.0%；其他各向频率均较小。

各站的主要落潮流方向，W#站落潮流在 ESE 方位上出现的频率较大，占 40.0%，其次为 SE，占 15.0%；W2#站落潮流在 ESE 方位上出现的频率较大，占 33.6%，其次为 SE，占 25.6%；W3#站落潮流在 ESE 方位上出现的频率较大，占 26.3%，其次为 SE，占 8.3%；其他各向频率均较小。

再分析各站点的各向频率分布，W1#、W2#站的落潮流矢量多于涨潮流矢量，W3#站的矢量相比较为分散。

10.4.3 涨、落潮流历时统计

为了较为准确地判别六横港区各测站涨、落潮流历时，表 10.4-5 为港区各站大、中、小潮垂向平均涨、落潮流历时统计。

表 10.4-5 各站大、中、小潮汛涨、落潮流历时统计

项目		W1#	W2#	W3#
大潮	平均涨潮流历时	3 h13 min	2 h43 min	5 h53 min
	平均落潮流历时	9 h03 min	9 h35 min	6 h23 min
中潮	平均涨潮流历时	3 h38 min	3 h10 min	5 h55 min
	平均落潮流历时	8 h58 min	9 h13 min	6 h30 min
小潮	平均涨潮流历时	3 h53 min	3 h18 min	7 h28 min
	平均落潮流历时	8 h38 min	9 h13 min	5 h10 min

由表 10.4-5 可知，六横港区这 3 个站点的涨、落潮流特征不完全一致，W1#、W2#站平均落潮流历时远大于平均涨潮流历时，大、中、小潮汛均有该特点，而 W3#站在大潮和中潮时平均落潮流历时略长于平均涨潮流历时，而小潮时为平均涨潮流历时长于平均落潮流历时。

从表 10.4-5 可知，大潮期间，W1#站的平均落潮流历时长于平均涨潮流历时，W1#站平均涨潮流历时为 3 h13 min，平均落潮流历时为 9 h03 min，涨落历时差为约 6 h；中潮期间，W1#站平均涨潮流历时为 3 h38 min，平均落潮流历时为 8 h58 min，涨落历时差为 5 h20 min；小潮期间，W1#站平均涨潮流历时为 3 h53 min，平均落潮流历时为 8 h38 min，涨落历时差约为 4 h40 min。

W2#站的平均落潮流历时长于平均涨潮流历时，W2#站平均涨潮流历时为 2 h43 min，平均落潮流历时为 9 h35 min，涨落历时差为约 7 h；中潮期间，W2#站平均涨潮流历时为 3 h10 min，平均落潮流历时为 9 h13 min，涨落历时差约 6 h；小潮期间，W2#站平均涨潮流历时为 3 h18 min，平均落潮流历时为 9 h13 min，涨落历时差约 6 h。

W3#站大、中潮汛，平均落潮流历时略长于平均涨潮流历时，W3#站平均涨潮流历时为 5 h53 min，平均落潮流历时为 6 h23 min，涨落历时差为约 30 min；中潮期间，W3#站平均涨潮流历时为 5 h55 min，平均落潮流历时为 6 h30 min，涨落历时差约 30 min；小潮期间，平均涨潮流历时略长于平均落潮流历时，W3#站平均涨潮流历时为 7 h28 min，平均落潮流历时为 5 h10 min，涨落历时差约 2 h20 min。

从上述分析可知，六横港区各站点的涨落历时差多数表现为平均落潮流历时长于平均涨潮流历时。

10.4.4 余流分析

根据潮流的准调和分析，还可获得六横港区各站、层和垂向平均余流的大小和方向。现将各站大、中、小潮汛测层及垂向平均余流的流速、流向的计算结果一并列入表10.4-6中，以供分析比较。

表10.4-6 港区大、中、小潮各站、层余流统计

测站	项目潮汛	表层		10 m 层		20 m 层		垂直平均	
		余流流速/(cm/s)	余流流向/(°)	余流流速/(cm/s)	余流流向/(°)	余流流速/(cm/s)	余流流向/(°)	余流流速/(cm/s)	余流流向/(°)
W1#	大潮	40.4	118	32.6	113	26.6	116	32.8	115
	中潮	32.3	112	26.7	117	24.0	114	26.5	111
	小潮	31.0	111	14.9	122	16.0	124	18.0	118
W2#	大潮	36.3	123	36.1	125	31.4	126	27.3	124
	中潮	28.3	120	20.7	122	20.0	125	18.5	122
	小潮	35.9	121	18.3	124	15.3	124	19.9	120
W3#	大潮	11.6	139	17.0	132	16.5	125	13.9	131
	中潮	12.9	127	13.2	111	12.7	106	13.3	110
	小潮	16.3	236	10.0	253	9.1	262	12.3	246

由表10.4-6可知，本测区余流分布及变化特征，总体上存在着较好的规律。

（1）从余流量值来看，六横港区水域量值较大，各层间最大余流为31.4~40.4 cm/s，各站间最大余流为17.0~40.4 cm/s，其中W1#、W2#站的余流相比偏大，W3#站的余流略小，如W1#站垂向平均余流大、中、小潮汛分别为32.8 cm/s、26.5 cm/s、18.0 cm/s，W2#站垂向平均余流大、中、小潮汛分别为27.3 cm/s、18.5 cm/s、19.9 cm/s，W3#站垂向平均余流大、中、小潮汛分别为13.9 cm/s、13.3 cm/s、12.3 cm/s。

（2）从余流流向分析，余流的方向多数表现为落潮流方向，只W3#站小潮汛余流方向表现为涨潮流。

（3）在余流的垂直分布上，各站多数为上层余流略大，下层余流较小。

（4）从大、中、小潮来比较，余流随潮汛变化差值不大。

10.4.5 潮流性质

通常，潮流性质（或类型）多以主要全日分潮流 K_1 与 O_1 的椭圆长半轴之和与主要半日分潮流 M_2 的椭圆长半轴之比，即（$W_{O1} + W_{K1}$）/W_{M2} 作为判据进行分类。为了考察六横港区浅海分潮流的大小与作用，下面将1/4日主要浅海分潮流 M_4 与半日分潮流 M_2 的椭圆长半轴之比、即 W_{M4}/W_{M2} 作为判据进行分析。为此，在上述潮流椭圆要素计算的基础上，表10.4-7列出了港区各站潮流性质（判据）计算结果统计。

表 10.4-7　港区各站潮流性质（判据）计算结果统计

测站	表层		10 m 层		20 m 层		垂直平均	
	F'	G	F'	G	F'	G	F'	G
W1#	0.21	0.58	0.20	0.36	0.27	0.32	0.17	0.39
W2#	0.21	0.55	0.10	0.45	0.25	0.45	0.16	0.48
W3#	0.35	0.38	0.22	0.54	0.31	0.44	0.22	0.45

注：$F' = (W_{O1} + W_{K1}) / W_{M2}$，$G = W_{M4} / W_{M2}$。

由表 10.4-7 可得出如下结论。

（1）港区各站、层的判据 $(W_{O1} + W_{K1}) / W_{M2}$，介于 0.10～0.35，均小于 0.50，故测区的潮流性质总体上属于正规半日潮流的类型；

（2）港区各站、层的比值 W_{M4} / W_{M2} 明显较大，介于 0.32～0.58，均大于 0.04，表明港区中的浅海分潮流具有很大的比重，故本测区的潮性质最终应归属为非正规半日浅海潮的类型。

10.5　港区潮流模拟结果分析

六横港区坐落于舟山群岛东南部的六横岛及周边岛屿，其东侧及东南侧为桃花岛、虾峙岛、悬山岛等诸岛；北侧及西北侧为穿山半岛东部、梅山岛、佛渡岛，以佛渡水道相隔；西侧为象山港口门；西南侧与象山隔海相望；南侧及东南侧海域较为开阔，经牛鼻山水道、磨盘洋可通东海，其地理位置如图 10.5-1 所示。

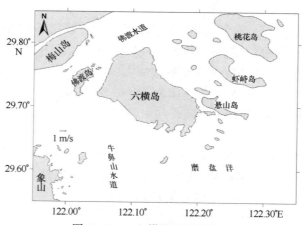

图 10.5-1　六横港区地理位置

六横港区海域北侧为佛渡水道，东侧和南侧为外海，西侧为象山港，海水来源复杂（图 10.5-2）。

涨潮伊始，自东南向西北的外海海水在到达六横岛以南磨盘洋海域后分为东、西两支，东支向东北绕过六横岛及悬山岛东端，然后转向西北，沿六横岛东北岸前行，在六横岛北端进入佛渡水道后，一部分海水继续向北绕过崎头角进入螺头水道，另一部分海水则转向西进入象山港；西支则沿六横岛西南岸向西北前行，在六横岛以西海域继续向西进入象山港。

涨潮中期，六横岛以南的涨潮流变为由南向北，海水到达磨盘洋海域后同样分为东、西两支。与涨潮初期不同的是，东支在进入佛渡水道后，不再有部分向西进入象山港，而是全部向北绕过崎头角进入螺头水道，而西支在到达六横岛以西海域后，除一部分继续向西进入象山港外，另一部分转向东北沿六

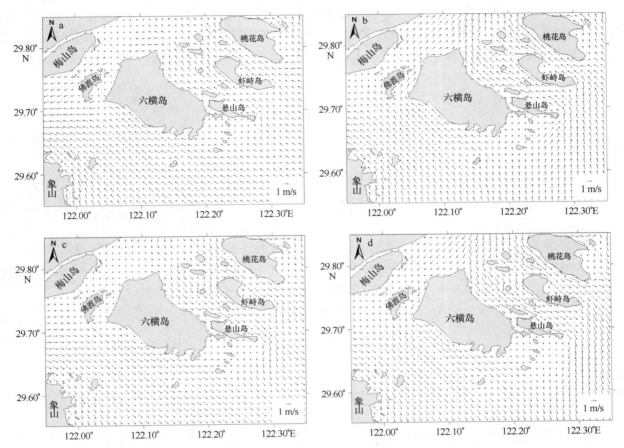

图 10.5-2　六横港区周边海域大潮期间涨、落潮流数值模拟结果
a. 涨潮伊始；b. 涨潮中期；c. 落潮伊始；d. 落潮中期

横岛西北岸进入佛渡水道汇入北上流。

落潮流流径与涨潮流基本相反。

落潮伊始，来自螺头水道的落潮海水在绕过崎头角转入佛渡水道后向南沿六横岛东北岸流向东南方向，在悬山岛东端向南或东南继续进入磨盘洋；同时，来自象山港的落潮海水在口门外转向东南，此时六横岛西南沿岸的近岸落潮海水几乎全部来自象山港。

落潮中期，进入佛渡水道的落潮海水在六横岛北端一分为二，一支同落潮初期一样，沿六横岛东北岸进入磨盘洋，另一支则沿六横岛西北岸流向西南，然后在六横岛西端转向东南，进入磨盘洋，此时六横岛西南沿岸的近岸落潮海水主要来自佛渡水道。

依据规划，六横港区码头作业区主要分布在六横岛东北沿岸和西北沿岸。

10.5.1　东北沿岸海域

六横岛东北沿岸主要分布有 3 个码头作业区，分别是位于岸线中段的聚源作业区、位于岸线东南段的双塘作业区和位于凉潭岛的凉潭作业区。该海域潮流为往复流，潮流走向基本沿岸线，涨潮流一般为西北向，落潮流一般为东南向（图 10.5-3）。聚源作业区和凉潭作业区北岸潮流流速相对较大，双塘作业区和凉潭作业区南岸受悬山岛阻挡，潮流流速一般相对较小。六横岛东北沿岸港区岸线较为平直，没有显著的潮流涡旋出现。

由数值模拟结果可见（图 10.5-4），六横岛东北沿岸海域大潮期间最大涨、落潮流流速一般都为 3 kn，但落潮流明显强于涨潮流。涨潮流历时一般为 5.5~6 h，落潮流历时一般为 6.5 h，落潮流历时较长。涨、落潮流最大流速一般出现在高、低平潮前 0.5~1 h 附近，最小流速一般出现在高、低平潮后 2~2.5 h。

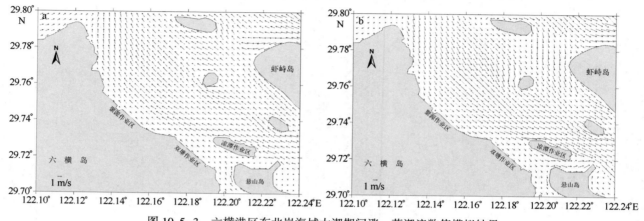

图 10.5-3　六横港区东北岸海域大潮期间涨、落潮流数值模拟结果

a. 涨急；b. 落急

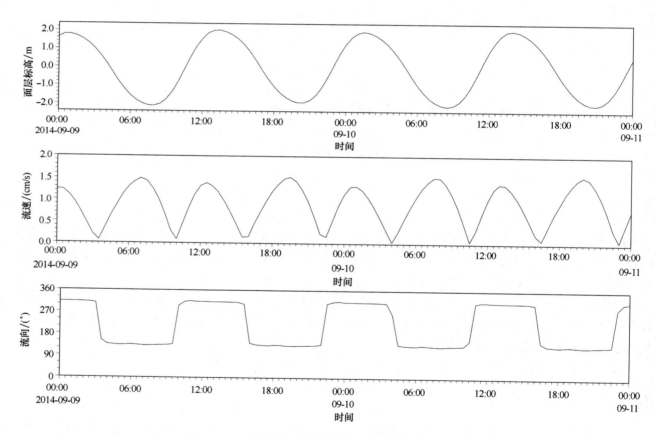

图 10.5-4　六横港区东北岸大潮期间潮流数值模拟结果

10.5.2　西北沿岸海域

六横岛西北沿岸自北向南依次分布着东浪咀作业区和涨起港作业区，潮流随岸线呈往复流（图10.5-5）。东浪咀作业区涨潮流大体为东向，落潮流大体为西向；涨起港作业区涨潮流为北东北向，落潮流为南西南向。六横岛西北沿岸港区岸线较为平坦，没有显著的潮流涡旋出现。

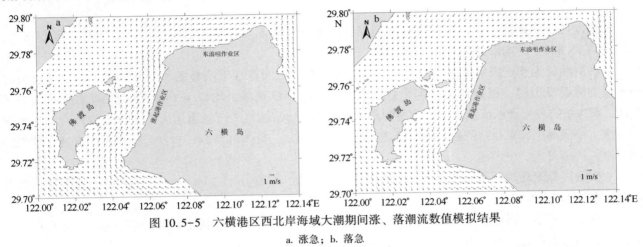

图 10.5-5　六横港区西北岸海域大潮期间涨、落潮流数值模拟结果

a. 涨急；b. 落急

六横岛西北岸潮流相对较弱，大潮期间最大涨、落潮流流速一般为 2 kn 左右，落潮流略强于涨潮流（图 10.5-6）。涨、落潮流历时基本一致，一般都为 6~6.5 h。涨潮流最大流速一般出现在高平潮后 0.5 h，落潮流最大流速一般出现在低平潮前 0.5 h，最小流速一般出现在高平潮后 3.5~4 h 或低平潮后 3 h。

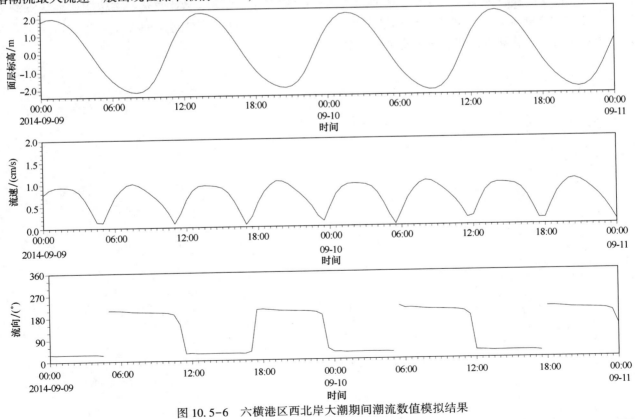

图 10.5-6　六横港区西北岸大潮期间潮流数值模拟结果

总的来看，六横港区近岸潮流为往复流，最大涨、落潮流一般出现在高、低潮附近，最小潮流流速（即转流时刻）一般出现在涨、落潮中间时刻，仍带有前进波的性质。受地形和岸线影响，西北岸潮流涨、落较东北岸晚约 1 h。

10.6　小结

六横港区潮汐类型为非正规半日浅海潮港，涨落潮具有不对称性，平均落潮历时均长于涨潮历时，历时差约 35 min，平均潮差约 2.35 m。

港区的潮流为非正规半日浅海潮类型，涨、落潮潮流之间存在着明显的不对称性，平均落潮流历时长于平均涨潮流历时，往复流特征明显。在大、中、小潮汛期间，均以 W3#站的最大涨潮流流速大于 W1#、W2#站的最大涨潮流流速，在大、中潮汛期间，W1#站的最大落潮流速大于 W2#、W3#站的最大落潮流速，小潮期间，W3#站的最大落潮流速较大于其他两站，且港区 W1#、W2#、W3#所在水域有较强的落潮流，特别是大、中潮汛。

六横港区凉潭岛附近水域各站点的所测流速差异不大，多数小于 2 kn，大于 3 kn 以上的流速调查期间未出现。

六横港区凉潭岛附近水域余流量值较大，其中 W1#、W2#站的余流相比偏大，W3#站的余流略小，余流的方向多数表现为落潮流方向，W3#小潮汛余流方向表现为涨潮流。

从潮流模拟结果来看，六横岛东北沿岸岸线较为平直，没有显著的潮流涡旋出现，潮流走向基本沿岸线为往复流，涨潮流一般为 NW 向，落潮流一般为 SE 向，落潮流明显强于涨潮流。聚源作业区和凉潭作业区北岸潮流流速相对较大，双塘作业区和凉潭作业区南岸受悬山岛阻挡，潮流流速一般相对较小。六横岛西北沿岸岸线较为平直，没有显著的潮流涡旋出现，潮流随岸线呈往复流。东浪咀作业区涨潮流大体为 E 向，落潮流大体为 W 向；涨起港作业区涨潮流为 NNE 向，落潮流为 SSW 向；潮流流速相对较弱，落潮流略强于涨潮流，涨、落潮流历时基本一致。

第 11 章　潮汐潮流预报方法

11.1　观测资料的获取

大型港口码头前沿精细化潮汐潮流预报首先必须准确掌握码头前沿潮汐潮流情况，这是预报结果是否准确可靠的关键所在，需要掌握的观测资料主要包括潮汐、潮流和漂流迹线等。

码头前沿水域潮汐潮流观测数据获取可分为历史资料获取与码头前沿实地观测两种方式。获取的潮汐潮流资料需进行整理验证，其完整性与准确性直接影响到预报结果。

11.1.1　历史资料获取

大型港口码头在建设前，通常会在附近水域进行短期潮汐潮流观测，部分码头建成后，为了安全生产也会进行短期潮汐潮流观测，还需收集附近长期站一年以上的潮汐资料，该站潮汐特征与临时站接近，这些观测资料可以为精细化潮汐潮流预报提供数据基础。

对于收集到的历史资料需要进行整理，潮流资料至少包含大、中、小潮汛连续 25 h 以上的逐时观测数据才能满足预报要求，格式如图 11.1-1 所示，潮流观测资料需要确认站点名称、站点经纬度、观测日期、测量时序、潮汛情况、单位以及有无异常数据。临时潮汐资料需要至少一个月的逐时观测资料，需确定水尺零点与 85 高程之间的关系，还需确定站点名称、站点经纬度、基本水准点位置、观测日期、测

海区：××码头		站号：2#		潮次：大潮		站位：北纬××°××′××		东经 ××°××′××					
观测日期：××年××月××日				农历：××年××月初二		调查船：浙定××××							
序号	时间	0 m		5 m		10 m		15 m		20 m		25 m		平均		水深/m
		流速/(cm/s)	流向/(°)	流速/(cm/s)	流向/(°)	流速/(cm/s)	流向/(°)	流速/(cm/s)	流向/(°)	流速/(cm/s)	流向/(°)	流速/(cm/s)	流向/(°)	流速/(cm/s)	流向/(°)	
1	15:00	31	107	40	116	30	123	34	125							
2	15:30	17	8	19	24	11	62	10	35							
3	16:00	27	303	31	320	46	312	44	312							
4	17:00	61	320	53	319	63	321	60	313							
5	18:00	69	317	67	312	58	318	53	313							
6	18:30	117	318	117	317	114	318	99	314							
7	19:00	124	305	124	301	117	304	114	306							
8	20:00	125	291	122	292	121	294	116	296							
9	21:00	95	297	94	294	95	296	92	296							
10	22:00	100	296	97	290	96	290	89	292							
11	22:30	54	312	47	304	45	286	52	271							
12	23:00	18	343	14	297	20	240	30	233							
13	23:30	19	105	11	161	18	175	19	175							

图 11.1-1　码头前沿潮流历史数据格式

量时序、逐时潮高、高低潮时和潮高，格式如图 11.1-2 所示。还收集同期附近长期站的潮汐数据，具体要求与临时站资料一致。对异常数据处理可参考《潮汐和潮流的分析和预报》中的“§3.6 观测数据的光滑、间断记录的处理和不合理数据的舍弃”。

潮 汐 观 测 月 报 表

站名 ××××码头　测点位置 北纬 ××° ××′ 东经 ××° ××′ 基本水准点位置 ××××

×××× 年 ×× 月 仪器名称型号 ××××　测站基面或水尺零点与水准点的高程差 ×× m 潮高准确度 ×× 级，单位：潮高/cm 潮时/h·min

潮时		00	01	02	03	04	05	06	07	08	09	10	11	12	13	14	15	16	17	18	19	20	21	22	23	合计	平均	高潮		高潮		低潮		低潮		备注
公历	夏历																											潮时	潮高	潮时	潮高	潮时	潮高	潮时	潮高	
1		577	523	478	425	357	512	331	396	465	516	554	584	577	525	476	429	356	311	316	376	449	506	548	580	10967	457	1127	590	2339	590	0512	311	1733	303	
2		585	531	478	434	365	311	295	345	420	481	530	566	587	548	497	449	391	327	298	335	407	472	520	553	10725	447	1200	587	**	*	0542	292	1757	298	
3		577	553	502	454	405	340	303	327	396	469	517	557	588	577	530	487	443	377	335	338	395	463	520	555	11008	459	0009	578	1227	592	0612	301	1824	328	
4		580	585	534	488	443	376	326	322	372	444	508	554	593	615	584	540	497	438	379	348	376	440	501	541	11382	474	0033	590	1251	616	0636	316	1854	347	
5		562	574	541	496	451	400	336	310	340	406	475	525	565	600	597	550	506	461	403	356	356	404	464	508	11186	466	0051	575	1330	607	0657	309	1936	348	
6		547	572	568	526	479	437	380	340	347	393	456	505	544	585	609	583	545	510	453	405	379	395	435	479	11472	478	0124	574	1400	609	0718	336	2009	378	
7		507	523	537	517	479	443	399	354	328	343	394	448	493	532	564	570	543	508	474	423	382	372	394	430	10957	457	0203	537	1439	573	0806	327	2045	371	
8		462	485	504	509	490	462	436	395	365	364	391	448	491	529	564	601	589	576	563	520	495	468	462	475	11644	485	0239	511	1527	606	0836	359	2148	459	
9		493	517	536	550	550	535	520	495	468	447	447	459	483	515	553	572	587	587	563	537	496	461	435	424	12230	510	0330	555	1630	591	0953	444	2257	422	
10		432	446	467	487	498	491	475	460	434	407	392	398	420	450	486	521	549	567	572	555	523	486	456	427	11399	475	0403	499	1754	573	1003	390	**	*	
11		414	417	436	462	480	498	509	502	489	471	443	420	410	421	444	475	509	545	573	587	577	554	523	479	11638	485	0603	509	1903	587	0030	413	1200	410	
12		436	405	403	423	447	476	502	522	529	511	485	455	421	387	389	415	453	495	536	574	595	586	554	516	11515	480	0748	530	2015	596	0136	400	1318	384	
13		469	414	373	366	394	438	481	511	537	549	522	483	445	397	354	347	378	438	496	544	582	610	596	552	11276	470	0845	510	2109	611	0236	364	1442	346	
14		503	451	387	342	342	391	458	512	551	584	585	537	493	451	393	347	336	382	456	523	572	607	635	596	11434	476	0930	594	2200	635	0333	334	1542	332	
15		539	490	426	356	312	335	412	487	542	578	607	598	539	487	434	363	314	317	387	473	540	582	609	624	11351	473	1024	615	2248	627	0409	311	1630	304	
16		564	506	451	375	305	279	334	428	505	557	589	619	561	523	465	406	328	284	313	405	489	552	588	620	11066	461	1112	621	2321	626	0451	277	1712	282	
17		610	544	485	425	340	282	279	362	464	543	589	628	639	579	523	471	396	328	296	345	434	509	561	590	11222	468	1151	641	**	*	0536	268	1757	296	
18		611	573	511	453	385	305	262	295	393	486	559	601	636	632	568	515	466	386	322	313	375	455	517	559	11178	466	0006	612	1233	644	0609	260	1833	306	
19		583	591	535	479	425	352	290	268	324	420	505	566	611	640	613	563	514	461	388	337	348	410	472	522	11217	467	0051	592	1309	641	0645	265	1918	333	
20		552	572	564	511	462	411	346	300	308	373	453	523	575	613	637	602	564	527	465	406	374	394	442	489	11463	478	0133	575	1351	639	0727	293	2003	374	
21		527	548	560	541	508	462	412	352	319	340	397	469	528	573	605	622	599	563	528	473	420	397	409	445	11597	483	0209	561	1451	623	0809	318	2112	396	
22		481	504	521	525	515	487	450	403	365	356	379	430	486	533	573	604	617	601	574	543	499	459	446	451	11802	492	0257	525	1557	618	0857	356	2212	445	
23		470	502	544	544	548	542	535	501	451	426	411	426	460	492	531	568	602	613	600	577	546	507	466	438	12300	513	0409	551	1654	613	0954	410	2342	433	
24		433	439	459	478	492	506	504	487	467	439	410	402	407	431	465	501	533	563	577	572	552	522	478	443	11560	482	0518	509	1827	578	1051	399	**	*	
25		408	394	403	424	450	472	496	501	492	469	453	426	412	408	421	455	491	525	557	580	583	568	540	500	11428	476	0651	501	1936	584	0106	393	1245	406	
26		446	409	389	398	428	462	489	516	535	528	505	468	436	394	373	374	406	467	506	547	583	596	570	529	11354	473	0830	537	2100	596	0206	388	1427	372	
27		495	435	382	362	379	427	472	510	545	573	563	525	492	452	399	372	382	429	486	522	553	577	572	534	11438	477	0918	576	2121	581	0303	361	1521	369	
28		492	450	387	346	335	372	430	485	522	562	583	551	510	476	432	384	369	394	452	511	551	586	609	603	11392	475	1000	583	2221	614	0343	310	1554	368	
29		558	523	472	408	376	386	444	505	553	589	620	622	573	531	487	422	370	359	399	463	518	552	578	589	11897	496	1021	629	2245	593	0418	370	1639	355	
30		541	489	442	380	325	304	347	420	484	530	567	599	567	514	465	414	350	315	338	404	466	510	539	561	10871	453	1103	602	2321	565	0451	303	1718	313	
31		542	486	436	391	327	293	313	384	460	515	561	598	608	561	514	470	405	352	341	391	459	513	549	576	11049	460	1139	614	2342	590	0512	292	1745	336	
月合计																										353018	—	—	14089	—	14504	—	8605	—	8412	
月平均																										—	474	—	454	—	500	—	278	—	290	预审

月最高高潮 潮高 644 潮时 18 日 12 时 33 分　月最大潮差

月最低低潮 潮高 260 潮时 18 日 06 时 09 分　月最小潮差

月平均高潮潮高 477　月平均低潮潮高 284　月平均潮差 193　审核

图 11.1-2　码头前沿潮位历史数据格式

码头建设前期的历史资料需要考虑码头建设后对潮汐潮流的影响，观测时间距离预报时间越长，对预报准确度的影响越大。码头附近的其他工程建设也会影响码头区域的潮汐潮流状况，为了更好地掌握码头前沿最新数据，需要获取最新的码头前沿潮汐潮流观测数据。

11.1.2　码头前沿潮汐潮流观测

为获取最新的潮汐潮流数据，需要在大型码头前沿进行测量，测量过程总体可分为测点设置、天气条件、观测仪器和数据校验 4 个步骤。

11.1.2.1　测点设置

测点的布置包括测流点的布置、临时潮位站的布置和漂流区的布置。潮位站的布置相对较为简单，一般在码头附近设置 1 个临时验潮站就可以了，测流点和漂流区的布置要依码头所在水域的具体情况而定。潮流预报的目的是为安全生产服务的，因此站点的布设也主要从实际安全工作出发，根据码头的设计吨级，以码头前方的靠泊船只的 2~4 倍船身宽度处开始考虑潮流对船只的影响，一般而言，从码头中部向前约 2 倍船宽和 4 倍船宽处各设 1 个测流点，考虑到潮流对船头船尾的影响，在码头两端也各设 1 个测流点，故共设 4 个定点的测流点，称之为“四测点布站观测法”（图 11.1-3）。然而，每个码头的具体情况往往各不相同，在进行站点布设时，还要综合考虑到水深条件、码头周边地形、仪器安放等因素的影响，根据实际情况对站点位置进行适当调整，必要时还应该增加测点。比如，如果码头前沿可能存在切变线的情况，可将码头前沿中间的外面测点适当布设得更远一些，或者在离码头更远的地方增加 1 个测点，以观测到切变线的存在。如图 11.1-4 所示，某码头受地形影响前方存在切变线，故将 S2 测点布设得离码头更远一些。"四测点布站观测法"只是常规方法，实际上大多数码头都有其自身特点，在设计潮流观测技术方案时还需要参考码头的初步设计书和通航评估报告等相关资料，然后再结合当地引航部门和码头方的要求来合理布置潮流观测点。在码头前沿水域进行潮流观测的定点设置是为后期进行潮流预报服务，为船只安全停靠码头提供依据，为了更多地了解海域流况，还可对船只进出的航道流况进行定点测量。

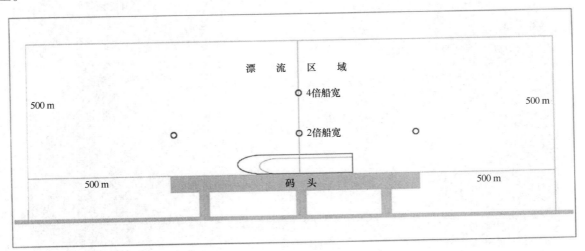

图 11.1-3　四测点布站观测法示意

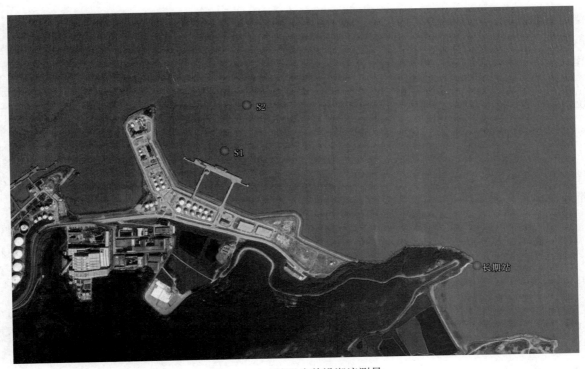

图 11.1-4　某码头前沿潮流测量

大范围的港区潮流观测，考虑到通航情况，相比码头前方站点与码头垂直距离较远，一般为400～600 m，图11.1-5为某港区的潮流观测，测点到码头的垂直距离相对较远。

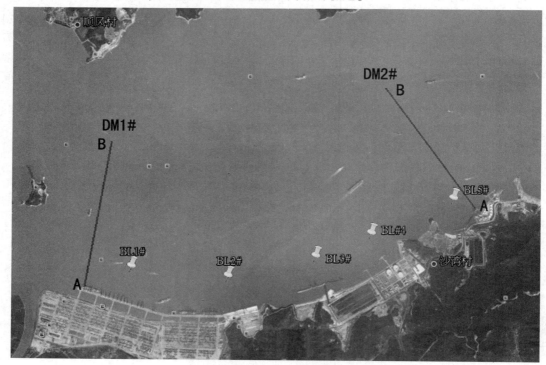

图11.1-5　某港区布站示意

漂流区的布置，大面漂流的目的是了解码头前沿海域的表层流情况。如图11.1-6所示，漂流海域范围一般以码头为中心，分别向上游、下游及码头前方各延伸500 m，漂流范围基本包括了码头前沿船舶靠离泊作业的主要范围，与定点测流同期进行。在此区域内，参考码头设置的临时潮流站或附近的潮位资料，分别就大、中、小潮期间选择涨、落潮流时段，从下游或上游的位置大约布置3～6个浮标点进行跟踪漂流，对于潮流复杂水域，可结合实际情况设计漂流区域。

11.1.2.2　天气条件

为了以较少天数的实测海流观测资料算出尽量准确的潮流调和常数，海流连续观测应尽量选择在天文条件较好、天气情况比较正常的日期进行。因本文主要介绍引入差比参数的方法进行潮流调和分析，故在选择良好天文条件时需考虑如下要求：

$$270° \leqslant d_{O1} - d_{K1} - (g1' - 12°) \leqslant 90°　（全日潮良好日期）　\text{(11.1-1)}$$

$$270° \leqslant d_{M2} - d_{S2} - (g2' - 12°) \leqslant 90°　（半日潮良好日期）　\text{(11.1-2)}$$

式中：d 为分潮的天文迟角；12°为观测中间时刻的订正植；g1'为 K_1 与 O_1 分潮的迟角差；g2'为 S_2 与 M_2 分潮的迟角差。

满足此条件的观测日期即为大潮期间（全日潮和半日潮）。每月农历初一、十五前后是半日潮良好期间，每月太阳赤纬最大的日期前后是全日潮良好期间。一般海流连续观测应不少于3次连续完整的25 h以上，分别为大、中、小潮期间，并在此期间同时进行漂流观测和为期一个月的潮汐观测。

12.1.2.3　实地观测

潮汐观测：在码头附近海域设置1个临时潮位观测站点，按照潮汐观测有关规范的要求，设置水尺、

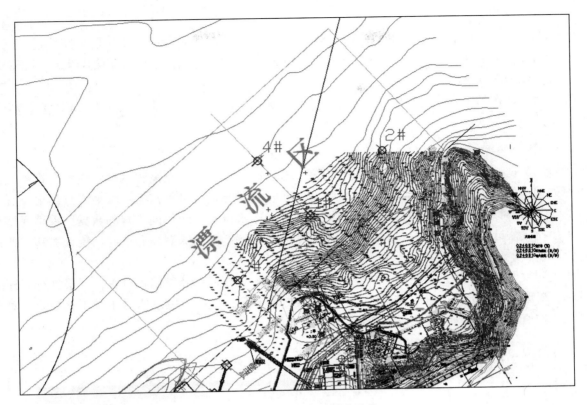

图 11.1-6　某码头的漂流示意

水准点以及水准联测，用海洋潮位自动观测仪获取一个月的连续潮位逐时观测资料。使用 RTK 测出临时潮位观测站的高程值，并转换为 1985 国家高程基准。定位采用全球差分定位系统 DGPS 定位，仪器选用亚米级精度的 DGPS

潮流观测：欧拉方法和拉格朗日方法测流同步进行。在观测海域，测站定位采用 GPS 全球差分定位系统进行准确定位，测流采用 ADCP 或直读式海流计同步获取各点各层的潮流数据。目前 ADCP 测流主要有两种类型，一种为固定式，一种为走航式。固定式 ADCP 对海底地形要求较高，要求地形平坦或坡度较小，但其获取的资料比走航式 ADCP 更真实；走航式 ADCP 因安装在船只上，在测流过程中会因船只摆动受到一定程度的干扰，影响定点位置及测流数据。因此，对定点测流来说，使用固定式 ADCP 更好。

整个测流时间要求包含大、中、小 3 个潮汛，且与潮位同步，这样才能更好地分析本海域各站点潮流与潮位的关系，如潮流的转流及涨落急与高低潮时的关系等。另外，以欧拉方法获取定点潮流资料的同时，与所在水域的上、下游进行大、中、小潮汛的同步漂流观测，采用 GPS 对示踪浮标进行定位与测时，以了解海域是否存在"压拢流""撇开流"、回流或涡旋等不利流况，这是当前较为常见的准确获取潮流资料的手段。

在海上放置固定式 ADCP 进行潮流观测时，容易发生仪器倾倒甚至丢失等问题，采用座底式 ADCP 的仪器放置装置，提高观测数据获取稳定性和完整性，数据获取率达到 95% 以上，同时保障了仪器的高回收率，确保高质量潮流数据的获取和仪器安全。

漂流观测：采用 DGPS 定位系统、计算机导航来控制双联浮筒的投放点位置（WGS-84 坐标），每隔 1 min 观测 1 次双联浮筒的漂移位置，根据该时段双联浮筒的漂移轨迹来计算双联浮筒漂流流路走势的流速、流向。

漂流测验在大潮、中潮、小潮期间进行，分别在涨潮流、落潮流时段内漂测表层流路轨迹。测验范围为码头前沿漂流区域内，一般为 1 500 m×500 m，漂流至少覆盖码头前沿船只靠离泊区域，对于潮流复杂水域，还要结合实际情况。

各项观测工作在具体实施过程中，还需结合操作规范进行，如《海洋调查规范》（GB/T 12763.2—2007）。

11.1.2.4　数据校验整理

潮汐观测数据校验整理：观测数据应进行时间、气压改正，并归算至高程基准；应进行粗差检查和滤波平滑处理；自记水位应进行人工观测水位比对分析，并对异常值进行修正；海上定点站水位观测数据应检测其零点漂移、下沉等变动情况，可利用与邻近岸上水位站连续的同步观测数据，采用两站日平均海面差值比较法计算和修正；应编制逐时潮位数据表及高、低平潮的潮高和潮时，统计涨落潮差及历时、最大潮差、平均潮差和平均水位等。

潮流观测数据校验整理：绘制测站位置示意图；对原始实测资料经磁偏角改正，分层进行处理潮流数据处理；对原始采集数据应进行质量控制，踢除良好率较低的数据，剔除水层中受干扰数据，对异常值数据进行插值修正；制作各测点潮流观测报表。

11.2　资料分析处理

11.2.1　地理位置与形势分析

分析码头所处地理位置，及其周围陆地、岛屿、水道等情况，掌握码头所在水域的基本特征，结合码头的分布形状，简单分析码头前方的潮汐、潮流基本特征，并明确码头前方各测点的位置信息。

11.2.2　潮位资料分析处理

整编、制作临时潮位站和引用附近长期潮位站的潮位观测月报表，报表需记录观测得到逐时整点潮位和高、低潮的潮高、潮时，提供具体潮位观测点的实际经纬度，并提供水尺零点的高程以及与85国家高程基准面的关系。

根据潮位资料进行实测潮汐特征值的计算与统计，分析码头前沿潮汐的变化规律，在潮汐调和分析的基础上，得出的码头水域潮汐性质和航海潮信等各项特征值的计算成果。

11.2.3　潮流资料分析处理

为了客观地反映出现场的实际流况，在整编潮流观测资料时，按 30 min 的间隔摘取数据；若出现回流、涡流时，则按每 10 min 间隔摘取数据；实测资料经磁偏角改正后，则整编制作成《海流观测记录报表》；并绘制分层表层（ADCP 测得最上层）、5 m、10 m、15 m、20 m、25 m，……，底层（ADCP 测得最下层）的流速、流向过程线及流速矢量图；其中《海流观测记录报表》电子版为每 10 min 的数据。

在实测流况特征统计的基础上，分析最大流速、流向的分布与变化；统计流速、流向的出现频率；进行潮位与潮流对应关系的分析以及最佳离、靠泊的作业时段的分析；在潮流准调和分析的基础上，计算主要分潮的椭圆要素，分析各主要分潮的运动特征，给出码头前沿潮流的性质、运动规律，分析计算余流以及可能出现的最大流速（流向）。

11.2.4 漂流资料分析处理

漂流测验每隔 60 s 采集一次定位数据，并根据该时段内双联浮筒的漂移轨迹由计算机在 AutoCAD 上成图。成图坐标为 2000 国家大地坐标系。提供漂流测验绘制涨、落流路轨迹图（大、中、小潮）各一幅，如图 11.2-1 所示。根据漂流资料对码头前沿可能出现的"切变线""撇开流""压拢流"以及回流、涡旋等不利流况进行分析。

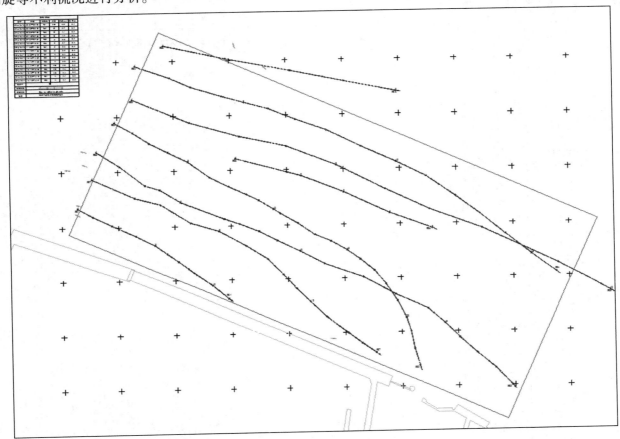

图 11.2-1 某码头漂流迹线

11.3 码头前沿潮汐潮流预报方法

11.3.1 潮汐预报方法

码头前沿潮位预报流程主要有潮汐特征统计、潮位调和分析、潮汐预报和潮位预报精度分析 4 个步骤，具体预报方法将在下文介绍。

11.3.1.1 潮汐预报

对获取的一个月的潮汐实测资料运用前书第 3.3.1 部分的调和分析方法，计算分潮的调和常数，具体可参考《潮汐和潮流的分析和预报》中的"中期观测资料的分析"。

根据计算得到的多个分潮的调和常数按照王骥模式调和分析程序进行预报，可按照下式进行潮位预报：

$$h(t) = H_0 + \sum \left[D_i H_i \cos (\sigma_i t + \nu_{0i} - \xi_i) \right]$$

(11.3-1)

预报结果可为全年逐分潮位数据，如图 11.3-1 所示，第一行第一组数据为站点名称，第二、第三组数据为站点经纬度，第四组数据为该站点潮位预报所采用的潮高基准面。根据全年 525 600 个逐分数据中，经过筛选计算出逐时的潮位数据以及高低潮数据。另外，也可以结合海图水深情况进行为大型船舶通航服务的乘潮预报。

×××××					×××× N ×××× E	潮高基准面：在平均海面下 ××× cm
年	月	日	时分	潮高/cm		
2015	1	1	0000	89		
2015	1	1	0001	89		
2015	1	1	0002	89		
2015	1	1	0003	88		
2015	1	1	0004	88		
2015	1	1	0005	87		
2015	1	1	0006	87		
2015	1	1	0007	86		
2015	1	1	0008	86		
2015	1	1	0009	86		
2015	1	1	0010	85		
2015	1	1	0011	85		
2015	1	1	0012	84		
2015	1	1	0013	84		
2015	1	1	0014	84		
2015	1	1	0015	83		
2015	1	1	0016	83		
2015	1	1	0017	82		
2015	1	1	0018	82		
2015	1	1	0019	82		
2015	1	1	0020	81		
2015	1	1	0021	81		
2015	1	1	0022	81		
2015	1	1	0023	80		
2015	1	1	0024	80		
2015	1	1	0025	80		
2015	1	1	0026	79		
2015	1	1	0027	79		
2015	1	1	0028	79		
2015	1	1	0029	79		

图 11.3-1 潮汐预报结果

11.3.1.2 潮位预报精度评估

用调和分析方法进行分析预报，与实测潮位进行对比，计算自预报的均方差（S. D. ——标准差），并针对现有高低潮位预报的精度进行分析。

潮时预报误差：对比实测高、低潮发生时间，细化为高高潮时刻、低高潮时刻、高低潮时刻和低低潮时刻 4 组序列，将同期预报的高、低潮时刻相应地分组列出，两组进行比较，计算误差绝对值，平均误差绝对值在 10 min 以内证明预报精度优良。

潮位预报误差：按照上述分组，可对高、低潮位的高度进行"预报误差"分析，其平均误差绝对值在 10 cm 以内证明预报精度优良。

11.3.2　潮流预报方法

码头前沿潮流预报流程主要有同步潮流资料调和分析、用于预报的潮流调和分析、潮流预报和潮流预报精度分析 4 个步骤。具体预报方法将在下文进行介绍。

11.3.2.1　潮流调和分析

为了在现有观测序列长度的条件下获得实测潮流中更多的分潮流成分，提高潮流预报的精度，通过严格的最小二乘法，结合引潮力展开的理论结果和长期验潮资料分析所得的主要分潮调和常数之间的差比关系，可求出测区各站 50 个分潮流（东、北分量）的调和常数，从而开展较为准确的潮流预报。在这 50 个分潮流中，全日族分潮有 15 个，半日族分潮有 11 个，四分之一日族分潮有 8 个，六分之一日族分潮有 16 个，可充分表征测区潮流的组成结构。50 个分潮的名称及其角速度（度/小时）如表 11.3-1 所示。

表 11.3-1　潮流预报所采用的分潮流名称及其角速度一览表

序号	分潮族	分潮名称	角速度	序号	分潮族	分潮名称	角速度
1	全日分潮族	$2Q_1$	12.854 286 2	26	半日分潮族	K_2	30.082 137 3
2		$SIGMA_1$	12.927 139 8	27	四分之一日分潮族	N_4	56.879 459 1
3		Q_1	13.398 660 9	28		MN_4	57.423 833 8
4		RHO_1	13.471 514 5	29		M_4	57.968 208 5
5		O_1	13.943 035 6	30		SN_4	58.439 729 6
6		M_1	14.492 052 1	31		MS_4	58.984 104 3
7		CHI_1	14.569 547 6	32		MK_4	59.066 241 5
8		PI_1	14.917 864 7	33		S_4	60.000 000 0
9		P_1	14.958 931 4	34		SK_4	60.082 137 3
10		K_1	15.041 068 7	35	六分之一日分潮族	$2NM_6$	85.863 563 0
11		PSI_1	15.082 135 3	36		$2MN_6$	86.407 938 0
12		PHI_1	15.123 205 9	37		$2NS_6$	86.879 459 1
13		$THETA_1$	15.512 589 7	38		M_6	86.952 312 7
14		J_1	15.585 443 4	39		$2NK_6$	86.961 596 4
15		OO_1	16.139 101 7	40		MSK_6	87.423 833 8
16	半日分潮族	$2N_2$	27.895 354 8	41		MNK_6	87.505 971 0
17		MU_2	27.968 208 5	42		$2MS_6$	87.968 208 5
18		N_2	28.439 729 5	43		$2MK_6$	88.050 345 8
19		NU_2	28.512 583 2	44		$2SN_6$	88.439 729 5
20		M_2	28.984 104 2	45		$2SM_6$	88.984 104 3
21		$LAMDA_2$	29.455 625 3	46		MSK_6	89.066 241 6
22		L_2	29.528 478 9	47		$2KM_6$	89.148 378 8
23		T_2	29.958 933 3	48		S_6	90.000 000 0
24		S_2	30.000 000 0	49		$2SK_6$	90.082 137 3
25		R_2	30.041 066 7	50		$2KS_6$	90.164 274 6

11.3.2.2 潮流预报方法

在众多的潮流预报方法中，根据预报经验，从目前的潮流预报实际应用工作出发，就码头定点潮流精细化预报，一般运用引进码头附近长期站点的差比参数和严格最小二乘法的计算方法，将潮流观测资料（一般为大、中、小潮3个连续周日的潮汐资料）进行调和分析，计算多个分潮的调和常数用于潮流预报。

潮流分析和预报的目的是根据海流周日观测资料，分离潮流和非潮流，算得潮流调和常数，进而预报任意时刻的潮流流况。而在实测海流资料中，包括由天体引力所产生的潮流以及主要由水文、气象等条件所产生的非潮流（也称余流）两部分。

这里运用引用差比参数的严格最小二乘法，分别计算潮流的东、北分量的调和常数，再按照下式进行潮流预报：

$$潮流北分量\ u(t) = U_0 + \sum D_i U_i \cos(\sigma_i t + \nu_{0i} - \xi_i) \tag{11.3-2}$$

$$潮流东分量\ v(t) = V_0 + \sum D_i V_i \cos(\sigma_i t + \nu_{0i} - \eta_i) \tag{11.3-3}$$

式中，U_0，V_0 为调和分析潮流北、东分量的平均振幅，计算时取东、北分量余流；U_i，ξ_i 为分潮北分量的调和常数；V_i，η_i 为分潮东分量的调和常数；D_i、ν_{0i} 为平衡潮分潮的振幅系数和格林威治初相。

对东、北分量的两组预报数据进行合并，计算出每小时或半小时的潮流预报。

11.3.2.3 潮流预报精度评估

潮位、潮流预报精度的检验，国内外的常规的做法是进行"自预报"（或称"回报"）检验。对潮流预报而言，即是将分析、计算所得的东、北分量的调和常数分别代入各分量的预报公式中对观测日期的潮流进行"回报"；然后进行"自预报（回报）余差"的计算。简言之，就是将实测潮流东分量减去预报（回报）潮流的东分量，得出其每半小时的"自报余差"；同样，也可求取其每半小时北分量的"自报余差"。在此基础上，为了对潮流预报精度进行评估，通常还需再进行"自报余差"的均方差（S.D.——标准差）计算。多数涨、落急的流向预报误差需达到小于等于15°的要求。

总体来看，运用该方法进行潮流预报能较好地反映现实潮流的客观规律，基本满足用户需要。但是，由于本项潮流预报是在天文潮流的物理概念下，采用观测期间平均余流所推算的预报；基于观测所得的潮流数据是在海洋噪声的背景下自然界潮流脉冲现象影响下所获取的，因此必然在分析的调和常数中包含着一定的误差，从而导致一定的预报误差。为了获取更为准确的调和常数和采用更为合理的余流，除了增加观测天数、选择良好的天文条件外，还应尽量减小观测误差，如选择较为平静的天气条件和改进观测手段等。

11.4 预报产品

在数值模拟及经验分析基础上，生成码头前沿的潮汐、潮流、乘流水深预报逐分原始文件，通过筛选、整理生成逐时预报文件及高低潮预报文件，潮流预报还需计算出东分量文件和北分量文件，如图11.4-1所示，以这些文件为基础，制作年度码头前沿的潮汐、潮流、乘流水深纸质预报表，提供给码头以及引航海事部门使用，还可以根据用户要求，通过计算机软件开发技术、数据库技术及地理信息技术等，开发码头前沿水域潮汐潮流精细化预报产品制作及数据可视化系统。

年	月	日	时分	北分量(cm)
2013	1	1	0000	3
2013	1	1	0100	-4
2013	1	1	0200	-10
2013	1	1	0300	-23
2013	1	1	0400	-31
2013	1	1	0500	-22
2013	1	1	0600	-1
2013	1	1	0700	13
2013	1	1	0800	18
2013	1	1	0900	23
2013	1	1	1000	27
2013	1	1	1100	22
2013	1	1	1200	10
2013	1	1	1300	1
2013	1	1	1400	-5
2013	1	1	1500	-16
2013	1	1	1600	-27
2013	1	1	1700	-25
2013	1	1	1800	-7
2013	1	1	1900	10
2013	1	1	2000	17

图 11.4-1　潮流北分量预报结果

11.4.1　潮汐预报产品

如图 11.4-2 码头前沿潮汐报表采用北京标准时（东 8 区时），除每日进行逐时的潮位预报外，还按出现时间的先后顺序给出高、低潮潮时、潮位的预报。预报表的表头给出了预报点位的经、纬度，预报量值的单位为厘米，预报日期包含公历与农历自上而下纵向逐日排列，逐时预报为横向排列。潮位预报表的潮高基准面（即潮高起算面）为理论深度基准面，潮高单位以厘米计，表中某一时刻的潮高值可与海图水深相叠加即为该时刻海面至海底的实际水深值。

×××××码头××××年潮汐预报表

（站位：××°××′××″N　×××°××′××″E）　单位：cm

潮高基面：平均海平面下×××cm　　时区：北京时

日期			逐时潮位预报																								按出现时间先后排列的高低潮预报							
日	月(农)	日(农)	0	1	2	3	4	5	6	7	8	9	10	11	12	13	14	15	16	17	18	19	20	21	22	23	潮时	潮位	潮时	潮位	潮时	潮位	潮时	潮位
1	十二	初四	240	235	202	154	106	55	11	10	68	151	220	273	317	315	264	210	153	90	45	53	108	168	210		00:20	242	06:31	3	13:00	337	19:21	41
2	十二	初五	236	247	230	188	141	93	43	12	33	104	184	245	291	326	331	297	244	191	134	76	49	76	136	190	00:56	247	07:09	11	13:38	334	20:00	49
3	十二	初六	226	247	249	220	179	134	87	43	27	64	137	209	261	301	325	318	278	227	175	120	73	63	99	157	01:34	251	07:50	26	14:18	327	20:43	60
4	十二	初七	205	237	253	248	219	177	133	89	54	52	94	161	223	268	302	317	302	263	215	205	158	112	83	85	02:18	254	08:33	47	15:02	317	21:31	72
5	十二	初八	167	212	240	253	246	237	250	248	229	195	157	124	103	105	133	177	223	259	281	287	274	241	199	154	03:11	253	09:23	73	15:51	303	22:27	79
6	十二	初九	168	211	239	254	246	220	183	141	102	76	80	119	175	227	268	294	300	287	251	205	158	112	84		04:22	251	10:26	101	16:50	287	23:33	79
7	十二	初十	82	112	159	202	231	250	256	244	215	181	151	129	121	135	169	210	244	265	273	264	235	194	150	108	05:53	121	18:01	273				
8	十二	十一	76	70	97	144	191	227	247	256	272	266	240	207	176	148	126	125	153	194	154	116	106	133	177	213	01:49	49	08:27	296	14:46	105	20:30	258
9	十二	十二	99	61	49	79	78	129	183	228	267	293	291	264	229	194	154	116	106	133	177	213	238	255	254	228	01:49	49	08:27	296	14:46	105	20:30	258
10	十二	十三	133	83	39	25	57	120	183	237	285	317	314	282	243	201	147	95	82	115	165	204	230	255	250		03:43	1	10:15	340	16:37	55	22:24	257
11	十二	十四	171	119	64	15	3	47	122	192	252	307	339	329	284	237	177	98	41	49	107	164	201	234	256		04:32	-17	11:01	353	17:22	36	23:11	257
12	十二	十五	211	157	105	43	-8	-10	50	135	208	271	328	353	331	284	237	177	98	41	49	107	164	201	234	256	05:24	-27	11:55	121	18:01	273	23:54	255
13	十二	十六	243	196	141	86	22	-24	-8	68	157	227	291	344	356	321	271	221	152	69	25	54	119	172	208	217	05:59	-27	12:25	354	18:45	24		
14	十二	十七	255	230	179	127	69	5	-27	19	97	180	246	307	344	345	302	252	197	134	78	40	43	98	156	196	00:35	253	06:40	-18	13:05	343	19:27	33
15	十二	十八	247	249	215	165	114	50	2	-14	41	127	201	261	316	343	324	278	231	174	98	40	43	98	156	196	01:44	-1	13:44	327				
16	十二	十九	229	250	240	202	155	104	45	2	14	78	155	218	272	316	326	298	254	208	148	82	47	64	94	143	01:54	249	07:58	24	14:23	309	20:45	62
17	十二	二十	210	238	248	231	193	149	98	47	24	51	112	176	239	275	289	276	246	207	161	111	80	82	113		02:35	246	08:38	54	15:00	289	21:26	76
18	十二	廿一	202	240	242	244	224	190	152	112	88	93	122	161	203	241	266	269	253	226	187	143	105	87	92		03:24	242	09:26	86	15:38	271	22:16	86
19	十二	廿二	154	194	224	241	239	202	192	152	112	88	93	122	161	203	241	266	269	253	226	187	172	133	103	92	04:28	238	10:10	118	16:20	253	23:04	92
20	十二	廿三	122	158	195	223	237	236	223	197	162	131	118	124	143	143	153	175	203	227	237	233	220	197	164	129	05:50	237	11:27	142	17:12	237		
21	十二	廿四	100	128	157	191	219	237	240	237	223	191	156	147	149	166	192	213	223	222	213	192	160	125	103	90	00:18	224	06:41	236	13:21	146	18:23	224
22	十二	廿五	92	98	118	149	184	214	234	243	238	219	193	171	158	147	149	166	192	213	192	160	129	156	190	165	01:16	86	08:16	256	14:39	132	19:54	217
23	十二	廿六	99	86	90	110	143	182	217	243	256	252	232	273	265	240	205	169	135	111	110	134	168	196	211	218	02:19	74	09:09	273	15:33	107	21:06	218
24	十二	廿七	118	89	75	78	100	138	189	229	273	265	240	205	169	135	118	128	168	197	216	223	210				03:09	58	09:51	290	16:14	81	21:55	86
25	十二	廿八	146	104	73	58	67	101	151	204	250	281	290	273	238	194	149	106	82	91	128	168	197	216	223	210	03:52	39	10:26	306	16:48	56	22:31	230
26	十二	廿九	175	129	84	51	40	61	111	172	228	275	303	301	270	220	173	118	71	47	24	60	126	181	217	243	04:30	20	10:59	320	17:21	37	23:04	238
27	十二	三十	201	157	109	71	38	40	48	98	154	195	224	238	255	202	144	82	40	48	98	154	195	224	238	255	05:06	3	11:28	329	17:53	23	23:36	248
28	一	初一	225	185	134	82	31	3	25	91	166	229	283	322	324	286	232	176	111	47	24	60	126	181	217		05:44	-10	12:07	334	18:26	17		
29	一	初二	245	214	164	112	57	6	-7	41	125	200	257	306	330	322	332	296	238	120	51	17	51	126	191	232	00:09	259	06:21	-15	12:43	334	19:01	17
30	一	初三	258	245	199	144	92	34	-10	0	73	162	222	291	252	297	328	320	272	215	160	95	36	27	82	158	00:44	268	06:59	-10	13:19	331	19:37	22
31	一	初四	259	267	237	183	130	77	19	-10	26	112	195	252	297	328	320	272	215	160	95	36	27	82	158	215								

图 11.4-2　潮汐预报产品

11.4.2 潮流预报产品

如图 11.4–3，码头前沿潮流预报表的表头标有预报站位的经、纬度，预报时间采用北京标准时（东 8 区时），预报量值的单位为厘米每秒（流速）和度（流向），日期自上而下纵向排列、逐时横向排列，日期带有农历。与潮位预报不同的是不需要潮高基面，需要预报水层，一般情况为 5 m 层，特殊情况如大型船舶需要预报 10 m 层、15 m 层或 20 m 层。

X X X X X X X 码 头（X站）逐 时 潮 流 预 报 表

XXXX 年 XX 月　　预报站点:XX° XX′ XX.XX″ N，XXX° XX′ XX.XX″ E　　预报水层：(m)　　流向单位：(°)　　流速单位：(cm/s)

日期			每日逐时预报																					
日	农历 月	农历 日	0 流向	0 流速	1 流向	1 流速	2 流向	2 流速	3 流向	3 流速	4 流向	4 流速	5 流向	5 流速	6 流向	6 流速	7 流向	7 流速	8 流向	8 流速	9 流向	9 流速	10 流向	10 流速	11 流向	11 流速
1	六	八	288	22	289	37	290	48	285	49	277	34	270	17	288	9	315	1	119	18	117	39	114	39	113	21
2	六	九	0	0	289	18	290	33	290	45	284	45	277	32	273	17	291	9	90	1	118	19	117	36	114	34
3	六	十	114	20	135	1	288	16	290	32	289	43	285	43	277	31	277	16	288	6	104	4	115	21	115	33
4	六	十一	116	30	114	20	135	3	285	16	288	33	287	44	283	43	278	29	278	14	315	3	103	9	113	23
5	六	十二	116	28	115	31	115	21	135	3	286	19	288	36	286	46	284	42	278	27	276	10	90	3	99	13
6	六	十三	108	19	116	30	117	34	115	21	243	2	285	24	286	41	286	47	283	41	277	23	270	4	90	9
7	六	十四	98	14	111	22	116	34	117	36	115	19	283	9	284	32	286	45	286	48	282	38	273	17	117	4
8	六	十五	100	11	97	16	113	26	118	41	117	38	117	11	288	20	285	38	285	47	285	47	281	33	256	8
9	六	十六	135	6	94	13	100	17	117	33	118	47	116	34	315	1	287	30	284	42	285	47	283	43	275	24
10	六	十七	259	10	107	10	90	13	108	19	118	42	117	51	111	25	295	14	287	38	283	44	284	46	281	38
11	六	十八	278	28	198	3	95	11	90	11	116	25	119	50	116	48	107	10	293	26	286	41	283	43	283	43
12	六	十九	283	44	273	17	121	6	83	8	100	11	120	34	118	54	114	37	315	4	290	33	284	41	284	42
13	六	廿十	285	52	282	35	264	9	101	5	79	5	117	16	120	42	117	51	112	24	295	14	288	36	286	41
14	六	廿一	286	53	284	46	279	26	270	5	72	3	90	5	118	21	118	44	117	42	117	13	288	19	288	36
15	六	廿二	288	52	286	51	283	40	279	20	281	5	27	2	104	8	117	27	117	42	117	35	129	6	287	21

日期			每日逐时预报																					
日	农历 月	农历 日	12 流向	12 流速	13 流向	13 流速	14 流向	14 流速	15 流向	15 流速	16 流向	16 流速	17 流向	17 流速	18 流向	18 流速	19 流向	19 流速	20 流向	20 流速	21 流向	21 流速	22 流向	22 流速	23 流向	23 流速
1	六	八	270	2	288	19	291	34	288	43	282	38	275	24	287	14	307	10	90	3	117	22	114	32	110	20
2	六	九	115	17	270	3	288	20	289	36	287	44	282	39	277	25	286	15	310	8	99	6	115	23	116	30
3	六	十	114	30	117	13	281	5	290	23	289	39	287	47	281	41	279	26	287	14	315	4	107	10	116	25
4	六	十一	115	31	115	26	112	11	283	9	288	29	288	45	286	50	283	41	279	24	283	9	72	3	110	15
5	六	十二	110	23	114	30	114	24	117	7	287	17	288	38	288	52	285	53	283	41	278	21	270	3	96	9
6	六	十三	97	16	110	23	114	30	114	22	270	1	289	28	288	46	287	56	285	54	281	38	270	14	117	4
7	六	十四	90	13	97	16	111	25	115	31	112	18	294	12	289	39	287	53	287	59	284	53	279	31	248	5
8	六	十五	101	10	81	13	97	16	115	29	115	33	103	9	295	26	289	50	287	59	286	59	283	48	273	22
9	六	十六	162	3	90	12	75	11	106	18	117	35	113	30	323	5	293	40	288	56	286	59	285	57	282	40
10	六	十七	266	13	111	9	73	10	76	8	114	24	117	39	109	21	300	20	291	50	287	59	286	59	284	53
11	六	十八	278	28	243	4	96	9	56	7	103	9	118	32	116	39	97	8	296	34	290	55	286	58	286	56
12	六	十九	282	38	276	19	135	3	74	7	37	5	117	16	119	38	114	32	309	6	292	42	289	55	287	56
13	六	廿十	284	41	281	32	270	11	90	3	37	5	72	3	119	23	117	37	114	22	295	17	290	44	287	53
14	六	廿一	286	41	285	39	281	26	277	8	27	2	18	3	106	7	118	27	117	34	117	13	290	20	289	42
15	六	廿二	287	37	287	42	286	37	282	24	283	9	326	4	45	3	108	13	116	28	118	30	127	10	286	19

图 11.4–3　潮流预报产品

11.4.3 码头前沿乘潮水深预报表

如图 11.4.4 所示，码头前沿乘潮水深预报表除提供每日高、低潮时刻最浅点的水深预报外，还提供了其不同水深（H）档次（如：$H \geq 10.0$ m，$H \geq 10.5$ m，$H \geq 11.0$ m，$H \geq 11.5$ m，$H \geq 12.0$ m，$H \geq 12.5$ m）出现的时间范围，预报日期包含公历与农历自上而下纵向逐日排列。预报表需给出按海图水深的基准，水深单位为米。不同航道不同船舶预报水深不同，需要区别对待，如象山港乘潮水深预报约为 10 m，虾峙门航道水深预报为 20 m 以上。

××××年 ×× 月××××站乘潮水深及高低潮水深预报

按海图水深××m为基准　　　　　　　　　　　　　　　　　　　　　　水深（H）　　单位：m

日	农历月	农历日	朝时	水深	朝时	水深	H≥12.50 m 起 止	H≥12.00 m 起 止	H≥11.50 m 起 止	H≥11.00 m 起 止	H≥10.50 m 起 止	H≥10.00 m 起 止
1	十	十四	01:11	8.82	07:07	11.87			05:42 08:37	04:58 09:25	04:22 10:05	03:48 10:47
			13:28	9.08	19:13	11.97			17:41 20:54	17:00 21:37	16:25 22:12	15:48 22:46
2	十	十五	01:58	8.49	07:58	12.22		06:56 09:02	06:08 09:52	05:35 10:28	05:07 11:02	04:39 11:38
			14:23	8.92	19:59	12.10		19:16 20:44	18:19 21:46	17:44 22:23	17:14 22:54	16:42 23:24
3	十	十六	02:44	8.22	08:47	12.49		07:18 10:14	06:43 10:52	06:15 11:23	05:50 11:54	05:26 12:28
			15:14	8.82	20:43	12.16		19:50 21:38	19:01 22:31	18:28 23:05	17:59 23:35	17:30 00:03*
4	十	十七	03:27	8.03	09:33	12.64	08:46 10:20	07:54 11:10	07:23 11:44	06:57 12:13	06:34 12:43	06:12 13:17
			16:01	8.80	21:25	12.14		20:36 22:17	19:44 23:12	19:12 23:46	18:43 00:51*	18:15 00:43*
5	十	十八	04:09	7.94	10:19	12.67	09:27 11:10	08:37 11:58	08:06 12:31	07:41 13:01	07:18 13:31	06:56 14:06
			16:45	8.86	22:08	12.05		21:38 22:40	20:32 23:48	19:57 00:25*	19:27 00:55*	18:57 01:24*
6	十	十九	04:49	7.97	11:05	12.60	10:24 11:44	09:26 12:39	08:53 13:14	08:26 13:46	08:02 14:18	07:39 14:55
			17:27	8.98	22:53	11.89		21:26 00:20*	20:44 01:02*	20:11 01:35*	19:39 02:06*	
7	十	二十	05:29	8.09	11:51	12.45		10:23	09:44 13:55	09:14 14:30	08:48 15:06	08:23 15:46
			18:10	8.82	23:40	11.69			22:34 00:45*	21:38 01:39*	20:59 02:18*	20:22 02:53*
8	十	廿一	06:10	8.31	12:38	12.24		11:32 13:42	10:41 14:33	10:05 15:14	09:35 15:54	
			18:56	9.30	/	/						
9	十	廿二	00:34	11.47	06:56	8.60		13:14 13:44	11:47 15:10	*22:43 02:16	*21:54 03:04	*21:08 03:46
			13:29	12.01	19:53	9.43				11:03 15:59	10:27 16:46	09:53 17:38
10	十	廿三	01:36	11.26	07:51	8.91			13:05 15:46	00:09 02:56	*23:00 03:58	*22:04 04:50
			14:24	11.79	21:07	9.49				12:08 16:49	11:24 17:42	10:43 18:41
11	十	廿四	02:49	11.11	09:05	9.19			14:33 16:23	01:52 03:45	00:23 05:10	*23:16 06:11
			15:27	11.62	22:25	9.43				13:21 17:44	12:29 18:43	11:40 19:46
12	十	廿五	04:13	11.09	10:29	9.35			16:03 17:06	03:18 05:11	01:51 06:41	00:42 07:46
			16:34	11.53	23:32	9.26				14:35 18:45	13:39 19:43	12:44 20:34
13	十	廿六	05:38	11.25	11:42	9.38			17:09 18:16	04:07 06:34	03:04 08:12	02:06 09:16
			17:40	11.53						15:41 19:44	14:48 20:38	13:53 21:32
14	十	廿七	00:29	9.05	06:45	11.49			17:49 19:23	04:50 08:34	03:59 09:29	03:13 10:26
			12:45	9.34	18:36	11.58				16:35 20:37	15:47 21:26	14:58 22:12
15	十	廿八	01:18	8.84	07:36	11.73			06:25 08:44	05:26 09:42	04:45 10:30	04:06 11:20
			13:39	9.26	19:22	11.65			18:20 20:21	17:21 21:23	16:37 22:06	15:53 22:48

图 11.4-4　乘潮预报产品

11.4.4　电子预报表

根据码头单位及当地引航部门各自工作系统的需求，为其提供电子版本潮汐潮流预报表，方便搜索查阅，另外还可提供逐分预报，大范围港区预报等。

11.4.5　可视化平台

通过计算机软件开发技术、数据库技术及地理信息技术等，开发码头前沿水域潮汐潮流精细化预报产品制作及数据可视化系统，进一步规范的码头潮汐潮流精细化预报业务，实现了预报产品的自动化制作，极大地提高了工作效率，构建和完善了产品数据库，实现了数据的可视化。

11.5　预报验证

11.5.1　检验方法

为了对前述预报方法形成的成果作出评价，这里选用两个站点的实测潮汐进行验证，分别是北仑海洋站（29°54′16.82″N、122°7′47.66″E）和乌沙山海洋站（29°30′51.18″N、121°39′53.49″E）。

11.5.1.1　逐时潮高预报检验

（1）预报均方根误差检验

逐时潮高预报均方根误差（R_{fox}）计算公式为：

$$R_{fox} = \sqrt{\frac{\sum_{i=1}^{N_{fox}} (x_{oi} - x_{fi})^2}{N_{fox}}}$$

(11.5-1)

式中，x_{oi} 为实测逐时潮高，x_{fi} 预报逐时潮高，N_{fox} 为预报检验样本数。

（2）预报绝对误差出现频率检验

逐时潮高预报绝对误差出现频率（F_{fx}）计算公式为

$$F_{fx} = \begin{cases} N_{fx1}/N_{fx}(|x_{oi} - x_{fi}| \leqslant 10) \\ N_{fx2}/N_{fx}(10 < |x_{oi} - x_{fi}| \leqslant 30) \\ N_{fx3}/N_{fx}(|x_{oi} - x_{fi}| > 30) \end{cases}$$

(11.5-2)

式中，x_{oi} 为实测逐时潮高，x_{fi} 预报逐时潮高，N_{fx1} 为逐时潮高预报绝对误差（$|x_{oi} - x_{fi}|$）不超过 10 cm 的样本数，N_{fx2} 为逐时潮高预报绝对误差（$|x_{oi} - x_{fi}|$）为 10~30 cm 的样本数，N_{fx3} 为逐时潮高预报绝对误差（$|x_{oi} - x_{fi}|$）超过 30 cm 的样本数，N_{fx} 为预报检验样本总数。

11.5.1.2　高/低潮预报检验

为降低长时间平潮/停潮对潮汐预报检验结果的影响，高/低潮预报检验过程中，潮时预报绝对误差超过 90 min 且对应潮高预报绝对误差小于 10 cm 的样本不参与检验。

（1）高/低潮潮高预报检验

预报均方根误差检验：

高/低潮潮高预报均方根误差（R_{foh}）计算公式为

$$R_{foh} = \sqrt{\frac{\sum_{i=1}^{N_{foh}} (h_{oi} - h_{fi})^2}{N_{foh}}}$$

(11.5-3)

式中，h_{oi} 为实测高/低潮潮高，h_{fi} 预报高/低潮潮高，N_{foh} 为预报检验样本数。

预报绝对误差出现频率检验：

高/低潮潮高预报绝对误差出现频率（F_{fh}）计算公式为

$$F_{fh} = \begin{cases} N_{fh1}/N_{fh}(|h_{oi} - h_{fi}| \leqslant 10) \\ N_{fh2}/N_{fh}(10 < |h_{oi} - h_{fi}| \leqslant 30) \\ N_{fh3}/N_{fh}(|h_{oi} - h_{fi}| > 30) \end{cases}$$

(11.5-4)

式中，h_{oi} 为实测高/低潮潮高，h_{fi} 为预报高/低潮潮高，N_{fh1} 为高/低潮潮高预报绝对误差（$|h_{oi} - h_{fi}|$）不超过 10 cm 的样本数，N_{fh2} 为高/低潮潮高预报绝对误差（$|h_{oi} - h_{fi}|$）为 10~30 cm 的样本数，N_{fh3} 为高/低潮潮高预报绝对误差（$|h_{oi} - h_{fi}|$）超过 30 cm 的样本数，N_{fh} 为预报检验样本总数。

预报相对误差检验：

$$P_{fh} = \left(\sum_{i=1}^{N_{fh}} \left| \frac{h_{oi} - h_{fi}}{h_{oi} - sl} \right| \right) / N_{fh} \ (|h_{oi} - sl| > 5 \text{ cm})$$

(11.5-5)

式中，h_{oi} 为实测高/低潮潮高，h_{fi} 预报高/低潮潮高，sl 为检验月份平均海平面，$|h_{oi} - h_{fi}|$ 为高/低潮潮高预报绝对误差，$|h_{oi} - sl|$ 为起算于检验月份平均海平面的实测高/低潮潮高绝对值，N_{fh} 为预报检验样本数。为保证高/低潮潮高预报相对误差计算的科学性，起算于检验月份平均海平面的实测高/低潮潮高绝对值不超过 5 cm（$|h_{oi} - sl| \leqslant 5$）的样本不参与检验。

（2）高/低潮潮时预报检验

预报均方根误差检验：

高/低潮潮时预报均方根误差（R_{fot}）计算公式为

$$R_{fot} = \sqrt{\dfrac{\sum\limits_{i=1}^{N_{fot}} (t_{oi} - t_{fi})^2}{N_{fot}}}$$ 　　　　(11.5-6)

式中，t_{oi} 为实测高/低潮潮时，t_{fi} 预报高/低潮潮时，N_{fot} 为预报检验样本数。

预报绝对误差出现频率检验：

高/低潮潮时预报绝对误差出现频率（F_{ft}）计算公式为

$$F_{ft} = \begin{cases} N_{ft1}/N_{ft}\,(\,|t_{oi} - t_{fi}| \leqslant 10\,) \\ N_{ft2}/N_{ft}\,(\,10 < |t_{oi} - t_{fi}| \leqslant 30\,) \\ N_{ft3}/N_{ft}\,(\,|t_{oi} - t_{fi}| > 30\,) \end{cases}$$ 　　　　(11.5-7)

式中，t_{oi} 为实测高/低潮潮时，t_{fi} 预报高/低潮潮时，N_{ft1} 为高/低潮潮时预报绝对误差（$|t_{oi} - t_{fi}|$）不超过 10 min 的样本数，N_{ft2} 为高/低潮潮时预报绝对误差（$|t_{oi} - t_{fi}|$）为 10~30 min 的样本数，N_{ft3} 为高/低潮潮时预报绝对误差（$|t_{oi} - t_{fi}|$）超过 30 min 的样本数，N_{ft} 为预报检验样本总数。

11.5.2　潮汐验证

运用前述的潮汐检验方法，对北仑海洋站、乌沙山海洋站 2017 年 1—11 月潮汐预报产品进行检验，分析结果如表 11.5-1 至表 11.5-3 所示。

表 11.5-1　2017 年 1—11 月逐时潮高检验

| 站点 | 预报均方根误差与绝对误差出现频率 | | | | 样本数 |
| | 均方根误差/cm | 绝对误差出现频率/（%） | | | |
		≤10 cm	10~30 cm	>30 cm	
北仑海洋站	18	54	38	8	8 016
乌沙山海洋站	25	33	46	21	7 982

从北仑海洋站逐时潮高检验分析，均方差为 18 cm，绝对误差小于 10 cm 占 54%，绝对误差为 10~30 cm 占 38%，绝对误差大于 30 cm 占 8%。从乌沙山海洋站逐时潮高检验分析，均方差为 25 cm，绝对误差小于 10 cm 占 33%，绝对误差为 10~30 cm 占 46%，绝对误差大于 30 cm 占 21%。相比而言，北仑海洋站的逐时预报结果优于乌沙山海洋站。

表 11.5-2　2017 年 1—11 月高潮潮高与潮时检验

预报站点	预报均方根误差与绝对误差出现频率								样本个数	预报相对误差	
	高潮高				高潮时					高潮潮高相对误差/（%）	样本个数
	均方根误差/cm	绝对误差出现频率/（%）			方根误差/min	绝对误差出现频率/（%）					
		≤10 cm	10~30 cm	>30 cm		≤10 min	10~30 min	>30 min			
北仑海洋站	20	46	44	10	15	47	48	5	645	14	644
乌沙山海洋站	22	38	45	16	13	62	33	5	645	10	645

从高潮的潮高和潮时的验证结果来看，北仑海洋站高潮高均方差为 20 cm，绝对误差小于 10 cm 占

46%，绝对误差为 10~30 cm 占 44%，绝对误差大于 30 cm 占 10%，高潮时的均方差为 15 min，绝对误差小于 10 min 占 47%，绝对误差为 10~30 min 占 48%，绝对误差大于 30 min 占 5%；乌沙山海洋站高潮高均方差为 22 cm，绝对误差小于 10 cm 占 38%，绝对误差为 10~30 cm 占 45%，绝对误差大于 30 cm 占 16%，高潮时的均方差为 13 min，绝对误差小于 10 min 占 62%，绝对误差为 10~30 min 占 33%，绝对误差大于 30 min 占 5%。两站的预报偏差相差不大。

表 11.5-3　2017 年 1—11 月低潮潮高与潮时检验

预报站点	预报均方根误差与绝对误差出现频率									预报相对误差	
	低潮高				低潮时						
	均方根误差/cm	绝对误差出现频率/（%）			方根误差/min	绝对误差出现频率/（%）			样本个数	低潮潮高相对误差/（%）	样本个数
		≤10 cm	10~30 cm	>30 cm		≤10 min	10~30 min	>30 min			
北仑海洋站	16	60	34	6	12	65	34	2	645	20	640
乌沙山海洋站	33	16	45	39	37	28	52	20	639	25	639

从低潮的潮高和潮时的验证结果来看，北仑海洋站低潮高均方差为 16 cm，绝对误差小于 10 cm 占 60%，绝对误差为 10~30 cm 占 34%，绝对误差大于 30 cm 占 6%，低潮时的均方差为 12 min，绝对误差小于 10 min 占 65%，绝对误差为 10~30 min 占 34%，绝对误差大于 30 min 占 2%；乌沙山海洋站低潮高均方差为 33 cm，绝对误差小于 10 cm 占 16%，绝对误差为 10~30 cm 占 45%，绝对误差大于 30 cm 占 39%，低潮时的均方差为 37 min，绝对误差小于 10 min 占 28%，绝对误差为 10~30 min 占 52%，绝对误差大于 30 min 占 20%。北仑海洋站的低潮预报相比偏差小些。

综合以上分析，北仑海洋站的预报效果优于乌沙山海洋站。但是潮汐预报是不包含天气系统影响的天文潮位，而实测资料是包含天气系统影响的实际观测水位。2017 年 1—11 月受天气系统北仑海洋站和乌沙山海洋站考虑受天气系统影响天数有 25 天，占全年 7%，除去这些影响，还是北仑海洋站的预报结果优于乌沙山海洋站，但是乌沙山站的预报也具有较好的参考价值，其潮位逐时预报结果主要控制在 30 cm 之内。

第12章　结论和建议

12.1　结论

前面对宁波–舟山港的大榭港区、穿山港区、梅山港区、北仑港区、衢山港区、岑港港区、金塘港区和六横港区8个主要港区的潮汐潮流实测进行了统计分析，还运用调和分析方法对实测数据进行处理，对各港区的潮汐潮流性质进行分析，并结合潮流数值模拟结果分析各港区特定的一些潮流现象。

12.1.1　潮汐特征

宁波–舟山港8个主要港区的主要潮汐特征如表12.1–1所示，潮汐性质均是非正规半日浅海潮港，且多数港区的平均落潮历时长于平均涨潮历时，北仑港区和金塘港区的平均涨落潮历时差异较小。从各参考站点的潮差来看，衢山港区的平均潮差较大，而大榭港区和金塘岛南岸的平均潮差相比较小。

表12.1–1　主要港区参考站的潮汐特征

港区	潮汐性质	平均涨落潮位历时比较		平均潮差/m
大榭港区	非正规半日浅海潮港	平均落潮历时长于平均涨潮历时	各站历时差27~70 min	1.89~2.05
穿山港区	非正规半日浅海潮港	平均落潮历时长于平均涨潮历时	各站历时差约50~64 min	2.03~2.36
梅山港区	非正规半日浅海潮港	平均落潮历时长于平均涨潮历时	历时差约39 min	2.47
北仑港区	非正规半日浅海潮港	平均涨潮历时略长于平均落潮历时	历时差约12 min	2.37
衢山港区	非正规半日浅海潮港	平均落潮历时长于平均涨潮历时	历时差约22~32 min	2.54~2.60
岑港港区	非正规半日浅海潮港	平均落潮历时长于平均涨潮历时	历时差约60 min	2.02
金塘港区（北岸参考站）	非正规半日浅海潮港	平均落潮历时与平均涨潮历时基本相等	—	2.30~2.35
金塘港区（南岸参考站）	非正规半日浅海潮港	平均涨潮历时只略小于平均落潮历时	历时差6 min	1.95~1.97
六横港区	非正规半日浅海潮港	平均落潮历时长于平均涨潮历时	历时差35 min	2.35

12.1.2　潮流特征

宁波–舟山港主要港区的潮流性质均为非正规半日浅海潮类型，且各港区往复流特征明显。因周边岛屿众多，水道交错，宁波–舟山港潮流现象复杂，航道港区多涡旋出现，且这些涡旋现象随着潮流的涨落及潮汛而多变，这也使得各港区潮流情况各有不同，从港区各参考站点的实测资料也可看出潮流的复杂性。

　　大榭港区因大榭岛涂泥咀周边凹凸不平岸线影响存在多个涡旋。涨潮时，由于大榭岛东北岸水域受涂泥咀地形影响存在两个逆时针涡旋，该涡旋位置形态较为稳定，西北岸线也受涂泥咀影响形成逆时针涡旋，该涡旋随水道潮流的强弱变化；落潮时，涂泥咀东侧依次形成两个顺时针涡旋，而北岸以平行于岸线的 NE 向流为主要特征。各码头水域涨落潮流受涡旋影响，与航道潮流存在明显方向差异，特别是涂泥咀附近水域。

　　穿山港区码头主要分布于穿山半岛北岸，因局地涡旋影响，北岸西侧水域涨潮流占优势，东侧站点落潮流占优势。结合数值模拟结果来看，涨潮时因半岛地形于东首形成逆时针涡旋，落潮时来自大榭岛东侧的潮流，经穿鼻岛、凉帽山，于半岛西侧水域形成顺时针涡旋，且这些涡旋随潮流大小变化，也使得近岸海域的潮流流向常与螺头水道中的潮流流向相反。

　　梅山港区港区岸线较为平坦，近岸水域潮流流速较小，沿岸潮流多随岸线方向呈往复流特征，虽零星有涡旋出现，但尺度和强度都较小。

　　北仑港区岸线大体沿 ESE—WNW 走向，西部潮流流速较大，向东逐渐减小。在北仑港区西部，受大黄蟒岛、中门柱岛等诸岛的阻挡和导流，岛屿后侧（参照流向）出现弱流区，岛屿两侧出现强流区，即在岛屿相邻的码头区域前沿由岸向海方向，流速呈强、弱、强交替分布。从实测统计分析，9 号锚地流速明显大于近岸码头水域，最大流速有 3 kn 以上。

　　衢山港区多岛屿，各岛屿岸线曲折，多海湾，但湾内水深较浅、潮流较弱，因此没有显著的潮流涡旋出现。港区潮流往复流受地形影响，衢山岛南北两岸涨潮流多为 W 向或 NW 向流，落潮流多为 E 向或 SE 向流；东西两岸涨潮流多为 N 向流，落潮流多为 S 向流。随着离岸距离的增加，潮流流向趋向于 SE—NW 向。

　　岑港港区作业区分布于多个岛屿，从整个港区来看，码头前沿附近基本都为往复流，在册子岛东北角于涨潮期间存在一个逆时针涡旋，但强度不大，册子水道内东侧落潮流时间较长，而西侧涨潮流时间较长。

　　金塘港区作业区分布较为分散，在较为曲折的金塘岛北段岸线，涨潮时，西堰作业区的两侧各存在一个逆时针涡旋，尺度皆为 1 km 左右，涡旋随涨潮开始而出现，随涨潮结束而消失；落潮时，西堰作业区西北侧存在一个顺时针涡旋，尺度与涨潮涡旋相仿，随落潮开始及消失，而东南侧涡旋特征不明显。而金塘岛南岸潮流近岸大体呈往复流特征，随着离岸距离的增大，潮流旋转特征加强。金塘岛西岸的木岙作业区近岸海域潮流为随岸线平行往复流，随着离岸距离的增加，潮流向东西两向偏转。

　　六横港区作业区分布于六横岛周围。六横岛东北沿岸岸线较为平直，没有显著的潮流涡旋出现，潮流走向基本沿岸线为往复流，落潮流明显强于涨潮流。聚源作业区和凉潭作业区北岸潮流流速相对较大，双塘作业区和凉潭作业区南岸受悬山岛阻挡，潮流流速一般相对较小。六横岛西北沿岸岸线较为平直，没有显著的潮流涡旋出现，潮流随岸线呈往复流特征。

12.2　建议

　　宁波–舟山港 8 个主要港区的潮汐潮流特征分析主要是基于现有的一些实测调查资料，这对港区的一些特征分析会存在一定的局限性。且有些实测资料时间比较久远，对于同一港区而言，多码头的同步资料较少，参考点距码头较近，有些港区参考点较少，这在潮流分析过程中，实测资料不能很好地反映港区的实际情况。特别是对于一些作业码头分布较为分散的港区，作业区分布于多个岛屿及岛屿的多面，单个码头水域的参考点很难代表整个港区的潮流情况，虽然通过数值模拟对港区的潮流流态变化进行了补充，但是因为实测资料的缺乏，很难对模拟结果和预报结果的准确性进行验证。

对于宁波-舟山港复杂的潮流现象，为了更好地开发利用港口资源，有效提高港口经济效益，准确把握港口航道的潮汐潮流信息以便安全靠离泊港口作业也是非常重要的一个方面。港口引航海事人员也已经认识到这个问题，并越来越重视。但是目前针对港区整体研究还是较少，受条件限制潮流调查也是主要局限在码头近岸水域。面对宁波-舟山港建设智慧港口的新形势，对港区整体潮汐潮流把握得更为细致准确，我们还有很多工作要做。

对于潮流复杂水域，可以开展一些针对性的调查，特别是对一些有涡旋的区域，比如大榭岛的东北角，穿山半岛北岸，这些涡旋的存在影响到港区的船舶靠泊。同时要尽可能地收集一些港区航道潮汐潮流资料，目前这些方面的资料相对比较缺乏，主要是码头近岸水域的一些调查资料，时间序列也是很难统一，参考点分布也比较分散，关于港区的大面潮汐潮流实测资料更加缺乏，希望得到更多的社会支持。

此外，可借鉴美国大气管理局（NOAA）国家海洋服务部开发的 PORTS 系统，在宁波-舟山港建立一个实时观测监测系统，将数据采集、数据处理、数据发布等功能集合起来，使得船舶引航进入港区时能及时获取准确实时的港口和航道水深、潮流、风、浪、温度及盐度信息。

参考文献

曹欣中，唐龙妹，张月秀，等.1996.宁波舟山内海域实测海流分析及潮流场的数值模拟［J］.东海海洋，14（2）：1-9.

陈倩，黄大吉，章本照，等.2003.浙江近海潮流和余流的特征［J］.东海海洋，21（4）：1-14.

陈倩，黄大吉，章本照，等.2003.浙江近海潮汐潮流的数值模拟［J］.海洋学报，25（5）：10-21

陈倩，黄大吉，章本照，等.2003.浙江近海潮汐的特征［J］.东海海洋，21（2）.

陈宗镛.1980.潮汐学.［M］.北京：科学出版社.

戴泽蘅，宋小棣，李家芳.1998.浙江省海岸带和海涂资源综合调查报告［R］.北京：海洋出版社.

方国洪，郑文振，陈宗镛，等.1986.潮汐和潮流的分析和预报［M］.北京：海洋出版社

国家海洋局.2013.海洋监测技术规程［M］.北京：中国标准出版社.

国家质量技术监督局.1999.海道测量规范［M］.北京：中国标准出版社.

侯伟芬，吴俊开，2016.宁波北仑峙头角附近海域潮汐潮流特征分析［J］.浙江海洋学院学报（自然科学版），35（2）：52-54.

胡中敬.2016.多旋涡水域潮流面预报［J］.航海技术，5（3）：40-42.

胡中敬.新常态下港口船舶调度需要区域性潮流预报.2016年度中国航海学会学术论文集，2017年中国港口学会科学技术一等奖.

李身铎，胡辉.1987.杭州湾流场的研究［J］.海洋与湖沼，18（1）：28-37.

卢小鹏，陆伟先，侯国锋，等.2014.码头潮流精细化观测预报浅析［J］.海岸工程，33（3）：10-16.

卢小鹏，吕翠兰，2012.码头前沿水域潮流观测与分析预报的应用［J］.海岸工程，31（1）：16-21.

马丽娟，徐丰，胡非，等.2006.潮汐调和分析与预报系统［J］.计算机辅助工程，15（2）：52-54.

宁波舟山港总体规划2014-2030年.宁波港务局.

侍茂崇.2004.物理海洋学［M］.济南：山东教育出版社.

孙文心，江文胜，李磊.2004.近海环境流体动力学数值模型［M］.北京：科学出版社.

唐岩，刘雁春，暴景阳，等.2010.关于潮流（准）调和分析方法中的几个问题［J］.测绘科学，S1：33-35.

童章龙.2007.潮汐调和分析的方法和应用研究［D］.南京：河海大学.

张凤烨，魏泽勋，王新怡，等.2011.潮汐调和分析方法的探讨［J］.海洋科学，35（6）：68-75.

中华人民共和国国家质量监督检验检疫总局.2006.海滨观测规范［M］.北京：中国标准出版社.

中华人民共和国国家质量监督检验检疫总局.2007.海洋调查规范［M］.北京：中国标准出版社.

中华人民共和国国家质量监督检验检疫总局.2009.全球定位系统（GPS）测量规范［M］.北京：人民标准出版社.

中华人民共和国交通运输部.2012.水运工程测量规范［M］.北京：人民交通出版社.

中华人民共和国交通运输部.2013.海港总体设计规范［M］.北京：人民交通出版社.

中华人民共和国交通运输部.2016.港口与航道水文规范［M］.北京：人民交通出版社.

中华人民共和国水利部.2012.水文资料整理规范［M］.北京：中国水利水电出版社.

附　图

附图 1　大榭港区矢量图

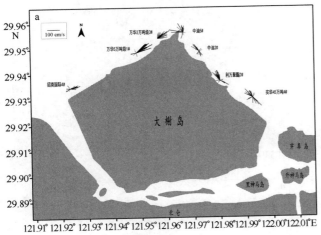

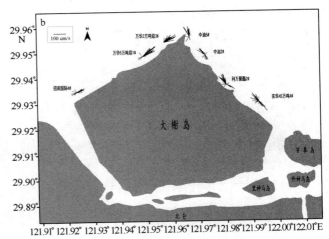

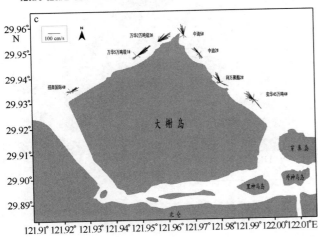

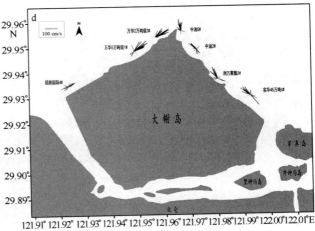

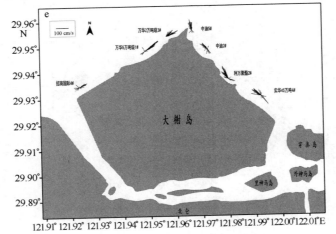

附图 1-1　大榭港区矢量图（大潮）

a. 表层；b. 5 m 层；c. 10 m 层；d. 15 m 层；e. 垂向平均

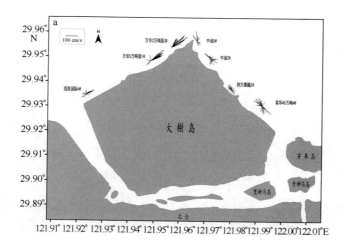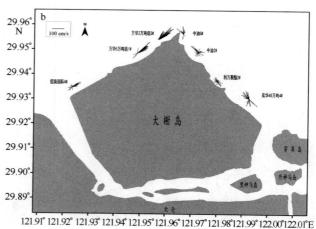

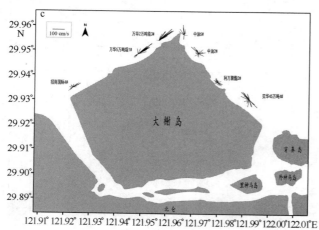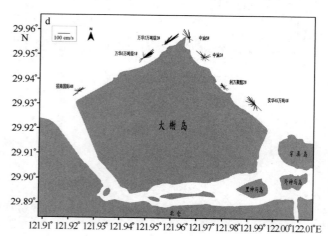

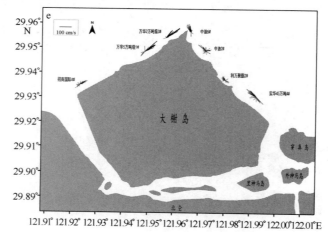

附图 1-2　大榭港区矢量图（中潮）

a. 表层；b. 5 m 层；c. 10 m 层；d. 15 m 层；e. 垂向平均

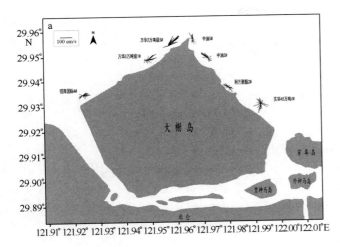

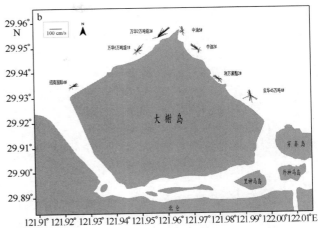

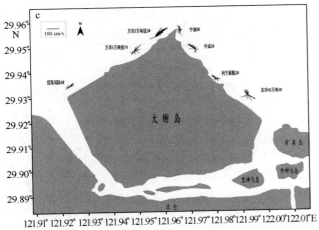

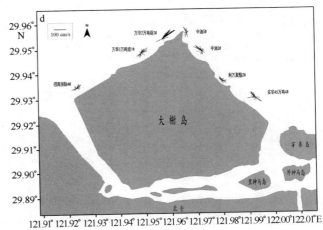

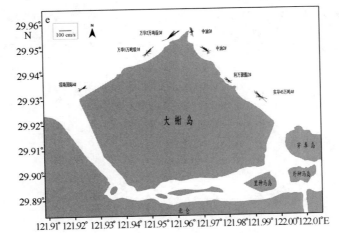

附图1-3　大榭港区矢量图（小潮）

a. 表层；b. 5 m层；c. 10 m层；d. 15 m层；e. 垂向平均

附图 2　穿山港区矢量图

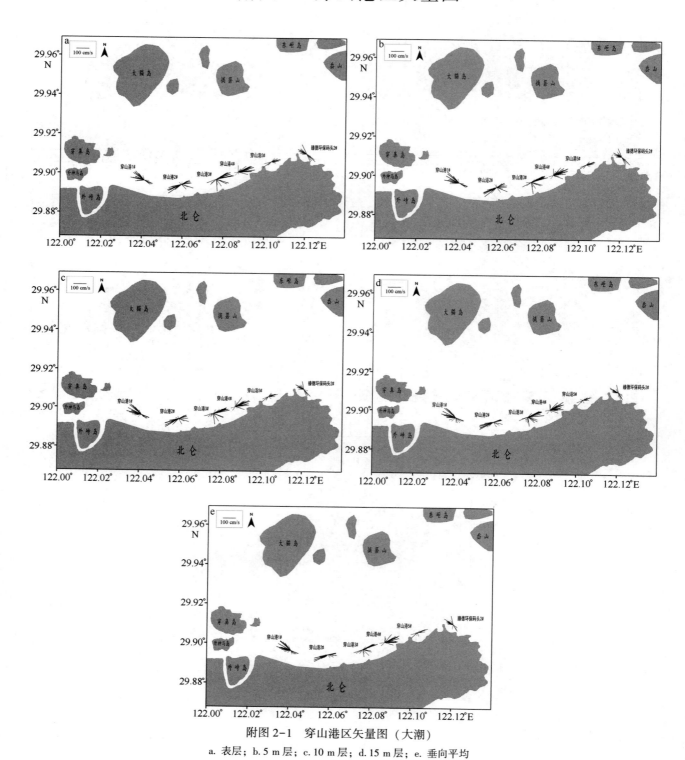

附图 2-1　穿山港区矢量图（大潮）

a. 表层；b. 5 m 层；c. 10 m 层；d. 15 m 层；e. 垂向平均

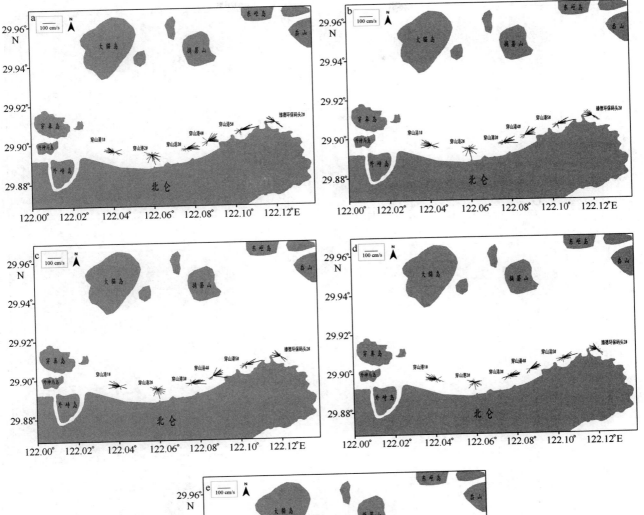

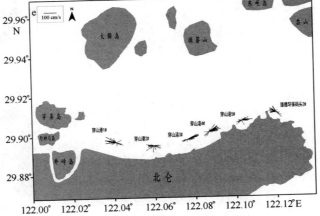

附图 2-2　穿山港区矢量图（中潮）

a. 表层；b. 5 m 层；c. 10 m 层；d. 15 m 层；e. 垂向平均

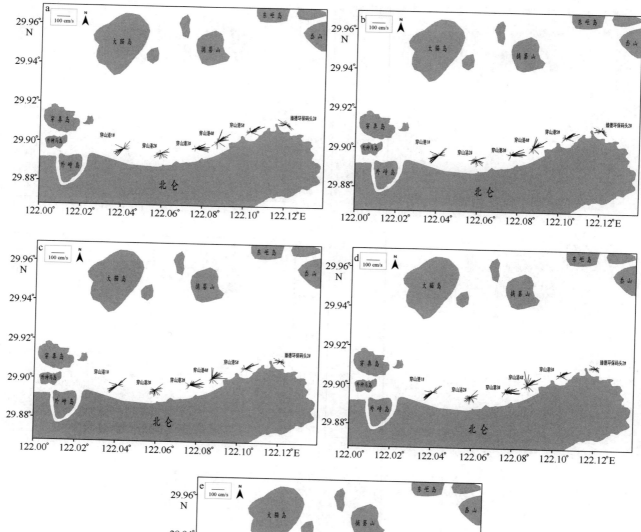

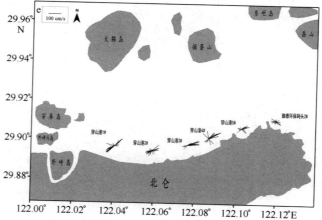

附图 2-3　穿山港区矢量图（小潮）

a. 表层；b. 5 m 层；c. 10 m 层；d. 15 m 层；e. 垂向平均

附图3　梅山港区矢量图

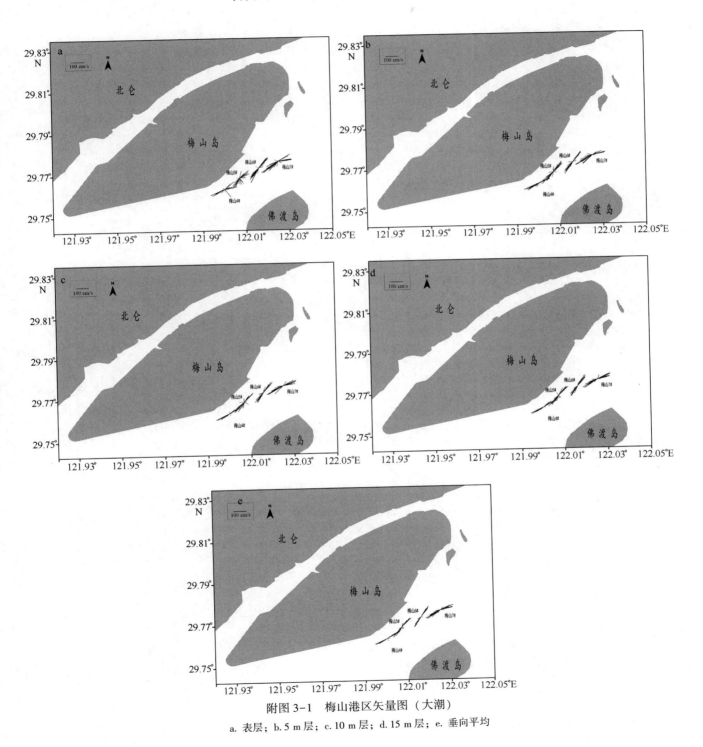

附图 3-1　梅山港区矢量图（大潮）

a. 表层；b. 5 m 层；c. 10 m 层；d. 15 m 层；e. 垂向平均

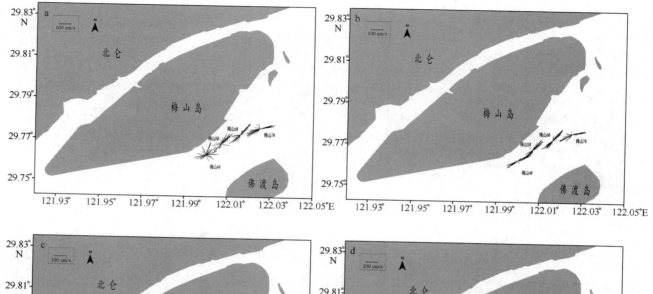

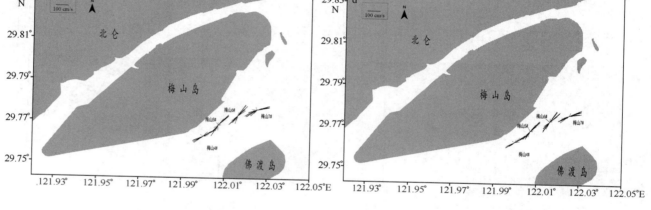

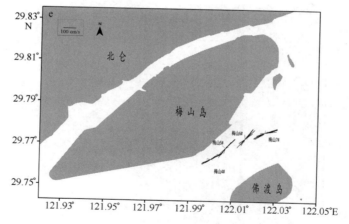

附图 3-2　梅山港区矢量图（中潮）

a. 表层；b. 5 m层；c. 10 m层；d. 15 m层；e. 垂向平均

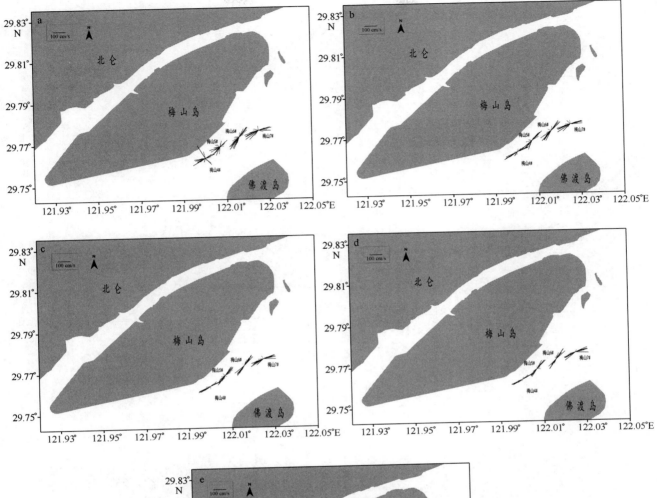

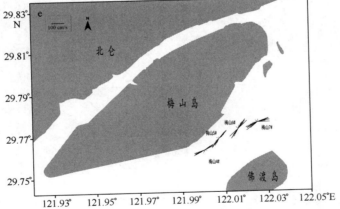

附图 3-3　梅山港区矢量图（小潮）

a. 表层；b. 5 m 层；c. 10 m 层；d. 15 m 层；e. 垂向平均

213

附图 4　北仑港区矢量图

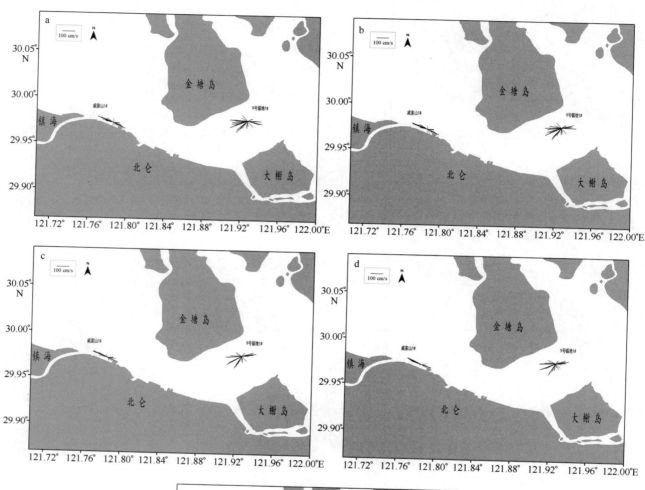

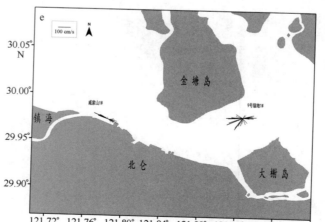

附图 4-1　北仑港区矢量图（大潮）

a. 表层；b. 5 m 层；c. 10 m 层；d. 15 m 层；e. 垂向平均

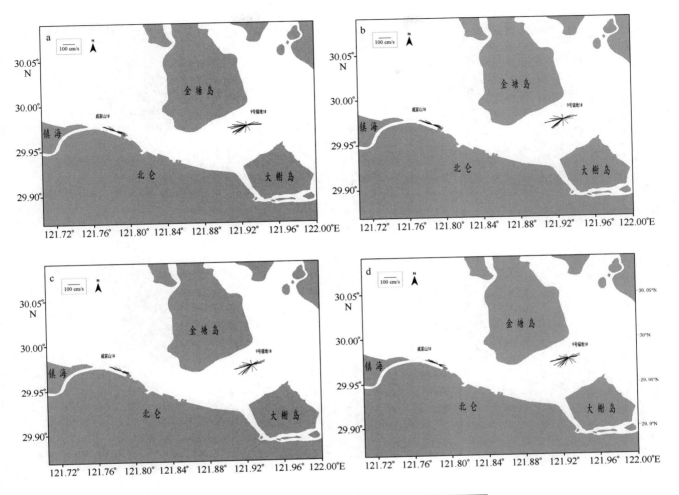

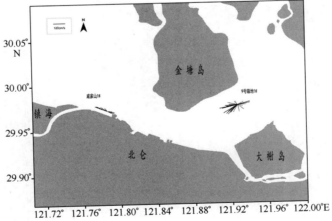

附图 4-2　北仑港区矢量图（中潮）

a. 表层；b. 5 m 层；c. 10 m 层；d. 15 m 层；e. 垂向平均

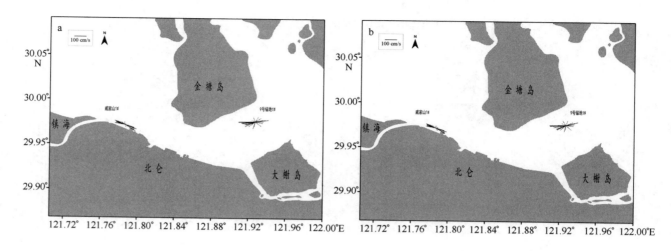

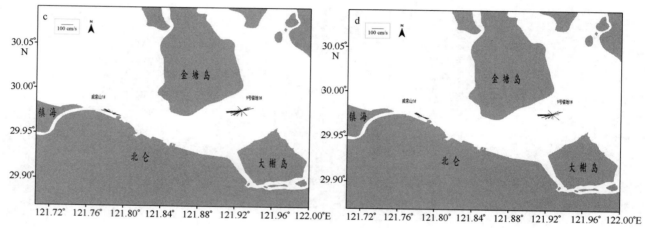

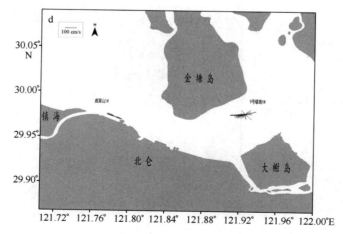

附图4-3 北仑港区矢量图（小潮）

a. 表层；b. 5 m层；c. 10 m层；d. 15 m层；e. 垂向平均